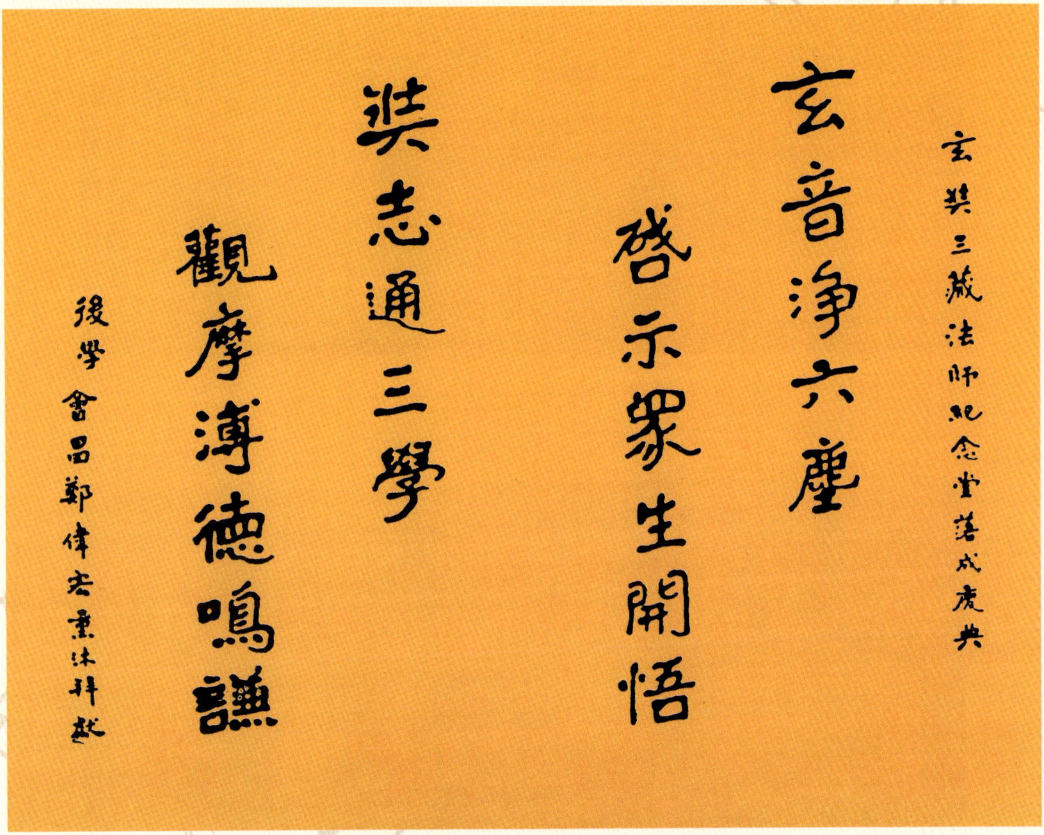

作者献给印度加尔各答玄奘纪念堂对联

作者于 1987 年在清华大学寓所拜访佛学和因明大师吕澂先生

作者 1991 年应印度华侨佛教总会会长悟谦法师邀请赴加尔各答进行学术交流

作者与悟谦法师玄奘寺玄奘纪念堂前合影

参访印度古代佛教中心那烂陀寺旧址

通真理之路
達正智之境

釋悟謙

悟谦法师为本书题词

佛家逻辑通论

（修订本）

郑伟宏◎著

复旦佛学研究丛书

中西書局

图书在版编目(CIP)数据

佛家逻辑通论/郑伟宏著. —修订本. —上海:
中西书局, 2024.2
(复旦佛学研究丛书)
ISBN 978-7-5475-2215-8

Ⅰ.①佛… Ⅱ.①郑… Ⅲ.①因明(印度逻辑) Ⅳ.
①B81

中国国家版本馆 CIP 数据核字(2024)第 000358 号

复旦大学哲学学院高峰学科资助项目
上海易顺公益基金会资助出版

FOJIA LUOJI TONGLUN(XIUDINGBEN)

佛家逻辑通论(修订本)

郑伟宏　著

责任编辑　唐少波
装帧设计　黄　骏
责任印制　朱人杰

出版发行　上海世纪出版集团
中西書局(www.zxpress.com.cn)
地　　址　上海市闵行区号景路 159 弄 B 座(邮政编码: 201101)
印　　刷　启东市人民印刷有限公司
开　　本　700 毫米×1000 毫米　1/16
插　　页　4
印　　张　21.25
字　　数　380 000
版　　次　2024 年 2 月第 1 版　2024 年 2 月第 1 次印刷
书　　号　ISBN 978-7-5475-2215-8/B·132
定　　价　128.00 元

《复旦佛学研究丛书》序

佛教传入中国已有两千多年的历史,是中国历史上最重要的文化交流与文明互鉴的载体。经过中国化的佛教,是中华优秀传统文化的主干之一,她与本土儒道文化一起,共同铸就了中华民族共同体的活的灵魂,在传承文明、维护社会稳定、加强民族认同等方面有时甚至发挥着不可替代的作用。

作为一种现代意义上的学术研究,佛学研究与近代宗教学的兴起同步,时至今日,已成为横跨哲学、宗教学、史学、文学、语言学、文献学、社会学、艺术学等各学科领域的"显学"。百余年来,数代中国学人基于本土化的问题意识,以汉语文献的资源优势,在借鉴海外相关学术方法与学术成果的基础上,构建起了具有中国特色的佛学研究的基本框架。如何继往开来,进一步加强中国佛学研究的深广度和表现力,从而在坚持中国学术本位的同时,在国际学界发出中国学者的声音,则是时代交付给当代学人的重大课题。有鉴于此,我们准备分批出版《复旦佛学研究丛书》,以集中展示复旦大学佛学研究的最新成果,为新时代中国佛学研究的长足推进略尽绵薄之力。

复旦大学的佛学研究,有着悠久的学术传统与深厚的学术积淀。老校长陈望道先生1931年出版的《因明学》是我国首部白话文的佛教逻辑学专著。1964年,按照国家的总体部署,与中国社会科学院世界宗教研究所的成立几乎同步,复旦大学开设了"佛教哲学史"的课程。1996年,隶属于哲学系的佛学研究中心成立;2001年,复旦大学宗教研究所成立;2008年,复旦大学成立了有独立编制的宗教学系,隶属于哲学学院。佛学研究成为复旦大学宗教研究最具特色的方向之一,为我国培养了一大批佛学研究的中坚力量。

复旦佛学坚持以语言、文献为基础，以哲学为本位的学术定位，强调打通梵、巴、汉、藏的全体佛教的理念，认为只有基于对全体佛教的研究，才能更为完整、更为准确地把握佛教中国化的内涵和价值。我们不仅开设了从本科到博士研究生的系统全面的语言、文献和佛教哲学的课程，也积累了一些相关的学术成果。丛书的出版，为这些成果的集中展示提供了一个平台，诚挚地希望能得到海内外学界、教界及社会各界朋友的关心、支持和批评！

是为序。

傅新毅

2023 年 11 月 12 日于光华楼

序

郑伟宏的新著《佛家逻辑通论》出版了，这是十分值得称道的事，因此写下一点感想。

像《佛家逻辑通论》这样写法的书在国内尚属仅见，其中既全面系统地论述了佛家逻辑——因明的基本理论，又有对吕澂、熊十力、陈大齐等因明家的思想的述评，还有对《因明入正理论》的讲解以及对《因明正理门论》《方便心论》《集量论》等名著的提要，内容很丰富。

郑伟宏较长时间潜心钻研佛家逻辑，造诣颇深，他曾在刊物上发表不少论著，也曾去佛家逻辑的故乡印度做过考察。他对佛家逻辑的许多方面常常发表自己的独立见解。

佛家逻辑是印度逻辑的一个重要组成部分，在我国及东南亚、日本、俄罗斯乃至西方广泛传播、很有影响。尤其是在我国，佛教逻辑家陈那等人的著述由玄奘传入内地，佛教逻辑家法称的著述传入西藏，国人对珍贵的佛教逻辑典籍的保存及对佛教逻辑的丰富发展传播都作出了世人瞩目的不可磨灭的贡献。佛家逻辑已成为研究中国逻辑史的不可缺少的方面。然而，由于种种原因，我们对佛家逻辑乃至整个印度逻辑（除了佛家逻辑尚包括古正理、新正理、耆那教逻辑等），尤其是印度逻辑中所含有的现代逻辑因素不能说已经研究得很充分，尚待进一步发掘和研究，无疑郑伟宏这部《佛家逻辑通论》是一种新的可贵的努力。《佛家逻辑通论》的问世，对印度逻辑研究者，对印度逻辑的初学者，乃至研究中国逻辑史、世界逻辑史以及人类文化史者都会大有裨益。①

杨百顺

（作者为北京师范大学哲学系教授）

① 在中国逻辑史学会为撰写国家六·五项目《中国逻辑史》五卷本而召开的成都会议期间（20世纪80年代末），我向《西方逻辑史》《比较逻辑史》作者杨百顺教授请教，内容是关于我国第一篇逻辑博士论文《〈因明正理门论〉研究》修改因明异品定义是个大错误。我的理由主要有两条：一是异品若不除宗有法，则任何立论皆无正因，因为敌方用论题主项作为异品，则异品有因，立方所用之因违反因的第三相“异品遍无性”，这一点早为陈大齐教授辨明。二是任意修改古籍以适应自己需要，有违历史主义，是古籍研究之大忌。杨教授听了，马上赞同说：“你说得对。在博士论文答辩会上，我误投了赞成票。”此外，他还向我谈了对印度佛教因明第二个高峰法称因明的看法。他说：“法称因明纯化了逻辑。”我明白，这是说法称因明达到了三段论逻辑水平。拙著出版，请他作序，便慨然允诺。

自　序

本书题名为《佛家逻辑通论》，是考虑到因明学科对广大读者来说至今仍是一门生疏的学问。书名点明了发端于印度的因明学科是佛家的一门逻辑学说。

中国是因明的第二故乡，玄奘师徒在唐代谱写了辉煌灿烂的因明篇章，代表了当时的世界最高水平。

千多年来，汉传因明走过了盛衰绝兴的艰难历程。千年古树，逢春再发。对我们这一代人来说，继承和发扬汉传因明的优良传统，重新攀登世界高峰，可谓任重道远，责无旁贷。

把这本书写成通论性的著作，照顾到两方面的读者：一是普通读者，二是学术界绝大多数持不同见解的专家学者。为了吸引更多的人来研习因明，就要求文字晓畅，通俗易懂；为了争鸣，又要求作严谨深刻的理论探讨。我自知深入何等艰难，浅出亦非易事。力求深入浅出，一改因明晦涩难懂令人望而却步的面孔，是我的写作初衷。

为此我把全书分为上下两篇，上篇探讨了因明在悟他门即立破方面的主要理论问题，特别是有争论的理论问题。下篇对新因明的入门著作《因明入正理论》作了详细的讲解，并对其他有代表性的因明论著作了钩玄提要。初学者如欲循序渐进，知其大概，可以先读下篇。

本书的主要理论贡献是严格论证了陈那新因明三支作法的论证性质，恰当地评价了陈那和法称在佛家逻辑发展史上的不同地位。

国内对陈那新因明的推理（论证是推理的运用）性质有两种错误的看法。本世纪自有逻辑与因明比较研究以来，绝大多数因明研究者都误以为陈那的三支作法是演绎论证，是对古因明的根本性改造。我认为这种看法不是一种严格精确的逻辑分析，而是马虎的、粗略的结论。同品、异品是因明的重要概念，用数理逻辑的术语讲，是两个初始概念。这两个概念的内涵和外延决定了三支作法的推理性质。按照陈那的因明体系，同、异品是要除宗有法的。根据形式逻辑的同一律，九句因、因三相中的同、异品亦应除宗有法，而根据九句因、因三相构造的三支作法中的同、异喻体，亦不可能是全称命题，只能是除外命题。因此，三支作法还没有最终跳出类比推理的窠臼，离演绎推理仍有一步之遥。可谓差之毫厘，失之千里。

另一种错误观点是，仅凭陈那"生决定解"四字，撇开其体系而不顾，按照自己的主观愿望确定其为演绎推理，再以演绎的标准来衡量同品异品定义、九句因和因三相原理，从而发现"矛盾"，并进而主张修改异品定义，使之满足演绎要求，于是建立起20世纪80年代的新因明体系。这不是古籍研究的实事求是的态度。

发表在《复旦学报》(社会科学版)上的《论因三相》《因明三支作法与逻辑三段论之比较》两篇文章，是我在中国社会科学院逻辑室举办的"因明、中西方逻辑史讲习班"上的结业论文。虽然这两篇文章有许多具体观点至今仍然有效，但在总体上受到了上述第一种错误观点的影响。自我否定是痛苦的，光荣的孤立还要延续，但是，自我否定意味着进步。凤凰涅槃。我庆幸学术上的新生。

1988年，我撰写了《论因明的同、异品》①，在1989年10月藏汉因明讨论会上又递一交了论文《陈那新因明是演绎推理吗?》②，随后又发表了《因明概论》③和《法称〈正理滴论〉评述》④。这四篇文章全面论述了陈那因明思想的成就和历史局限，并恰当地评论了法称发展陈那因明思想，真正把三支作法改造成演绎论证的历史功绩。这些见解在国内前无古人，独树一帜，而与国外的梶山雄一特别是理查德·海耶斯教授的观点不谋而合。

我从事因明研究，算来正好有"十年磨一剑"之功。1970年我毕业于复旦大学哲学系，后来从事形式逻辑教学和科研也有近十年时间。我与好友倪正茂先生合著的《逻辑与智慧》获得全国通俗政治理论读物二等奖，得到全国

---

① 《逻辑论文集》，上海：百家出版社，1988年版。

② 香港《内明》杂志，1990年第3期。

③ 《复旦学报》(社会科学版)，1990年第3期。

④ 香港《内明》杂志，1991年第10期。

许多逻辑工作者和广大读者的厚爱。在学术方面真正有一点心得的则要数因明研究。

佛家是讲因缘的。我于因明研究,也有一段因缘。“曩治逻辑,思习因明”,然而入门难,深究更谈何容易。有好多年,我好像站在地狱的入口处犹豫彷徨。到了 1983 年,由中国逻辑史学会承担的国家六·五重点项目《中国逻辑史》的编撰工作正在紧张进行。副主编周云之先生把现代卷因明资料的整理和现代因明史的写作任务交给了我,使我根绝了犹豫和胆怯。当此之际,我的忘年交黄石村老先生给了我无私的援助。石村先生以《毛主席著作里的逻辑》和《因明述要》等著作闻名海内。他在极度衰竭之际把我召至病榻前,郑重其事地对我说,要把一套珍藏的因明著作赠给我,希望我深入研究,有所成就。我知道这套书弥足珍贵且来历不凡。1960 年代初,石村先生与亦幻法师成为患难之交。亦幻法师对石村先生说,你是研究逻辑的,应懂得因明。他把自己多年搜集的古今因明著作十余种全部赠送给了石村先生。这套因明书种类之多,超过了国内任何一家大图书馆的馆藏。由于石村先生的慷慨馈赠,我得着图书资料之便,如期完成了上述任务。

在从事因明研究的过程中,我参加了“因明、中西方逻辑史讲习班”,受教于沈有鼎、虞愚、诸葛殷同、周云之、张家龙、刘培育诸师,提高了逻辑修养,以优异成绩结业。

1987 年和 1988 年我两度拜访了著名佛学理论家吕澂先生,亲聆教诲。这位佛学泰斗、因明巨匠就一些重要理论问题对我作了解答,使我受益不浅。

1989 年,印度华侨佛教总会会长悟谦法师特邀我前往印度进行学术交流。我于 1991 年底赴印。悟谦法师勉励我继续深入浅出地写作因明论著,他非常赞赏我关于玄奘“唯识比量”为自比量的见解,他说大、小乘观点水火相见,在“唯识比量”里怎么可能每一个概念和论据即因和喻都能使立敌双方共许极成呢?

中国社会科学院的黄心川研究员曾为我提供多种英文版因明著作。日本龙谷大学名誉校长武邑尚邦教授热情地将他自己的一本因明著作(《佛教论理学の研究》)赠送给我,并且为我提供了 1845 年出版的由日本僧人用中文写作的《因明正理理门论疏》的复印件。印度驻华大使馆也将在文化交流中展出的一本因明著作 *Buddhist Formal Logic*(美籍华人齐思贻所著《佛教的形式论理学》,英国剑桥出版社出版)赠送给我。这些著作对我和我的研究生的因明研究起到重要的帮助。

20世纪30年代,曾任北京大学代理校长的陈大齐先生的巨著《因明大疏蠡测》(简称《蠡测》)给予我最深刻的影响。书中大量精辟的论述使我少走弯路,他的百折不挠的治学精神更给我以激励。

十年寒窗,耳边常常响起熊十力先生关于阅读佛家经论的告诫,“读者必须心气澄定,方可悟入”,更要“从其大心深心静心”,始得与之相应。我在屡读屡辍,屡辍屡读之后,终于有了许多新的发现。倘亦幻法师、石村先生有知,一定会为我感到欣慰的吧。

北京师范大学逻辑教授杨百顺先生提携后学,不吝笔墨为本书作序。中国社会科学院研究员巫百慧先生鼓励我大胆争鸣。《法音》杂志主编净慧法师、香港《内明》杂志前主编熙如法师(沈九成先生)、香港佛教图书馆馆长何泽霖先生、我的同事复旦大学哲学系宗教室主任王雷泉教授等给予我很多鼓励和帮助。复旦大学古籍整理研究所所长章培恒教授一贯注重逻辑学的研习,为我提供了良好的研究条件。我向以上各位谨致谢意。

作者写于1992年6月

修订本自序

如果说论文《论因明的同异品》是我四十年因明学术生涯的奠基石，那么可以说《佛家逻辑通论》则是本人因明九星连珠体著作中具有里程碑式的第一部。

我特别重视这次修订。用上海话说，《佛家逻辑通论》是我四十年因明学术生涯的“保大祥”。它一反国内外百年来因明与逻辑比较研究的传统观点，对陈那因明逻辑体系的评价，做出了非演绎的创见。可谓认准了一个方向，掀开了反传统的新篇章。四十年走来，经过了千锤百炼，经受了暴风骤雨。它历久而弥新。

坚冰已经打破，航道已经开通。随后的系列著作从不同视角更广更深地开掘，如车轮战，五花八门，都朝向了同一个目标。每一部都有传承，每一部都有新意。如山花烂漫，如羽翼丰满。随着国家重点项目“玄奘因明思想研究”的付梓，本人担纲主演的因明小戏即将落幕。该总结了。

在 2016 年出版的我的退休文集《正理之门》中我对自己三十多年的因明学术生涯已做过较为全面的总结。借本书修订的机会，再为拙著的前世今生说上几句。

本书的一个小小贡献是，初步介绍了玄奘的伟大成就，初步讲清了汉传因明是打开印度因明的一把钥匙，初步讲清了汉传因明的文化自信以及自立于世界因明之林的历史地位。

美国的理查德·海耶斯教授对陈那因明逻辑体系的研究革故鼎新，从 20 世纪 80 年代起至最近几十年间引领了欧美因明研究的新潮流。他从梵、藏文出发，根据同、异品概念必须除宗有法推导出陈那因明逻辑体系非演绎的结论。稍后，本人以玄奘开创的汉传因明留下的白纸黑字为依据，独立地对陈那因明逻辑体系作整体研究，殊途同归。我在《佛家逻辑通论》中推荐了理查德·海耶斯的成果。非常遗憾，几十年过去，尚未引来熊熊大火。

在已发表的论著中我一再强调，对因明学科的研究与对形式逻辑学科的研究，前后相比相差六七十年。一再呼吁效法20世纪五六十年代开展的形式逻辑学科全国大讨论，当务之急是搞清楚因明的学科性质。形式逻辑学科经过学术界的大讨论，所有的分歧定于一尊。因明也一样，所有纷争系于该学科的论辩逻辑性质，不得循环论证。判定因明学科性质的充足理由已经由唐疏给出，那就是多家唐疏的共识——陈那因明的基本概念同、异品必须除宗有法，唐疏还进一步指出同、异喻体是除外命题。据此理由，陈那三支作法的结论不是由因和喻必然推出。因此，我要说多家唐疏的共识，也就是玄奘的口义，它是打开印度陈那因明逻辑体系之路的金钥匙。这是玄奘和唐疏留给我们的宝贵遗产。

由此出发，一切争论应当迎刃而解，就像捅一层窗户纸那样简单。从印度陈那因明到法称因明，有三段论知识便可明辨其同异，不需要高深的逻辑理论作指导。本来，一是一，二是二。谁是谁非，简单明了。扪心自叹，搞了几十年研究，不过解决了一个算不得高级的逻辑题。

谁找到了标准答案，不是自封的。只要认真细致地看一看、听一听对立双方争论的焦点，不难分辨是非。在因明领域，不少有争论的问题其实是不够学术讨论的水平，这早就为逻辑学界有识之士所不屑。但是，几十年来，争论不休，久悬不决，有着种种原因。其中之一，正如马克思所说："偏见比无知离真理更远。"非学术的因素占了很大比例。究其原因是懂因明的人太少，缺乏优秀裁判。在中世纪的印度，辩论是一件很严肃的事。所设辩论场地要求很高，特别注重公证人即今裁判的身份。回顾国内因明论坛，几十年来，不断有外行的权威指点评品因明领域的学术争论。

有个小和尚不断问老和尚什么是人生的真相？老和尚给他一块石头，让他去不同市场估价，只问价而不卖。结果菜市场、玉石市场、钻石市场分别给出可用来做秤砣、做砚石、做翡翠、做钻石的价。老和尚对小和尚说："什么是人生的真相？用菜市场的眼睛、玉石市场的眼睛和钻石市场的眼睛看到的人生真相都是不同的，你到底想用什么样的眼睛来了解人生呢？你要先锻炼的是钻石眼睛，而不是不断的追问呀！”故事在台湾又有不同的版本，其寓意是：有价值的东西，只有在懂价值的人面前，才有价值。其实，只要掌握了因明和逻辑两方面的常识，就具备了火眼金睛。

回顾本人从事因明研究之路，经历了由被动到主动，从无路可走到认准一条路走到底而决不回头的历程。

值得自豪的是，在我的学术之路上有许多贵人相助。在 1983 年，曾任中国逻辑史学会副主任的中国社科院哲学所逻辑室周云之研究员，将国家六·五项目“中国逻辑史”现代卷因明部分的编撰任务交给我这个无名小辈，引领我正式跨入因明研究领域。有点天降大任的意味。当此之际，中国逻辑史研究前辈、著名书法家欧阳中石先生在复旦会议结束之夜，为我写下“心如春水静，意若泰山尊”书法。它好似一语成谶，成了我一生治学的座右铭。心静如春水，是要时时加勉，一生奉行的。认准一个方向，唯我独尊，迄今还没有动摇过。

到如今，自觉地为弘扬玄奘伟大因明成就向国内外广而告之，自觉地为汉传因明的文化自信鼓与呼。一种历史使命感敦促使我将因明研究当成了终身的饭碗，甚至沉湎其中而不能自拔。虽然退休，但是退而不休。苦尽甘来，乐在其中。这是始料不及的。

人微言轻。《佛家逻辑通论》出版前后，虽然未引来惊天动地的回响，但是一路走来，善缘不断。香港《内明》和《复旦学报》《西南民族大学学报》《西藏研究》以及《因明》等杂志陪伴我成长。两次拜访吕澂先生，得到他的鼓励。《法音》杂志两期连载我关于陈大齐的论文后，见到主编净慧法师时，他惊讶地说：“本以为你是个老先生，想不到你是年轻人。”曾祥云教授在《世界宗教研究》上发表《在历史中解读　在解读中创新——评郑伟宏的两部因明新著》一文，认为：“作者抓住汉传因明研究中的重要理论问题，坚持历史分析与比较研究相统一的原则，摈弃陈见，大胆探索，提出了许多启人颖思的新观点、新思想和新方法。”“作者认为，注读《门论》等因明典籍，必须将其当成完整体系对待，要统观该论的全部论述，而不能将其割裂、肢解。在注读过程中，不能掺杂研究者个人的主观成见，越俎代庖，替古人捉刀，造成主客混淆，一句话，要弄清其本来面目。显然，贯穿‘郑著’‘整体论’注读方法的基本原则，即是历史主义。而这正是我国现阶段中国逻辑史研究中所忽视的。‘郑著’所反映出的方法论意义的最重要之点也正在于此。”

在我治学因明的前期，还得到过罗炤、王路、鞠实儿等学者的赞许，备受鼓舞。时任中国逻辑学会会长、中国社科院哲学所逻辑室主任的张家龙研究员为拙著《因明正理门论直解》《汉传佛教因明研究》写下热情洋溢、严谨公正的序文。他以为《因明正理门论直解》“讲得透辟，解得精当”，“是呕心沥血的精品”，“是用历史主义观点研究因明的成功范例”，“克服了在比较研究中的削足适履、穿靴戴帽等弊病”。他还邀请我撰写由他主编的《逻辑学思想史》印度因明部分，倍感荣幸。

1999 年的国家社科基金项目“汉传佛教因明研究”是当时因明领域第一个由个人竞聘的项目。后来获悉，该选题出自任继愈先生。任先生眼光独到，是他率先指明汉传因明应有文化自信。感谢张家龙和复旦大学刘放侗等先生的鼎力支持，我这个无名小辈凭借《佛家逻辑通论》和《因明正理门论直解》在先期研究中的优势，竟然竞聘成功。2006 年我请任先生为即将出版的《汉传佛教因明研究》题写了书名。他还寄给我《老子新解》签名本。作为后学深深感受到大学问家的勉励之情，收到签名本和几次信函，心头不免为之一暖。

中国社科院世界宗教研究所资深研究员韩廷杰发表长篇书评，认为《汉传佛教因明研究》“在继承前人研究成果的基础上，大胆创新，纠正了自唐以来国内外代表性论著的一系列失误，本书在国内外因明研究领域都处于领先地位”，“取得巨大成就”。又认为《因明大疏校释、今译、研究》是“迄今为止对《大疏》注释最详尽、研究最深刻的一部因明专著，完全可以代表 20 世纪 80 年代以来因明研究领域的最高成就”。

我中后期的学术生涯与社科基金项目紧密相连。自 1999 年至 2016 年，我申报并承担了 5 次(国家 3 次、教育部和上海市各 1 次)社科基金项目。没有政府部门的支持，很难有我的因明系列成果。没有复旦出版社和中西书局等出版社的赏识，诸多成果也难于问世。没有民间著名出版人黄曙辉先生的联络，我也很难摆脱冷门绝学书籍出版的窘境。

有人一直批评我“哗众取宠”“华而不实”“急功近利、逞意而言”。有人批评我唯我独尊,罢黜百家。我还成为国内两家权威哲学杂志的批评对象。好在多年来我有个好心态,把诤友们当“逆境菩萨”供奉。甚至有点阿Q精神,把权威杂志上的批评当免费大广告对待。既然享受到了特等待遇,就算收了个大红包吧。在大是大非的重大理论问题上,我是一家之言,独树一帜,根本用不着假谦虚,诚如唐疏所言:“一语成真,诸宗便伪。”

我批评的对象大多是具有代表性的观点本身,论道而不论人。我很少评论他人的治学态度。偶一为之也是因为所批评观点太离谱并且影响太大。我很在意批评对象的错误根源,指出他们研究方法上的失误。因明研究初期有过只评其论而未涉其名的情况,这反被行家误解为毫无新意,差点不能发表。为吸取教训,我都竭力遵守学术规范,以免无病呻吟之嫌。

我确实批评过不少名家,例如我尊敬的沈有鼎先生、王森先生等,还有他们指导的巫寿康博士。在《佛家逻辑通论》中我直言巫博士的论文修改古人的初始概念而建立一个20世纪80年代的新因明体系(矛盾百出),违背了学术研究的最基本原则。其实,沈有鼎先生留下的不过是个草图,并未形成文字,也许只是个设想,但是,巫博士未经论证却把它变成了结论,演绎成洋洋洒洒的博士论文。鉴于我批评的对象的特殊地位,论文的指导者是中国社会科学院的几个著名教授,挑战一言九鼎的学术权威,冒天下之大不韪,确实犯了大忌。但我顾不得这些。要知道,这样反历史主义替古人捉刀的低级错误对汉传因明研究所造成的障碍有多大,是局外人难以想象的。

毛泽东说过:“没有调查研究,就没有发言权。”可是,这几十年,有不少各领域的著名专家并不了解因明学科的特殊性,竟成了因明领域的钦差大臣,下车伊始,就哇啦哇啦,误导了大批读者。我对于名人,向来敬重唯恐不及。要正确对待其他领域的名人权威。既要尊重他们,又不要迷信。因人废言会埋没真理,因人立言则流于盲从。

我的贡献其实也就是微不足道的那么一点。这与我的能力有关,与论争的内容有关,与时代提出的问题有关。我的那点能力,刚好能回答时代提出的问题。现、当代争论的理论深度,决定了我的理论高度。我虽然不满于现状,但是我也自知,我不过是个拓荒者。后面的因明之路还漫长。寄希望于一批朝气蓬勃又很有才干的中、青年学者去夯实，去拓宽。“绝学”重光，汉传因明重回世界之巅的梦想是可以期待实现的。

我的骄傲，是终结了百年来传统观点的束缚，凤凰涅槃，别开生面。我的悲哀是始终在因明与逻辑两方面的常识水平上论战，这为逻辑大家所不屑。一个人的学术水平有多高，也要由对立面的分量来衬托。

2022 年 5 月 20 日

目　录

【上　篇】

【下 篇】

【上　篇】

第一章　概　论

希腊、中国和印度是世界三大逻辑体系的发源地。

三个文明古国的逻辑体系各具特色,别有光彩。它们就像三颗灿烂的星星照亮着东西方文明之路。

西方逻辑是一门成熟的科学,无论是传统的理论还是现代的发展,都有着脉络分明的深刻研究。中国逻辑史工作者经过十多年披荆斩棘的艰苦努力,最近完成了《中国逻辑史》五卷本及相应的资料五卷本的编撰,这标志着中国逻辑史的研究进入了一个新的阶段。

对印度逻辑的研究,国内相对较为薄弱,至今还未有巨著问世。

佛家逻辑即因明学是印度逻辑的重要组成部分,也是中国古代逻辑的重要组成部分。总结一下 20 世纪以来因明与逻辑的比较研究的状况,不难发现,成果寥寥,不乏错谬。在一系列理论问题上还必须做深入的研究和展开充分的讨论。

第一节　印度逻辑的产生和发展

一、印度逻辑的萌芽

印度古代逻辑学说的主要流派是正理论和因明学。正理论的发展分为两个大的阶段:古正理和新正理。作为印度佛家逻辑的因明,它的体系是在古正理的基础上建立起来的。尽管因明源于正理,但它自产生之日起就走上了独立自主的发展道路。因明亦有新古之别。新因明家沿用"正理"这一名称来指称自己的因明著作,把因明当作正理,但没有为别宗所接受。

辩论术是孕育古印度逻辑学说的土壤。逻辑的萌芽就出现在正统婆罗门哲学派别关于祭祀的辩论中。由于史料的缺乏,我们只能粗线条地勾画一下逻辑体系产生之前的情况。在公元前3世纪时,以解释吠陀圣典为事的弥曼差派就提供了一些语法和逻辑的术语和概念。梵语“弥曼差”,巴利语“微曼差”,词义就是思维、考察、探究。①

公元前3世纪孔雀王朝大臣乔底里耶所著的《利论》辟有专章讨论这方面的32种概念,其中直接与逻辑有关的有议题、陈述、推断、连贯的论据、类推等。此书还举顺世派为“推究学”三派之一。“推究学”的广义理解是指哲学,狭义的理解就是指逻辑。《利论》中出现了命题逻辑的因素。② 到公元2世纪,作为唯物主义者的顺世派便有了“因论者”即逻辑学家的称号。该派有自己的逻辑学说和逻辑著作,后来它们的著作遭到论敌的销毁而荡然无存,其学说的内容也湮没无闻。

在公元2世纪的巴利佛典《论事》大品第一章开篇中所出现的推理引人注意,它的推理形式合乎命题逻辑的推理形式。在这些推理中以整个命题为推演单位,而不是把命题分析为主项和谓项。这种论式酷似同一世纪希腊塞克斯都·恩披里柯的论式。该书还出现了合(前提)、结(结论)、遍知(命题)、返论、推理、随负等术语和格式。③

公元前1世纪耆那教的贤臂列举了十支论式:宗、宗分别、因、因分别、异品、异品遮遣、见边(喻)、疑、疑遮遣、结。

公元1世纪成书的《恰拉卡本集》是恰拉卡医生著述的内科医学书籍。关于逻辑学的研究集中在第三编第八章。

二、《正理经》——正理派的逻辑

从1世纪起到2世纪,胜论派和正理派先后形成了自己的逻辑学说。胜论派的逻辑著作是《胜论经》。在这本书的基础上正理派完成了《尼夜耶经》,又译为《正理经》。《正理经》相传为正理派的创始人足目(约50—150年)所著,实际非一人一时之作。有的学者根据书中的内容来推定,该经较古部分是在同佛教

① 丁彦博:《略论因明正理的现代意义》,转引自《因明论文集》,兰州:甘肃人民出版社,1982年版。

② 杨百顺:《比较逻辑史》,成都:四川人民出版社,1989年版,第184页。

③ 丁彦博:《略论因明正理的现代意义》,转引自《因明论文集》,兰州:甘肃人民出版社,1982年版。

中观派创始人龙树争论之前就有的,而该经的现存形态是在与龙树论争之后才有的,大约在公元 250—350 年前后。

尼夜耶的梵文本义是引导的意思。凡是引导一论题或结论为一理论,就称为尼夜耶。理论有真似之分,尼夜耶虽然本指理论,但通常是指正确的道理,因此,尼夜耶又意译为正理。正理派比前人更深入地研究了逻辑问题,初步建立了推理的基本规则和错误推理的原因、类型。

《正理经》的内容包括三部分:辩论术、认识论和逻辑。《正理经》虽无五分作法的实例,但其论述了逻辑推理形式由宗、因、喻、合、结五支组成,其五支形式亦为新正理派所沿用。正理派的显作(600 年左右)在新因明创建者陈那《因轮论》的影响下,列举了 176 种可能的因。正理派自显作以来便以论证神的存在作为自己的唯一任务,从此便开始失去生气。

古正理派的代表作有公元 4 世纪时由富差耶那作的《正理注》,6 世纪时乌地阿达克拉的《正理释补》。9 世纪时的婆恰斯巴提的《正理释补疏记》等,其中以《正理注》为现存最早最有权威的注本,而婆恰斯巴提被称为第一个真正的注释家。

三、因明——佛家的逻辑

在 2 世纪时,佛教内部对正理采取截然不同的两种态度。据说,可能还是小乘学者的龙树著了《方便心论》,是佛教最早的一部有关论辩的著作。内容包括论辩术、逻辑和知识论。该书批评正理派奉行的胜论派哲学。作为大乘中观派(空宗)创始人的龙树对正理派的逻辑学说中关于"量"可以认识一切的说法持否定态度,以辩证方法驳斥正理派片面、执着的方面。龙树著了《迴诤论》总破正理派的"量"与"所量",又著《广破论》破斥正理派十六句义。①

小乘"说一切有部"则对正理持肯定态度。在《大毗婆沙论》中即有佛徒应"能通世俗诸论,所谓记论、因论、王论、诸医方论、工巧论等"。其中因论又作"因明论",有"辩无碍解以习因明论为加行故"之语。西藏学者传说佛家最初的一部因明著作是阿罗汉法救的《论议理门论》。此书久已失传,内容也许与龙树《方便心论》相仿佛。

为了辩论的需要,4 世纪兴起的大乘瑜伽行派(有宗)逐渐吸取并发展了正

① 吕澂:《佛家逻辑——法称的因明说》,转引自《因明论文集》,兰州:甘肃人民出版社,1982 年版。

理派思想，建立了古因明。《瑜伽师地论》《显扬圣教论》《集论》《杂集论》等在讲因明时，都讲到“七因明”，即论体性（论辩论的题目），论处所（论辩论的地点），论所依（论辩论的方法），论庄严（论辩论者应具备的条件），论堕负（论被击败的论点），论出离（论参加辩论会），论多所作法（论辩论者的信心）。其核心部分是论所依。

《瑜伽师地论》将因明定义为“谓于观察义中，诸所有事”，意谓对于一般所观察的事物建立一种意见，其中关于能立与能破的一切论证的历程便是因明。古因明关于因的规则“因三相”来源于若耶须摩学派，此派肯定是佛教外宗，有的说与正理派有关，有说与耆那教有关。究竟是哪派，不能断定。在无著的《顺中论》中转引了耆那教人之因三相说，而在世亲的《如实论》中不仅引用了因三相理论，而且开始应用这一理论。论式中出现了喻体，成为古因明五支作法转变为新因明三支作法的过渡形式。

四、陈那的新因明学说

陈那是新因明开山祖（约450—520），诞生于南印度婆罗门族，后来出家，跟世亲学习，对大小乘经典都能融会贯通。印度史家称为“中古逻辑之父”。陈那以前的古因明，初具规模，但很粗疏，“过谓非过，非过谓过”，宾主对扬，无章可循，双方对立破的规则都还有怀疑。正理学说以及佛教古师的因明著作中还保留许多辩论术的内容，如辩论的条件、规则等。因明的知识也“文广义散，备在众经”，还没有一部完整的因明专著。陈那隐居草莽之中，“覃思精研”，“观述作之利害，审文义之繁约”，作《因明正理门论》（简称《理门论》），为陈那新因明的奠基作。

《理门论》不同于古因明以辩论术为中心，而以逻辑为中心，即以“立（证明）破（反驳）”为主题。该论一开始便说明要简择持取关于立破的正确道理，“为欲简持能立能破义中真实故造斯论”。全文五千余字，过半的篇幅讲立、破，小部分讲量论，即知识论。

陈那在《理门论》中建立的新因明体系主要有以下几点创新。

第一，对能立与所立重新分界，以宗体为（宗命题）论争标的。

古因明以宗、因、喻等为能立（能使论旨成立），而以组成宗的两个概念即主项、谓项为所立（论旨所要成立）。以“声是无常”宗为例，古因明以“声”和“无常”为所立。陈那改以因、喻为能立，宗为所立。这因为因、喻是证宗的理由，而宗是要论证的对象。这是就一个论式内部各支关系而言，但对似能立和能破、似能破来说，则宗、因、喻三支合为能立。能立是有二义的。在有逻辑知识的人看来，作为论题的宗，当然是命题或判断，立、敌双方要争论的是这判断能否成立。古因明家却有几种不同的说法，令今人难于理解。古因明家认为，争论的对象是组成宗的宗依即判断的主、谓项。有的认为立者要论证的是主项（前陈），有的说是谓项（后陈），有的说是前后两个项。陈那则重新规定，论争的对象不是宗依而是宗体。如上例，“声是无常”这一判断是宗体，是论争的对象。

第二，创立九句因作为三支论证的理论基础。

近、现代不少中、日学者主张，九句因理论古已有之，发明权当归古印度正理派，而因三相则是陈那对九句因的补充和概括。其实，根据吕澂先生的考证，在正理经文中并无九句因的痕迹，它首见于陈那的《理门论》等著作中。陈那的因三相理论是建立在九句因基础上的，是对其中二、八句正因的概括。

九句因是指宗的同品和异品与因之间的九种情况：

一、同品有，异品有；
二、同品有，异品非有；
三、同品有，异品有非有；
四、同品非有，异品有；
五、同品非有，异品非有；
六、同品非有，异品有非有；
七、同品有非有，异品有；
八、同品有非有，异品非有；
九、同品有非有，异品有非有。

陈那将二、八两句因定为正因，余为似因，再加上因必须是宗之法（颂文“宗法与同品”已规定），便从二、八正因中概括出三条原理，称为因三相。因三相是：遍是宗法性、同品定有性、异品遍无性。

九句因表明，同品、异品是除宗有法的（论题主项）。这是因为因明是论辩逻辑，在共比量中，证宗的理由必须双方共许，佛家以“声无常”为宗，自认声为无常的同品，但敌者婆罗门声生论不赞成声为无常，以声为无常的异品。因此，在立量之际，声究竟是同品还是异品，正是要争论的问题。如果立、敌各行其是，将无法判定是非。拿第五句因来说，当立取声为无常的同品时，其“所闻性”因，同品有非有而异品非有，此因非似因而成正因；当敌取声为无常的异品时，此因于同品非有而异品有非有，又成相违因，出现过失。同一个所闻性因，既成正因又成相违因，是非无以定论。因此新因明实际上规定：立量之际，同、异品均须除宗有法。否则,要论证任何一个宗,都不可能有正因来支持。因为敌方只要轻而易举地以宗有法为异品,则任何因都不能满足二、八正因中异品无因这一条件,所立之量便非正能立。

既然九句因中实际规定了同、异品除宗有法,那么根据同一律,以九句因为基础的因三相中第二、三两相也是除宗有法的。第二相实际上的意义是:除宗以外,同品定有因。第三相实际意义是:除宗以外,异品遍无因。既然有此例外,根据九句因、因三相所建立的三支推论式便未能改变类比推理的性质。有的因明研究者看到这个结论觉得难于接受,便作出修改《理门论》关于异品定义的选择,以保证陈那新因明为演绎推理。但是,修改初始定义的做法根本推翻了《理门论》的理论体系,犯了古籍研究之大忌。又有一说不顾陈那新因明体系的一致性,断言九句因只涉及喻依,而与因三相以及喻体无关,尽管同、异品除宗有法,新因明仍是演绎的。这种解释也很牵强。只要承认《理门论》对同、异品的规定,只要承认九句因,那么根据同一律,就一定要承认因的第二、第三相也是除宗有法的。

第三,增设喻体以提高推理的可靠程度。

陈那对古因明喻支进行了改造。古因明的喻支只是举出一个或一些与所要论证的对象同属于某一个类的事物来进行类比。从这个或这些事物有 A 属性且有 B 属性,又根据所要论证的对象有 A 属性,便推出所要论证的对象也有 B 属性。其推理的结论可靠性程度显然是不高的。陈那在喻支中增设喻体,即用一个命题来反映某一类事物除所要证明的对象之外,其余所有的成员都有另一属性。例如,以“声是无常”为宗,“所作性故”为因,古因明的同喻为“犹如瓶等,于瓶见是所作与无常”,新因明的同喻为“若是所作,见彼无常,犹如瓶”等。喻体命题通常都被理解为毫无例外的全称命题,反映无一例外的普遍原理。笔者认为,这一流行的观点与陈那九句因和因三相理论不一致。陈那的因明论式中因支只是满足了因的第一相遍是宗法性,而因的第二、三相是由喻来显示的。例如,以“声是无常”为宗,则同喻为“除声以外,若是所作,见彼无常,犹如瓶等”;又如,以“张三有死”为宗,其同喻为“除张三以外,凡人皆有死,如李四等”。这两个例子中喻体都是除一个以外的除外命题。当然,陈那的《理门论》等著作并没有直接把喻体的“除外”实质揭示出来,而“除外”的性质却是隐含在喻体中的。它尽管不是全称命题,但由于断定了除宗的主项以外的某类事物的全体具有某属性,从而推出宗,其可靠程度当然比只根据某类事物中一个或几个事物来类推要高得多。这是新因明对古因明的一大进步。

第四,改五支为三支。古因明是五支作法,新因明是三支作法,对照如下:

五支作法	支名	三支作法
声是无常，	宗	声是无常，
所作性故，	因	所作性故，
犹如瓶等，于瓶见是所作与无常，	同喻	若是所作见彼无常，犹如瓶等，
声亦如是，是所作性，	合	
故声无常，	结	
犹如空等，于空见是常住与非所作，	异喻	若是其常见非所作，犹如空等。
声不如是，是所作性，	合	
故声无常。	结	

陈那改五支作法为三支作法，不仅在论式上简明扼要，而且提高了可靠程度。五支中的合实际是重复了因支，五支的结就是宗，陈那把它们删去，使论式简明。更重要的是，三支的喻增加了喻体，更有说服力。但是，由于三支作法是建立在九句因和因三相基础上，它还不是真正从一般到特殊的演绎推理，它离演绎推理仍有一步之遥。这使得新因明仍然是类比推理，一种最大限度的类比推理。

第五，确定量只有现量和比量两种。

陈那认为人的认识活动只有现量和比量两种。现量即感觉和知觉对事物“自相”的直接反映。这是还没有加入概念的思维分别活动，不能用语言表达的知识。比量是推理知识。陈那废除了正理派的譬喻量和圣教量。譬喻量是指证实已知的某物的名称及其性质与某物相类似，例如，过去听说过野牛的名称，又知道野牛状似家牛，现在在森林里看到一个类似家牛的动物，便把它推断为野牛。显然，现量和比量包括了譬喻量，没有另立的必要。圣教量又名声量、圣言量、传承量，是以本宗派圣者的言行作为知识的标准。陈那认为，真理或为现量所得，或为比量所得，因此圣教量亦不出这二者的范围，无须另立。

第六，提出独具特色的概念遮诠理论。

陈那认为概念是通过否定一方承认另一方的方法即“遮诠”构成的。例如，“青”这一概念就是表示非“非青”，由否定一方（遮）来表示另一方（诠）。今人把因明中的“表诠”“遮诠”对应于逻辑中的肯定、否定命题，这是误解。

陈那的后期代表著作是《集量论》。这是一部集因明知识论为大成的著作，以知识论为中心。《集量论》内容以现量、为自比量、为他比量的次序来编排，立、破属为他比量，在全体中不是主要的，这与《理门论》大异其趣。

陈那在《理门论》中建立的新因明体系由其再传弟子商羯罗主整理得更有条理和更为明晰，并且有所补充和发展。商羯罗主的《因明入正理论》（简称《入论》）比《理门论》更好读。治因明者多以此论为入门阶梯。

五、法称的因明学说

到了7世纪时，瑜伽行派的代表人物法称又大大地推进了新因明学说。西藏的学者把他的学说与陈那的学说并称为陈那法称之学。陈那新因明经过法称的改造，才真正完成了由类比向演绎的飞跃。法称废除了第五句因（不共不定）和相违决定因并主张取消喻依（实际在论式中还保留）；改造因三相使得后二相合一；提出自性因、果性因和不可得因三种正因以保证喻体为毫无例外的全称命题；颠倒宗、因、喻的顺序为喻、因、宗，并提出同法式和异法式这两种独立的三支形式，使得三支作法与采用三段论推理的逻辑论证十分接近。

六、《真谛如意珠》——新正理的经典著作

新正理派被称为正理——胜论综合学派，其学说是古正理和胜论学说的综合物，由12世纪印度东部密提拉地区以殑伽输（又译“克伽自”）为首的一批正理家所提出。殑伽输的《真谛如意珠》（意为真理的思想宝珠）是新正理的经典著作。新正理派在某些方面达到了现代逻辑的水平，他们深入理解了诸如合取、析取、否定、关系、蕴涵推论和证明等理论，从而发展了印度逻辑。

第二节　因明在中国的传播和发展

一、汉传因明和藏传因明

随着佛教的传播，印度因明学被介绍到中国。因明成为中国佛教史和中国逻辑史的组成部分。中国成为因明的第二故乡。

因明在中国有汉传和藏传之分。

汉传因明包括从弥勒前后到世亲的古因明和陈那的新因明。藏传因明弘扬

的则主要是陈那晚期的因明学说以及陈那后学法称的因明学说。无论是汉传因明还是藏传因明,在因明发展史上,都有着举足轻重的地位,在世界逻辑发展史上也是重要组成部分。

藏传因明是世上最丰富的因明宝藏。印度佛教的杰作大都有忠实的藏译本,据藏文《丹珠尔》记载有六十多种。陈那新因明的晚期代表作《集量论》和代表印度因明最高成就的法称的因明七部著作都有藏译。近代印度学者甚至要将因明从藏译中倒译成梵文。藏族学者也有过自己撰写的较为系统的因明著作,藏传因明专家杨化群先生所见过的就有五十多种。其代表作为12至13世纪的萨班庆喜幢的《正理藏论》。吕澂先生认为,此论不仅批判了西藏旧说,也批判了印度旧说,西藏学者对因明或量论有发展之功。

二、玄奘对汉传因明的贡献

因明输入汉地先后两次。第一次是在后魏公元472年至541年的七十年间,翻译了古因明的著作《方便心论》《如实论》和《迴诤论》。古因明的输入反响不大。第二次输入在唐代,曾经盛极一时,并传播到日本、朝鲜等国。

玄奘是汉传因明的主要译讲和传播者。他在印度游学期间,遍访高僧,观摩溥德,“重讨幽微,更精厥趣,披枝叶而穷其根柢,寻波澜而究其源穴”。他在迦湿弥罗国从僧称习《因明论》(即《入正理论》),在至那仆底从调伏光学《理门论》。后来又在素享盛名的那烂陀寺从名师戒贤学《因明论》《集量论》各两遍。还在南侨萨罗国专学《集量论》,在低罗释迦寺从大德般若跋陀罗咨决所疑,更请杖林山居士胜军为其答疑解惑。他对因明理论精研深思,运用因明规则纯熟自如,达到了当时印度的最高水平。作为其光辉范例者有二:一是奘师根据自、他、共三种比量的理论,修正了胜军四十年深思熟虑之“大乘是佛所说量”;二是在戒日王为他于曲女城召开的十八日无遮大会上立“唯识比量”(后世称为“真唯识量”),当时无一人敢更改一字,获“大乘天”和“小乘天”称号。

玄奘回国时带回因明著作36部,但是他只翻译了大、小二论,而他一再研习的《集量论》却旁置不译,对此,今人有两种不同的评论。一种看法认为,玄奘偏详立破,不译陈那以量论为中心的晚期因明著作,是不完全的,因而大大限制了此学的发展。另一种看法认为,这正是奘师的卓识所在。玄奘重视弘扬无著、世亲、护法等的法相唯识之学,而唯识学的主要论书如《瑜伽师地论》《显扬圣教论》《集论》《杂集论》等,所说学习因明的目的,与大、小二论基本相同。两论的内容,也均以立、破轨式为主,而世亲、陈那以后的相宗诸家著述,又多采用因明论式以证成其说。“推迹奘师翻译因明书籍，独取陈那师弟大小二论，其间抉择，量有权衡。诚以古今学派纽于陈那。陈那精要，汇归正理。入论者，则又正理之要删，简明博大，肯綮总揽”①。因此，在译经第三年，在译《瑜伽师地论》同时，即译出《入正理论》，过一年，又译出《理门论》。

因明在当时是一门新鲜学问，尽管玄奘本人没有著述，但是他培养了一大批因明人才，而他的口义也保存在弟子们所造之文疏之中。

一奘师学博且精深，又组织了高水平的翻译班子，二论的译文从总体上来说是很精当的。由于二论言简意赅，奥义幽微，奘师在译事之中，还为译场中执事的佛门弟子作详细讲解。这些佛教学者根据奘师口义，加以发挥，兴起一股“译寮僧伍，竞造文疏”之风。《入论》旧疏为神泰、靖迈、明觉三家，继有文备、文轨、璧公诸作。其中文轨的疏引人注目，由于文轨住庄严寺，其疏便称为《庄严疏》。后起之秀窥基由于得着玄奘薪传，而且他又对上述著述抉择取舍，总结异说，因此，他的《因明入正理论疏》最为完备，对后世影响最大，世称《因明大疏》《大疏》。基疏一出，其余文疏为之晦彩，大多零落失传。

基师俗姓尉迟，童年便为玄奘法眼所识，度入佛门，17 岁受俱足戒，25 岁参加译场。他勤于著述，有“百部疏主”之称。然而，《大疏》却是一部未完成之作，只解释到喻过的开端。后由其门人慧沼续成。弟子慧沼、再传弟子智周等均有疏释基师之作。

自贞观二十一年(647)至开元年间，为《入论》所作疏记至少有 23 部，为《理门论》所作疏记至少有 16 部。玄奘所传因明，在盛传几十年之后，在唐开元年间便与法相唯识之学同归衰微。在唐武宗会昌年间禁佛之后，唐疏便逐渐隐晦不传，明清五百年间几成绝学。

三、汉传因明的第二次高潮

直至清末，杨文会从日本取回《因明大疏》，锓版流通。文轨的《庄严疏》残本也从日本回归。轨疏原有三卷，流传日域残存初分，其第三卷残本宋初改题为《因明论理门十四过类疏》，亦于我国赵城发现。20 世纪 30 年代支那内学院根据日释善珠之《因明论疏明灯抄》(简称《明灯抄》)、明诠之《大疏里书》、藏俊之《大疏抄》等书所引轨说，订正了残本第一卷文句，并辑出了第二、三卷佚文，辑佚工作虽有少量遗漏，但大体完成，开拓之功实属不易。此外，神泰的《因明正理门论

① 熊十力：《因明大疏删注·揭旨》，上海：商务印书馆，1926 年版。

述记》(简称《述记》)、慧沼、智周的疏记也从日本回归。于是,玄奘所传因明重光,僧俗人等竞相研习。如果说唐代出现了汉传因明的第一次高潮,那么在20世纪则出现了汉传因明的第二次高潮。

近代以来,随着佛学的复苏,因明学引发了治佛学、哲学、语言学、逻辑学、敦煌学等学科的许多学者的研习兴趣。举其要者,有梁启超、章太炎、章士钊、谢无量、太虚、欧阳竟无、吕澂、熊十力、谭戒甫、陈大齐、陈望道、虞愚等。他们将因明学与中国传统的名辩学进行了比较研究。30年代任北京大学代理校长的陈大齐先生有部因明巨著《因明大疏蠡测》,对因明许多基本理论和概念的研究十分精当,显示出深厚的功底。著名语言学家陈望道先生曾撰写过我国第一本白话文的因明学著作,促进了因明的普及。

1978年以来,因明学科的普及和研究在中华大地上出现了前所未有的新局面。因明学者认为,研究因明具有重要的现实意义和较大的学术价值。其一,因明自传入中国,就成为中国文化的一部分。因明研究对佛学、佛教史、哲学史、思想史、敦煌学特别是西藏学的研究都有帮助。其二,要研究中国逻辑发展的历史,就不能不研究因明在中国的发生和发展。其三,因明有不同于逻辑和名辩的特点,可以丰富逻辑科学,提高人们的论辩水平。其四,汉传和藏传因明作深刻的研究就不可能写出一部真正全面的世界逻辑史来。

第三节 因明——佛家逻辑的特定术语

一、因明与内明

因明是梵文 Hetuvidyā(醯都费陀)的意译。醯都(Hetu)是因,费陀(Vidya)是明。因泛指理由、原因或知识之源,这里专指论证的理由。印度所谓明,即中国所谓学:学说、学问。因明是印度古代五明(五种学问)之一。因明是研究论证理由的学问。

玄奘在《大唐西域记》中记叙了当时印度的教育情况:"七岁之后,渐授五明大论:一曰声明,释诂训字,诠目流别;二工巧明,伎术机关,阴阳历数;三医方明,禁咒闲邪,药石针艾;四谓因明,考定正邪,研核真伪;五曰内明,究畅五乘因果妙理。"

石村先生的《因明述要》注意到"渐受五明大论"是有顺序的。掌握语言文字工具是学习各种知识的首要条件，因此，第一是声明，解释字义，把条目搞清楚，加以区分。第二叫工巧明，教授工程技巧，阴阳历算。第三是医方明，讲念咒制邪，使用草药、矿物药和针灸。此二明与人们生活、生产密切相关，因此排第二、第三。第四叫因明，鉴定正邪，考核真伪，是关于理由的学问。第五叫内明，研究五乘的因果和妙理。因明、内明是抽象的知识，因此排在第四、第五。

五明中，除内明外，其余四明均为各宗各派的共同学问。古印度教派林立，各有构成自己理论体系的经典，各以本宗本派的学说观点为内明，为正道，而以别宗别派的学说观点为外道，为邪论。因此，信婆罗门教的，婆罗门教的经典四吠陀为内明；信佛教的，佛教的三藏十二部经典教义是内明。后来，内明成为佛学的代名词。佛家把佛家以外的宗派称为外道。古印度"外道"之多，号称有96种。

大乘佛教积极主张利益众生，以五明为学人之必修课，是圆成佛果的"大智资粮"。

因明通常是佛家讲逻辑的一个特定术语。因明建立的规则又是论辩双方都必须共同遵守的。佛教学者建立的新因明体系包括三部分内容：一是论辩术，二是逻辑，三是知识论即量论。前两部分是佛家与外道共同遵守的辩论规则，后一部分内容别宗别派可以不接受。因明与内明的关系，如同逻辑与哲学的关系。因明的量论部分本身就是佛学的一部分。其论辩逻辑的一部分是内明的工具。

玄奘弟子窥基说："求因明者，为破邪论，安立正道。"这说明，佛家研究、运用因明的目的是为宣传内明服务的。

玄奘的另一弟子文轨也说过，因明的作用是"可以权衡立破，可以楷定正邪，可以褒贬是非，可以鉴照现比"。其中，前三者是开悟他人，而"鉴照现比"是为使自己了悟。悟他的方式是论证，自悟涉及的则是知识的获得方法和获得过程。

陈那的新因明前期著作专详立破，重在悟他，知识论内容分量很轻。无论是立是破，都要考核理由是否真实，论式结构是否正当，这与逻辑三段论只管形式结构是否有效而不管内容之真假是不同的。

有的因明家概括因明的发展过程是从辩论术到逻辑，再发展为知识论。因明源于辩论术，从辩论术逐步发展到建立逻辑的体系，而以知识论为辅助的内容，最后又加强了知识论的内容，转而以知识为中心。

二、正理——印度的一般逻辑学说

近年来，关于因明是否等于佛家逻辑的问题，有不同的看法。有的主张"因明即佛家逻辑”，有的主张佛家逻辑只是因明的一个组成部分，两者不能等同，还有的则根本否认“佛家逻辑”的提法。笔者赞成“因明即佛家逻辑”的提法，也肯定因明与唯识宗的密切联系，但不赞成因明的理论基础是佛家认识论——唯识学，不赞成因明与唯识学有“不可分割的联系”的观点。这是因为，因明中关于证明、反驳的逻辑形式是各宗各派应共同遵守的，这些逻辑形式对唯识学来说，有相对独立性。

首先，印度的一般逻辑学说称为正理。正理的发展历史包括旧正理和新正理。正理学者亦分为旧正理派和新正理派。正理学说的经典著作是《正理经》，约成书于公元4世纪的前半期。从公元4世纪后半期到公元10世纪末，正理学者沿袭《正理经》的老传统，为《正理经》作了许多论疏、复注或后记。他们被印度哲学界称为旧正理派。新正理学派形成于14世纪，其学说在推论、证明和定义等方面对旧正理体系作出了重要贡献。20世纪30年代，杨国宾先生留学印度，回国后他翻译了他的老师阿得利雅博士的《印度论理学纲要》一书。他在序言中说道：“这一本书虽是小，可是关于印度论理学方面的主要思想已搜集无余了。而且这本书体材简明，印度大学预科用它当作印度论理课之课本的。”①可是我们在这本搜集了印度逻辑学方面主要思想的逻辑教科书中却找不到关于新因明理论的片言只字。这说明，印度的一般逻辑学说中是不包括佛教理论家所创建的新因明理论体系的。又据吕澂先生考证，像晚近印度出版的《正理藏》大词汇第三版，里面搜集有关正理学说的术语2500多个，却无“因明”一词。这更进一步看出，正理一系，有自己的源流。尽管从中发展出因明一系，二者有着相对独立性。

其次，既然西方逻辑中可以有“亚里士多德逻辑”“穆勒名学”等名称，中国逻辑史上有“墨辩逻辑”的名称，那么也不妨把佛教大师们建立的以新因明为主体的因明学科称为“佛家逻辑”。我们把新因明为主体的因明学说称为“佛家逻辑”，有几个好处。一是从名称上一下可以体会到新因明与正理学说的不同；二是反映了因明与佛教的历史渊源，新因明完全由佛家所建立，因明在中国的传播和发展也归功于佛家；三是揭示了因明是为佛学服务的；四是因为新因明的内容尽管包括辩论术、逻辑和佛家认识论三部分，其主体是逻辑，即立破学说。固然，“亚里士多德逻辑”这一名称会使人把这种逻辑与亚里士多德其人其书密切联系起来，但这并不妨碍我们把亚里士多德的逻辑思想与亚里士多德的哲学思想区分开。同样，我们称因明为“佛家逻辑”，也并不意味着因明中的逻辑内容是佛家

---

① 阿特里雅：《印度论理学纲要·译者序言》，杨国宾译，上海：商务印书馆，1936年版，第4页。

的独家逻辑。

本来,对陈那和法称这些因明理论家来说,“正理”和“因明”是等同的。陈那的《因明正理理门论》的梵文题目原本是《正理门论》,商羯罗主的《因明入正理论》梵文原本是《入正理论》,“因明”二字,都是由玄奘翻译时为标明二论的性质特别加上的。法称的《正理滴论》,也把“正理”冠于书名。据吕澂先生的看法,到了公元400年左右,佛教大师弥勒《瑜伽师地论》问世,才第一次有因明这一名称。“因明”一词为佛家所专用,他宗不一定同意。由于玄奘的评介,在汉传因明中,“因明”一词颇为流行。说到“佛家逻辑”,人们明白这主要是指称新因明,说到“因明”,人们便知其指称为有别于正理的佛家逻辑。因此,“因明”亦非印度一般逻辑的通称,尽管佛家也用来指称正理,但并没有为别宗所接受。“因明即佛家逻辑”,我以为是说得通的。

还有一个理由可资佐证。窥基在《大疏》中说:

> 因明论者,源唯佛说,文广义散,备在众经。故地持云,菩萨求法,当于何求?当于一切五明处求。求因明者,为破邪论,安立正道。劫初足目,创标真似,爰暨世亲,咸陈规式。①

这段话有两层意思。如果从因明的名称来说,那么“因明”这个名称是从佛家才开始有的。如果从因明这门学问的产生来说,应归之于“创标真似”的正理派创始人足目。

第四节　因明研究的方法

关于因明研究的方法问题,我强调三条,一是处理好佛学与因明的关系。二是要有实事求是的态度。三是以逻辑为指南。

一、“非研诸论难晓因明”

因明作为佛家逻辑,是佛学的工具,其例证多取自佛学诸论。因明学是辩论

---

① 窥基:《因明入正理论疏》(简称《因明大疏》《大疏》),南京:金陵刻经处,1896年版,卷一页二左。

的产物,也是辩论的武器。因明著作中的实例大多是佛家与各宗各派争论的内容。一个论证包括内容与形式两个方面。形式逻辑可以不管内容的真假,只问形式的对错,但是因明的规则中还涉及对内容的要求,这是因明的特殊性。一方面“不悉因明莫通诸论”,另一方面“非研诸论难晓因明”①,因此,研究因明,学点佛学很有必要。

二、实事求是

研究古人,研究古人的著作,研究历史,都要实事求是,这是理论研究的通则,这一点不会有人反对。实事求是就是要按照古人的本来面目去陈述、去翻译、去批判。

但是,在当代的因明研究中却存在着不实事求是的倾向。例如,有的论著“发现”了陈那《理门论》体系内部的“矛盾”②,因而采取修改最重要、最基本的概念“异品”的定义的办法,来满足自己预定陈那三支作法为演绎论证的主观想法。殊不知,这样一来,新的体系是建立起来了,但这只能算是20世纪80年代的新因明体系,而因明大师陈那及其著作却面目全非了,而且这新体系用因明规则一检验便出现许多矛盾。该论著由于采用了数理逻辑这一新式武器来“破译”,这就使得懂因明而不懂数理逻辑,或者只懂数理逻辑而不了解因明的人,更不要说因明和数理逻辑都不懂的人,他们很难搞清这一论著是怎样误入歧途的。对于因明、逻辑两方面的修养都较高的学者对此也难免百密一疏而盲从。因此,我们在后面要作详细的讨论。

又如,九句因理论是陈那新因明体系的基石,有的日本逻辑学家也用数理逻辑的方法加以研究③,但是把本来应为联言命题的二、八正因却表示为选言命题,这一错误表达,真可谓差之毫厘,失之千里了④。试想,这样重要的命题都表达错了,尽管用了数理逻辑的手段来加以研究,那也只能南辕北辙。

---

① 吕澂:《因明纲要》,上海:商务印书馆,1926年版。

② 巫寿康:《〈因明正理理门论〉的研究》,北京:生活·读书·新知三联书店,1994年版。

③ 末木刚博等:《现代逻辑学问题》,杜岫石、孙中原等译,北京:中国人民大学出版社,1983年版,第24页。

④ 参见郑伟宏:《论因三相》,《复旦学报》,1986年第2期。

三、逻辑是因明研究的指南

在世界三大逻辑体系中,只有西方逻辑才是一门成熟的科学。因明与逻辑的比较研究是因明研究中的重要课题。因明既然是一门包含着认识论内容而以逻辑为主的学问,就不能不接受西方逻辑的鉴定。那种对因明与逻辑作比研究的必要性持否定态度的看法显然是错误的。

在20世纪30年代我国就出现了逻辑与因明比较研究的专著①。除了作为逻辑学家的陈大齐先生对因明与逻辑的比较研究作出了突出贡献外,我国老一辈的因明家的逻辑水平普遍不高,他们对传统逻辑的许多基本理论都很生疏,因此,他们的比较研究工作就很欠缺。例如,有的评论亚里士多德只着重研究了同一律,而忽略了矛盾律和排中律,认为因明中对矛盾律的运用高于亚里士多德逻辑,这显然是误解。又如,有的著作将因三相规则与形式逻辑规律作比较,认为"遍是宗法性与充足理由之原理相似,同品定有性与同一律相似,异品遍无性与矛盾律、拒中律相似"②,显然是牵强附会。

唐代窥基大师的《大疏》对同品概念的一些重要解释包含着明显的矛盾,用逻辑眼光一评判,便不难发现,但是这些错误却被后来的直到今天的一些颇有影响的著作所因袭。

20世纪以来的因明与逻辑比较研究的起点不高,直到今天都存在一个如何用正确的逻辑理论去指导、评论因明的问题。倘若研究者本身所使用的测量仪器就包含着极大的误差,那测量结果就不难想象了。有的文章甚至说类比推理的前提"也应是'一般'的全称命题","一般的类比推理没有举出这个'一般'也仅是省略罢了"③。这种违反逻辑常识的错误观点如果出在五十年前倒是并不奇怪的。有的用数理逻辑来研究因明的专论也犯了违反普通逻辑常识的错误,例如说"用数理逻辑完成了陈那学说的数十个证明,探求了陈那学说的表达式数十个"④。要知道传统逻辑的三段论有四个格共64个式,这是对标准三段论而言的,有4或5个名词的推理在化为标准三段论之前是谈不上属于第几格第几式的,而陈那因明三支至少有四名词。

---

① 龚家骅:《逻辑与因明》,上海:开明书店,1935年版。

② 同上。

③ 姚南强:《论陈那新三支式的逻辑本质》,《复旦学报》,1990年第6期。

④ 巫寿康:《〈因明正理理门论〉研究》,北京:生活·读书·新知三联书店,1994年版。

我们当然赞成用数理逻辑来指导因明研究,问题在于因明学科中哪些内容对得上数理逻辑这一新式武器的口径。发端于古希腊亚里士多德的欧洲中世纪的三段论理论是一个严密的演绎体系,西方逻辑史家用数理逻辑方法对之作出了卓有成效的研究。反观陈那的新因明,它的喻支是带例证的,它的喻体(通常认为相当于三段论大前提)的主项却是不包括这个例证的,因此,喻体实际不是全称命题,正因为如此,因明三支不是演绎论证,而仍是类比论证。不明白这一点而一味用数理逻辑演绎下去,那就要南辕北辙了。

第二章　八门二益

——因明的总纲

第一节　“八门二益”的由来

八门二益是因明学的总纲。其内容在陈那的《因明正理门论》中虽已有所论述，但第一次把八门二益作为因明总纲加以标举的是商羯罗主的《因明入正理论》。在《入论》中商羯罗主开宗明义用醒目的初颂形式提了出来。初颂是：

能立与能破　及似唯悟他
现量与比量　及似唯自悟

梵典于散文之前后，常用四、五、六、七言句式整齐的句子来提纲挈领，便于记诵。梵文称为Gathā，译为伽陀，或译为伽他，偈，颂等。颂常低格分句，每二、三、四句为一行；这样容易与散文区别。散文对颂而言，就称为长行。“一部之中，大文有二”，《入论》内容分为两部分。“初一颂及长行”①是第一部分。长行之后，又有一颂，称为后颂，是第二部分。初颂总标纲要，长行依标逐条解释，后颂作结。《入论》在初颂后紧接着指出：“如是总摄诸论要义。”意思就是说，初颂概括了古来因明家所讲述的因明的主要道理。《入论》中未见“八门”和“二益”的提法。文轨有“义开八门，合为二悟”②的说法。明浚为窥基《大疏》所写《后记》也说“启以八门，通其二益”。这就是“八门二益”的由来。

初颂以每五言为一句，但很不好理解。《庄严疏》说，“及似二字，该上立

① 窥基：《大疏》卷一，页八左。
② 文轨：《因明入正理论疏》（又称《庄严疏》）卷一，南京：支那内学院，1934年版，页三左。

破”,以及“及似二字该上现比”①,意思是应读成“能立与能破及似,唯悟他;现量与比量及似,唯自悟”。八门之中,大分为二。一是悟他,二是自悟。这二悟是从八门的功用上来说的,称为二益。每一悟又小分为四。悟他门中有真能立、真能破、似能立和似能破(能立与能破及似);悟自门中有真现量、真比量、似现量和似比量(现量与比量及似)。

第二节　二益的划分

一、什么是量

因明的自悟门,包括逻辑和哲学认识论两部分内容。我们先来简略地解释一下,这对理解悟他门四义有帮助。

现量和比量,都是个人的认识活动。这种活动存在于个人的感觉和思维中,还没有用语言表示出来,只是供自己了解身内外情况的,所以称为自悟。

“量”这个概念,有多种含义。第一,在印度早期的认识学说中,“量”是分辨知识真伪的标准。“量”来源于生活和生产中的计量活动。人们用尺来量物之长度,用秤来称物的重量。尺、秤等度量工具称为能量,而布、米等被计量物称为所量。计量之后便有量果产生。人们把“量”的尺度、标准等意义,引进到认识论中来,“量”就成了分辨知识真伪的标准。第二,在研究推理论证的正理、因明学说中,知识本身也成为“量”。第三,“量”又指获得知识的过程以及获得知识的认识活动形式。所谓现量,一般指人的感觉,由感觉而得到的感性知识本身也称为现量。佛家则限于纯粹的感觉。比量是从现量的基础上建立起来的。比量相当于推理。现时所不曾感知的或无法感知的,可以据已知而推未知。比量既指推知的认识作用,也指推知的论式和推理所得的知识。感觉使自己认识自身和外界的情况,所以现量属于自悟。比量既然是在现量基础上推出了前所未有的知识,使自己了悟,故也属自悟。把比量用语言表示出来,就成为能立。比量是没有用语言表示出来的能立,而能立是用语言表示出来的比量。二者为表里关系。因此,因明把比量分成为自比量和为他比量,为他比量即能立。

---

①　文轨:《庄严疏》卷一,页三右。

二、自悟与悟他的区分

似现量与似比量中的“似”,是似是而非的意思。似现量与似比量是指假的、不真实的感觉知识和推理知识,似现量与似比量既然是不真实的知识,自然起不到自悟的作用,但由于建立它们的出发点是为使自身了解内外情况,所以《入论》仍把它们统摄在自悟门中。《庄严疏》说:

> 夫现比之兴在于心识,心识既起邪正可分,分在于心理非他悟,心游现比足明自益。虽复正似有殊,内鉴皆为晓己,故此四义合为自悟。①

这段话是说尽管正、似现比量实际功用不同,但由于它们都是没有表达出来的思维,即心识,“内鉴皆为晓己”,即只是为了使自己了悟。根据这两点便把似现比二义统摄入自悟门中。

与此相对照,悟他门四义的存在方式是言论,而不是心识,悟他门四义的目的不是晓己而是为他。尽管似能立与似能破是不真实的,在悟他过程中不能奏实效,但是说出来其目的还是为他,因此《入论》仍把它们归入到悟他门中。《庄严疏》说:

> 夫立破之兴在于言论,言论既起邪正可分,分在于言理非自悟,言申立破明是为他。虽复正似不同,发言皆为济物,故此四义合为悟他。②

把《庄严疏》前后两段话对照起来看,可以清楚地看出文轨是把似立破本身归到悟他门中的。“虽复正似不同,发言皆为济物”与“虽复正似有殊,内鉴皆为晓己”都是强调出发点,两个“皆”字准确地解释了初颂中两个“唯”字。我认为文轨的解释是符合《入论》的原意的。吕澂先生指出《入论》的梵藏本在初颂“唯悟他”“唯自悟”后都有“故”字③,这也可资佐证,把似立破归到悟他门中,强调了出发点,似立破的建立者不自觉其为似,而仍以“似”来悟他的缘故。

有的著作主张要把过失与过失论区分开,认为初颂中的似能立和似能破是讲的过失论,而非过失本身④。此说简明扼要,不无道理。但理非一端,此说也有难通之处。因明论式,宾主对扬。建立真、似立破论式一方为自,己方提出似能

---

① 文轨:《庄严疏》卷一,页三右至页四左。

② 同上,页三右。

③ 吕澂:《因明入正理论讲解》(简称《讲解》),北京:中华书局,1983 年版,第 6 页。

④ 沈剑英:《因明学研究》,北京:中国大百科全书出版社,1985 年版,第 3 页。

立,必定不自觉其为似,若知其为是,则不会任其谬种流传,贻误他人。纵然己方能知其为似而揭其似,那也只能说是悟自而非悟他。若是由敌方或中证人来揭其似,则对敌方和中证人说是真能破了。敌方和中证人的真能破固然能悟他,这个他指提出似能立的自。所以,站在似能立的立论主的立场上看,无论是己是他揭其过失,了悟的是己,都是自悟,而非悟他。对扬两方,一自一他,本是相对而言。当甲方为自,则乙方为他,当甲方为他,则乙方为自。根据同一律,我们一开始是站在似能立之立论主一方来看问题,对方揭其为似,受益者只能是自。可见,如从实际受益来说,似能立所起的作用(引起对方真能破后所起的效用)是自悟,《入论》既把似能立列入悟他门,可见是就立论者的主观愿望来说的。同理,似能破也是就其本来目的而言才归入悟他门的。诚如玄奘弟子窥基的再传弟子道邑的《义范》所云:"似立似破本欲悟他,从本为论不名自悟。"①我以为道邑的解释是符合《入论》原意的。

窥基在《大疏》中也提出了两种解释:

> 能立悟敌及证义者。由自发言,生他解故。似立悟证及立论主。由他显己,证自解生。……能破似破,准知亦尔。……故此颂中,据其多分,皆悟证者,言唯悟他,不言自悟。又真立破,唯悟于他,似虽亦自,从真名唯。②

《大疏》的第一种解释,其前半部分和我们前面的分析相同,意思是,己方似能立引起敌方真能破,由此返回来悟自,这里始终站在提出似能立的立场说话,是遵守了同一律的。但是《大疏》随后所说"据其多分皆悟证者,言唯悟他,不言自悟",意思是四义之中,悟他者多,从多为说,不免牵强附会,与"唯悟他"中"唯"字不合。《大疏》的第二种解释"从真名唯",即似立破跟在真立破后面也叫"唯悟他",这就更牵强了。

《义范》对《大疏》的上述解释持反对观点。《义范》提出了两方面的理由。其中一方面的理由我们上面已经引述过,完全正确。第二方面的理由是:

> 夫言唯者,决定义故。更解者,且似能立中,若由敌者出过,立者解生,此非自悟,即是真能破中显过破,悟他所摄,以能破者而为主故。若不尔者,彼真能破应非悟他,似立既然,似破亦尔,非自悟也。③

《义范》这一说法转移了论题。因为原先讨论的问题是《入论》为什么把似

---

① 转引自凤潭:《因明入正理论疏瑞源记》(简称《瑞源记》)卷一,页十一左。

② 窥基:《大疏》卷一,页九左。

③ 转引自凤潭:《瑞源记》卷一,页十一左。

立破归到悟他门中。假如甲方提出似能立,引出了乙方的真能破。《义范》说乙方的真能破是悟他(开悟甲方),这是不错的,但乙方的真能破悟他不等于说甲方的似能立悟他,《义范》用前者代替了后者,岂不是转移了论题。在陈大齐《因明大疏蠡测》里,义范的二说并存。其实,唯有"似立似破,本欲悟他。从本为论,不名自悟"才是正解。

第三节　悟他门

一、能立二义

下面我们依次解释悟他门四义。先说第一义真能立。真能立简称能立。什么叫能立?窥基说:"因喻具正,宗义圆成,显以悟他,故名能立。"①能立指用来悟他的整个论式,因明三支作法包括宗、因、喻三支。宗是论题,因和喻都是证宗的理由。如果粗略地作个对照的话,宗相当于三段论推理的结论,因相当于小前提,喻似乎相当于大前提。一个论式要称得上能立,必须具备两个条件。第一是宗、因、喻三支无缺。缺了就不成其为能立。与三段论一样,因明三支也有省略式。三段论的大小前提和结论在表达时可省其一,但因明三支省略式却有较严格的规定。宗是立、敌双方对诤的标的,自然不能省。因也不能省。喻中的同、异喻体和异喻依可省,但同喻依不能省。例如:

声是无常,　宗
所作性故,　因
如瓶。　　　同喻依

有了宗、因和同喻依,再根据因三相规则,就很容易将此省略式恢复成完整式:

声是无常,　　　　　　　　宗
所作性故,　　　　　　　　因
若是所作,见彼无常,如瓶。　同喻
若是其常,见非所作,如空。　异喻

① 窥基:《大疏》卷一,页八左。

能立的第二个条件是宗、因、喻三支圆满无过。《入论》中开列宗有9种过失，因有14种过失，喻有10种过失，合计33种。一个论式不能犯这33种过失。

可见，所谓能立，就是指立论者对自己提出的主张，用真实可靠的理由加以论证所建立的形式正确的论式。能立相当于普通逻辑中的论证。

在因明的《理门论》和《入论》中，能立有二义。当用能立来与似能立对举时，能立指整个论式，包括宗、因、喻三支。这是能立一词的第一种含义。就能立内部各支关系而言，宗是立敌对诤的标的，称为所立，立论主用自己的理由（因和喻）去支持所立之宗，因和喻就称为能立。这是能立一词的第二种意义。同理似能立也有二义。

因明家中，对《入论》中的能立一词是否有二义自唐至今多有争论。《入论》在长行的开头说：

> 此中宗等多言名为能立，由宗因喻多言开示诸有问者未了义故。

这段话是对初颂中能立的解释。这里的能立究竟表示第一种含义呢还是第二种？初颂一共讲了八门（义）。“此中”意即这八个问题之中。《大疏》解释说：“此论所明，总有八义，且明能立，未论余七，简去余七，持取此一，故称‘此中’，是简持义。”①意思是八义之中先说能立。“宗等”指宗、因、喻三支。印度梵语三数以上为多言。可见这里的能立是由宗因喻三支组成的整个论式。上段后半句话更进一步说明用来开悟论敌的能立是包括宗、因、喻多言的。《入论》的说法因循了《理门论》的说法。《理门论》说：

> 宗等多言说能立者，由宗因喻多言辩说他未了义。故此多言于论式等说名能立。又以一言说能立者，为显总成一能立性。

意思是说由宗、因、喻多言组成的一个论式可以用能立这“一言”来概括。

窥基在《大疏》中对《入论》这段话有新解释。《大疏》说：

> 世亲以前，宗为能立。陈那但以因之三相，因、同异喻，而为能立，以能立者必多言故。②

在一个论式内部，说因、同异喻为能立，这是对的。但是因、同异喻只算二支，梵文二数为二言，却非多言。这与《入论》所说“多言名为能立”不合。《大

① 窥基：《大疏》卷一，页二十一右。

② 同上。

疏》将此能立以第二义释是不对的。①

《大疏》接着提出两个理由曲为之解。其一是：

> 宗是所立，因等能立。若不举宗，以显能立，不知因喻，谁之能立，恐谓同古。……虽举其宗，意取所等一因二喻为能立体。若不尔者，即有所立，滥于古释。②

此释不合《入论》行文秩序。《入论》"此中宗等多言……"一句是"简去余七，持取此一"，这是从八义中先把能立拿出来讲解。紧接这句话后又有一句"此中宗者……"，是从能立这整个论式中持取此宗，简去因喻。因喻的出场要在论述宗之后。《大疏》却牵强附会地先把宗排斥在能立之外，随后又生杞人之忧，担心起因喻不知是谁之能立来，故又把宗拖回到能立中来，以示因喻为宗之能立。这实在是多此一举。

《大疏》的第二释意思也差不多。古因明家把组成宗的两个宗依（相当判断的主、谓项）当作所立，而把宗和因喻等都归为能立。新因明代表者陈那以能立（整个论式）与似能立（整个论式）相对。在一论式内又以宗与因喻相对，宗为所立，因喻为能立。《大疏》却把这二义混为一谈。误认为"宗等多言名为能立"中，宗本不该放进去，但不放进去就是公开表示违背古师，为了不在名义上违背古师，所以把宗放到能立中去。《大疏》认为，《理门论》《入论》虽把宗放到能立中去了，但实际上又不是能立，而是所立，窥基就这样把"言不由衷"的说法加到了陈那、商羯罗主二位新因明家头上。《大疏》的这一误解又为熊十力的《因明大疏删注》所因循，这是须加指出的。

以上解释了什么是能立以及能立之二义。似能立是能立的反面，是指不正当的整个论式。似能立或者宗有过，或者因有过，或者喻有过。

二、能破：显过破与立量破

悟他之门第三义为真能破。真能破简称能破。何谓能破？《入论》说：

> 若正显示能立过失，……开晓问者，故名能破。

---

① 此释不符合《入论》和《理门论》文本原意，但窥基等唐疏新解亦有所本。据汤铭钧论文所说，这是以陈那晚期著作《集量论》观点代替早期著作，应是玄奘在那烂陀寺时所学，但译讲时未加说明。

② 窥基：《大疏》卷一，页二十二左。

吕澂先生对照藏文本说："藏本此句意译云，闻者悟时乃为能破。"①即是说，必须如实地显示对方论式的过失，并使对方真正领悟，才算能破。如果仅仅破他论式，而未奏悟他之效，则还不能算能破。《大疏》说："能破之境，体即似立。"②意为从破的一方着眼，显示对方过失的言论称为能破，而从立的一方着眼，其论式则为似能立。

能破相当于普通逻辑的反驳。能破有两种：一是"显过破"，二是"立量破"。《大疏》说：

> 敌申过量，善斥其非，或妙征宗，故名能破。③

"善斥其非"是显过破，相当于直接反驳。"妙征宗"是立量破。破者不直接去揭示似能立的过失，而是自建论式以己之真能立去破对方似能立。立量破相当于间接反驳。只要能达到破的目的，使用哪一种反驳方式都可以，也没有必要在立量破与显过破中分优劣。

三、似能破二种

悟他门第四义为似能破。《入论》说：

> 若不实显能立过言，名似能破。

意思是如果不是如实地指出能立的过失，就是似能破。从《入论》所举的似能破的种类来看，都是指的能立本无过，而破者横加之。"以不能显他宗过失，彼无过故"，这就明确说明，似能破破的是真能立。《入论》的这一解释是片面的。因为原立论本来有过，但破者"不能实显能立过言"，反而弹诘了无过之处，也算似能破。诚如《庄严疏》所说：

> 亦有于他有过量中不知其过，而更妄作余过类难，亦是似破。④

《庄严疏》的说法根源于《理门论》：

> ……名似能破，由彼多分于善比量为迷惑他而设施故。

意思是似能破的过失多数是误以善比量(真能立)为有过而造成的，并没有

---

① 吕澂：《讲解》，第57页。

② 窥基：《大疏》卷一，页二十一左。

③ 同上，页八右。

④ 文轨：《庄严疏》卷四，页二十六左。

排除《庄严疏》说的那类情况。但是《入论》却把"多分(多数)"说成了全部。《大疏》因循《入论》一说,认为"似破之境,即真能立",是错误的。

第四节　自悟门

一、量分二种:现量与比量

自悟门包括真现量(简称现量)、真比量(简称比量)、似现量和似比量。

印度各派关于量的分类各个不同,综合各派的量的种类,大约是六种:现量、比量、声量、喻量、义准量和无体量。

现量指感觉知识,正理派把它分成不肯定的和肯定的两种。不肯定感觉知识只启示所感觉的外物,关于此外物的种类名称等没有涉及的,或可说这外物的性质是没有感觉到的。只能说我们在感某物,但这物究竟是什么,尚不知道。肯定的感觉知识是启示我们所感之物之性质种类与名称。前一种是指纯粹的感觉,后一种是指知觉。① 佛家不同意把这后一种认识归为现量。

比量通于思维的全体,主要指推理,是一般获得知识的方法。

声量又名圣教量、圣言量,是指"值得信任的人说的词句",是各派自奉的圣教,不必再推证。由于它通过语言表现出来,故名声量。

譬喻量简称喻量,"如不识野牛,言似家牛,方以喻显故。"②

义准量指举一个而推知另一个。"谓若法无我,准知必无常。无常之法必无我故"。③

无体量是从反面来类推,例如"入此室中,见主不在,知所往处。如入鹿母堂,不见苾蒭,知所往处。"④

佛家古因明著作龙树的《方便心论》主张有四种量:现量、比量、譬喻量和圣教量。

陈那进一步简化,认为量只有现量、比量二种。其理由是认识的对象只有二

① 阿特里雅:《印度论理学纲要》,杨国宾译,上海:商务印书馆,1936年版,第25页。
② 窥基:《大疏》卷一,页十六右。
③ 同上。
④ 同上。

种，即自相境和共相境。反映自相的是现量，认识共相的是比量。其余量均可归到比量中去。

《正理经》对圣教量有限定，耆那教也曾反对把圣教量作为独立的知识来源。

二、现量的标准和种类

陈那新因明关于现量的理论不同于我们今天所说的感性知识。现量是一种纯粹的感觉，它有别于佛家旧说和他宗异说。

用离分别来限定现量的性质，这是陈那的创见。所谓分别就是在思维上构成了适用于名言（概念）来表白的心象，思维活动已经达到了概念的范围。这种心象已经不是纯粹的感觉，而是加入了记忆和判断所构成的。

现量的另一条标准是不错乱，这是法称补充的。陈那也讲到过真现量不错乱的问题，但他没有作为一条标准提出来。

陈那将现量分成四种：五根现量，指五官的纯感觉，是原始的基本感觉，一刹那便完了；意识现量，是思维向概念活动的过渡阶段，是第二刹那的意识活动；自证现量，是“心法”和“心所法”对于自身的了解，也就是自己意识；瑜伽现量，指心理极其安定而和道理契合的状态。①

三、要重视量论的研究

汉传因明的传统是注重立破之说，而忽视量论研究。近代以外，欧美和日本，都比较重视量论研究。汉传领域半个世纪以来还是不毛之地，今日则有较大改观，量论研究论著不断问世。

陈那因明的后期代表作是《集量论》，玄奘法师是精通此学的。他为什么弃而不译呢？这是一个目前还难于回答的题目。

量论包括现量和比量。为他比量与为自比量互为表里。为自比量是未用语言表达出来的思维过程。“能立与能破及似”是用语言表达出来的为他比量，在《理门论》和《入论》中有详尽的阐发，因此，在量论部分就简单带过。

用逻辑三段论理论来衡量陈那因明三支作法和法称的因明论式，可见其同异。前者是推理，后二者是论证，而论证是推理的应用。三者都讲究推理的有

---

① 参见吕澂：《佛家逻辑——法称的因明说》，转引自《因明论文集》，兰州：甘肃人民出版社，1982 年版。

效性。

一个推理或论证的结论或论题是否与实际相符,必须符合两个条件：一是前提内容为真,二是形式有效。

西方逻辑的创始人亚里士多德在他的《工具论》中把推理分为两种：证明的推理与辩证的推理。他说:“当推理由以出发的前提是真实的和原初的时,或者当我们对于它们的最初知识是来自于某些原初的和真实的前提时,这种推理就是证明的。从普遍接受的意见出发进行的推理是辩证的推理。”①证明的推理是演绎推理。它的前提真实而原初,例如几何公理和原理,反映毫无例外的普遍原理,前提与结论有必然联系。

辩证的推理所用的前提稍有不同。亚里士多德说:“所谓普遍接受的意见,是指那些被一切人或多数人或贤哲们,即被全体或多数或其中最负盛名的贤哲们所公认的意见。从似乎是被普遍接受但实际上并非如此的意见出发,以及似乎从是普遍接受的意见或者好像是被普遍接受的意见出发所进行的推理就是争议的,因为并非一切似乎被普遍接受的意见就真的是被普遍接受了。”②亚里士多德认为,辩证的推理是“争议的推理,而不是推理,因为它似乎是推理,其实并不是”。③

陈那的三支作法就相当于亚里士多德所说的辩证的推理,并非演绎推理,也即并非演绎论证。其宗、因和喻的真实性建立在立、敌双方共许极成的基础上。即使是假的东西,只要双方认可,就是真的。因此,陈那因明中的基本的也是初始的概念同品(宗之谓项)和异品(与宗谓项的矛盾概念)是不包括宗之主项即宗之有法的。称为“除宗有法”,以避免循环论证。有此规定,陈那的三支作法的同、异喻体就不是毫无例外的全称命题,整个论证就与演绎有一步之差。

法称因明的同法式和异法式就相当于亚里士多德所说的证明的推理,属于演绎推理和演绎论证。这是佛教逻辑史乃至印度逻辑史上的一大飞跃。法称提出三种正因：自性因、果性因、不可得因。使用这三种因,既满足了前提真实和原初的要求,又使得前提不再除宗有法,成为真正的毫无例外的普遍命题,保证了前提与结论的必然联系。

陈那三支作法所使用的正因之实例,虽然也符合自性因和果性因的要求,但未在理论上做概括。理论上提出三种正因,法称才是首创。这是佛家量论理论

---

① 亚里士多德:《工具论》,余纪元等译,北京：中国人民大学出版社,2003年版,第351页。

② 同上,第352页。

③ 同上,第351—352页。

的一大发展。

什么样的因是满足因三相的正因？什么样的因是满足法称的三种正因？这两个问题因明本身无法回答，如同形式逻辑不回答前提内容是哪来的，是否真实一样。但是，陈那因明和法称因明又都告诉你，正确答案是从辩论者的“忆念”也就是记忆中来。记忆中的经验或知识，不是临时从所立之论式中所包含的归纳得出。在陈那、法称的论式中找不到任何一个即时归纳出理由或前提的实例。这就说明了陈那、法称的论式中并无归纳一说。若有归纳一说，玄奘弟子窥基会告诉你，犯了“成异义”过，或者称为“同所成”过。在逻辑上称之为转移论题。

二十多年前，我在拙著《佛家逻辑通论》中说过：“要重视现量的研究。”现量约略相当于认识论中的感觉知识，两者又有很大差异。陈那的五根现量限于第一刹那的感知。我们现在所说的感觉知识已经有分别，包括了经验和记忆，在没有上升成理论前还只是感觉经验。它不限于第一刹那，可以包括很长一段时间。

对于佛家因明学说中的现量特别是瑜伽现量理论，我们理解得非常浅薄。深入研究瑜伽现量对人和自然的认知都有十分重大的意义。

瑜伽，本义为轭，引申为驾驭、调制，汉语意译为“相应”，意思是调控自己身心使之与某种对象相契合、相一致。瑜伽作为心理极其安定而和道理契合的状态，是认识的一种重要途径。瑜伽现量对事物道理的掌握，是要在意识上反复显现（这就是“修习”），到了极成熟的地步，就会生起对那一种道理的实证。这时道理就会明明白白地显现在意识上，无异乎五根之对色、声、香、味、触之五境，完全放弃了文字上的了解，也不会发生错乱，成为一种正确的认识。

直觉思维和灵感思维是比逻辑思维更高层次的思维。后人有所谓“达摩西来一字无，全在心上下功夫”之说，就是说的禅修要达到一种空无的境界。对于没有禅定功夫或功夫不深的人来说，是很难理解禅定生慧对于事物的了解的。“夏虫不可以语冰”，欲知梨子的滋味，莫过于亲口尝一尝。

释迦牟尼佛的大智慧是从哪里来的？不是从书本上讨来的，也不是在图书馆里泡出来的。他经历了六年苦修，又经历了七天七夜菩提树下的禅定。修习和顿悟相结合，终于使他彻悟了宇宙人生的真谛而成为佛。他进入了大境界，练就了一种特殊的能量，达到了高功夫。

禅定所带来的立体思维大大开拓了人类的眼界，超越了人类天赋感官极其有限的认识能力，直观到常人见所未见的宏观、微观以及超越四维时空的奥秘。无上智慧，必由定发。《易·系辞上》说：“易，无思也，无为也，寂然不动，感而遂通天下之故。”

释迦牟尼说一勺水中有八万四千微虫，普通人直到两千多年后才借助显微镜加以证实;他还说宇宙无边无际,是一个三千大千世界,这也为现代天文学所证实。

当代宇宙学家指出宇宙是无始无终的,并且处于无休止的变动之中。“大爆炸学说”是世界上公认的宇宙形成学说。佛经认为,宇宙的生成就是从空生有,从有转空,空有循环不绝,而且也提到过大爆炸。释迦牟尼说“世界生灭相续无始无终”,这话已说了2500年了。

古今中外有许多高人都能预知自己的死期。其实,一个得道之人在书中描绘自己死后受殡葬的场面并不是不可能的事。释迦牟尼佛就曾提前三个月预知自己将要涅槃。《佛说观普贤菩萨行法经》开头便说:“如是我闻。一时佛在毗舍离国大林精舍重阁讲堂。告诸比丘:却后三月,我当般涅槃。”据记载,这类预知之事在中国高僧中代有其人。玄奘法师也曾预知自己将要涅槃。

玄奘法师非常重视瑜伽现量的认识作用的。在《大慈恩寺三藏法师传》中记载了他西游之前和西游始终,多次请预测专家预测前景。他是深信瑜伽现量的。晚年,他本人也坦承,禅定功夫不深并请求皇上允许他到少林嵩山去译经,以利于自己禅修。

印度的正理、因明,中国的墨辩,对逻辑的研究固然不及古希腊的亚里士多德逻辑,但是,我们东方人也大可不必为之羞愧汗颜。东方文明有其引以骄傲的伟大成就。《易经》作为伟大的预测学著作就曾启发了西方的数理逻辑的萌芽,至今仍在指引着现代科学发展之路。恩格斯认为佛教徒的辩证思维处于人类思维的较高发展阶段。佛教哲学、逻辑学的宝藏还能找到进一步打开人类科学、宇宙学的金钥匙。量论研究一度成为汉传因明的短板,相信我们能很快迎头赶上。

第三章　同品、异品

建立九句因是陈那对因明理论的重大贡献。在九句因的基础上,他改造了旧的因三相原理,提出了新的因三相。九句因和因三相决定了陈那新因明之"新"的性质。

在九句因和因三相中有两个重要概念:同品和异品。同品和异品也是因明学中最基本的概念。准确地理解这两个概念的内涵和外延,对于把握九句因、因三相和三支作法的逻辑意义,起到决定性的作用。

第一节　什么是同品

一、同品同于所立法

陈那的《理门论》说:

> 此中若品与所立法邻近均等说名同品,以一切义皆名品故。

商羯罗主的《入论》说:

> 云何名为同品、异品?谓所立法均等义品,说名同品。如立无常,瓶等无常,是名同品。

《入论》的答话中,前一句与《理门论》一样,给同品下了定义,简明扼要地揭示了同品概念的内涵。宗法有二种:所立法和能立法。所立法是宗中法,是立论者认为宗上有法所具有的。能立法指因法,是用来成立宗的理由。吕澂先生指出,玄奘在翻译"所立法均等义品"这句话时给简化了,如按梵文原文大意应这样:“具有与所立法由共通性而相似的那种法的,才是同品。”①《大疏》解释说:“所立法者,所立谓宗,法谓能别,均谓齐均,等谓相似,义谓义理,品为种类。”②。因此,“所立法均等义品”的意思是,与所立法具有相似意义的种类。例如,以“声是无常”为宗,“无常”是所立法,瓶、盆、雷、电等都具有无常性,故为同品。

二、同品的体与义

品即种类,有体和义之别。这里是以体相似还是以义相似作为同品的标准呢?《理门论》后半句说“以一切义皆名品故”,似乎是说“义”为品。但是,这后半句是在强调“一切”义都是品,只有“与所立法邻近均等”的才是同品,没有专门讨论同品指体还是义。在《入论》的同品举例中,“瓶等无常,是名同品”,明言体和义都是“品”。《入论》又有两处明言以体为品,“此中非勤勇无间所发宗,以电、空等为其同品”,“勤勇无间所发宗,以瓶等为同品”。《大疏》有一种解释,兼以义类和体类释品。基师说:“此义总言,谓若一物有与所立总宗中法,齐均相似义理体类,说名同品。”③这与《入论》的说法相符。体与义,就是现今所说的事物与属性。凡事物都有属性,凡属性一定是事物的属性。没有无属性的事物,也不存在不依附于事物的属性。说一事物与他事物相同或相异,就是指一事物在某种或某些属性上与别事物相同或相异,既然义依体而存,不举体便无以显义。因此《入论》在作出同品定义后,便举例说:“如立无常,瓶等无常,是名同品。”这是说,以“声是无常”为宗,具有无常性质的瓶等物是同品,或者说瓶等上的无常义是同品。不论是哪一种说法,都是体义双陈。可以说,《入论》对《理门论》的同品定义有所阐述和发挥,更有利于理解《理门论》的定义。一个事物是否同品,不以体为转移,而是看其义是否有与所立法相似之点,因此,同品之品,正取于义,兼取于体。

三、唐疏的四家之说

玄应法师《理门疏》中辑录了唐疏中关于同品的不同说法总有四家。玄应的疏早已散佚,其四家之说以及玄应的评论仍保留在日籍中。日僧善珠的《明灯

---

① 吕澂:《讲解》,第13页。

② 窥基:《大疏》卷三,页二十左。

③ 同上,页二十左至二十右。

抄》和日僧凤潭的《瑞源记》中都有记载：

> 一、庄严轨公意除宗以外一切有法俱名义品，品谓品类，义即品故，若彼义品有所立法与宗所立法邻近均等如此义品方名同品，均平齐等品类同故；二、汴周璧公意谓除宗以外一切差别名为义品，若彼义品与宗所立均等相似，如此义品说名同品，谓瓶等无常与所立无常均等相似名为同品；三、有解云除宗以外有法能别与宗所立均等义品双为同品；四、基法师等意谓除宗以外法与有法不相离性为宗同品。后解为正。①

日籍《瑞源记》的作者也赞成玄应的看法，认为前三种说法是错误的，只有窥基的才对。谁是谁非，试作探讨。

这第一家是指文轨的《庄严疏》，该疏释品为体类，主张除宗以外的一切有法，凡是有法上有这宗上所立的法便是同品。

这第二家是指璧公的解释，以义类释品，所谓差别也就是宗中法，即能别，他认为除宗以外一切法，凡是那法与宗上的法相似，便是同品。

这第三家是佚名的，主张以体和义合释为品，除宗以外一切有法与法总名叫做品，凡是有法（体）与法（义）总与宗相似，便是同品。此说稍稍费解，我们举例来说，若以“声是无常”为宗，那么瓶无常便是同品，瓶无常与声无常这总宗是相似的。

根据我们前面对同、异品定义的解释，这三家虽然说法不同即下定义的角度不同，实际上都是正确的。

《大疏》《略纂》《理门疏》和《瑞源记》都对以上三家作了不正确的批评。其批评文字恐繁不引。其中有两点是要指出的。其一是文轨只是说除宗以外的别的物体只要有与所立法相似的，就是同品。例如，瓶与声尽管有很多不同，但同具无常性，便是同品。他并没有说要全同有法。可是《大疏》《略纂》等却批评说全同于有法会有怎样的过失。对此，文轨是不应负责任的。其二，《大疏》不赞成同品以法为同，理由是“若法为同，敌不许法于有法有，亦非因相遍宗法中”②。《大疏》举出的这两个理由完全不相干，根本不能说明为什么不能以法为同。实际上璧公主张以法为同的说法不过是“与所立法邻近均等”的简略说法而已。

那么，这第四家《大疏》的定义是什么意思呢？它是说，除宗以外一切有法与法二者有不相离的关系，叫作品。这有法与法不相离的关系与宗上的法与法的

---

① 转引自凤潭：《瑞源记》卷三，页二左。

② 窥基：《大疏》卷三，页六右。

关系相似,便成为同品。例如,声无常宗,有法声与法无常不相离,而瓶等与无常也有不相离的关系,二者是相似的,因此瓶等无常便是同品。可见,《大疏》与前三家没有根本的不同,只是把体与义关系说得更完全罢了。

综上所述,这四家的共同点有二:一是强调了同品(宗同品)必须除宗有法。二是体与义是分不开的。

四、窥基的错误发挥——因正所成

《大疏》还作了一种错误的发挥,提出与因正所成之所立法相似才得为同品。疏曰:

> 虽一切义皆名为品,今取其因正所成法。①
> 若聚有于宾主所诤因所立法聚相似种类,即名同品。②
> 此中但取因成法聚,名为同品。③

《大疏》的错误在于另立标准,从而缩小了同品的范围,并与九句因中同品有非有因等句相矛盾。因为《理门论》《入论》的同品定义是与因无涉的,当且仅当与所立法同便得为同品。因的第二相同品定有性才要求宗同品须有因;再有同喻依必须宗、因双同,即既是宗同品,又是因同品。一个事物可以是宗同品,但不具有因的性质,例如,《入论》举出"电"为"无常"的同品,此宗同品就不具有"勤勇无间所发性"因义,"电"虽然无"勤勇无间所发性"因,但是仍不失为同品。显然,《大疏》此释把同品与同品定有性和同喻依混为一谈了。

《大疏》的这一错误发挥为熊十力先生的《因明大疏删注》所因循,并一直影响到今天。有的文章说,《入论》关于同品的"定义似欠严密",因此作如下修正:"所谓'同品'就是具有因法和宗法性质的对象",并说,"同品主要在同于因法"④。这无异于画蛇添足。这一修正过的定义把"什么是同品"和"因法在一个正能立中应具有什么条件"这样两个问题搅在一起,反而带来许许多多的矛盾。除了上面所说"电"虽不同于因法"勤发性"仍不失为"无常"的同品外,作为九句因中的第五句因"所闻性"也不为"常"的同品"虚空"所具有。"虚空"尽管不具

---

① 窥基:《大疏》卷三,页五右。
② 同上,页二十右。
③ 同上,页二十一左。
④ 沈剑英:《玄奘和唐初的因明研究》,见《中国历史上的逻辑家》,北京:人民出版社,1982年版,第148页。

有“所闻性”因，但是“虚空”仍然是同品。此外，九句因中的第四、第六两句相违因的共同特点都是同品无因。如果“同品主要在同于因法”，“‘同品’就是具有因法和宗法性质的对象”成立的话，那么作为过失因的相违因也不存在了。九句因中四、五、六这三句因正是表明一个对象可以成为同品但不具有因。

该文在修改了同品定义后，紧接着说：“由于宗法的外延比因法大，所以凡因的同品必也是宗的同品，但宗同品却不一定是因同品。”新定义既然说同品一身二任（有因法和宗法两种性质），又说宗同品（宗法）却不一定是因同品，岂不自相矛盾？按照这一新定义，九句因中的第八句因也不复存在，因为第八句因是说同品有非有，即有一部分同品不具有因。总之，新定义包含很多错误。

在一个三支论式中，同品是不是定有因，这涉及因的规则问题。打个比方说，在一个三段论中，什么是大词呢？我们只要回答大词被规定为结论中的谓词就可以了，而不必要去说“大词在前提中若不周延则在结论中也不周延”。什么是同品，这本来是一个简单明了的问题，却被一些论著解释得复杂而又不合逻辑了。

有的文章指出，“不应当一会儿是指与因相同之物为同品；一会儿又是指与宗后陈相异之物为异品，这样就必然陷入前后矛盾的困境。”①我以为这一评论是正确的。《理门论》与《入论》对同品所下的定义都是指的同于宗的后陈（所立法），换句话说，被定义的对象是宗同品。尽管与因法相同的对象也可称为因同品，但是用因同品来代替宗同品（同品）②，这又混淆了概念，违反了同一律。

五、所立法兼意许

最后，还要强调一下《大疏》关于所立法兼意许的观点是值得重视的。这是《大疏》对因明理论的重要发挥。疏曰：

> 若言所显法之自相，若非言显意之所许，但是两宗所诤义法，皆名所立。……若唯言所陈所诤法之自相为所立，有此法处名同品者，便无有四相违之因，比量相违，决定相违，皆应无四。③

---

① 周云之：《“因”的三相可以缺一吗？》，载《因明新探》，兰州：甘肃人民出版社，1989年版，第131页。

② 沈剑英：《关于“因”的三相可以缺一吗？》，载《因明新探》，兰州：甘肃人民出版社，1989年版。

③ 窥基：《大疏》卷三，页五右至页五左。

用语言表现出来的是法之自相，又叫言陈，没有用语言直接表现出来而暗含的意思叫法之差别，又叫意许。宗同品应该包括意许在内，因的四相违过便据此而来，否则便不成四相违过，而只剩下法自相相违过和有法自相相违二过，关于同品的有体、无体问题在下面与异品一并讨论。

第二节　什么是异品

一、异品无所立法

《理门论》在作出同品的定义之后，又对异品下了定义：

若所立无，说名异品。

《入论》在定义同品之后也紧接着说：

异品者，谓于是处无其所立。若有是常，见非所作，如虚空等。

本来所立是指宗支，能立是指因支和喻支。这二论关于异品定义中的“所立”指什么呢？文轨的《庄严疏》解释说：

所立者，即宗中能别法也，……若于是有法品处但无所立宗中能别，即名异品。①

文轨把“所立”解释为能别法，即所立法。凡无所立法的是异品，不是说凡无所立宗的是异品。二论由于在定义同品之后紧接着定义异品，因此把所立法中的法字省略了。同品是有所立法，异品是无所立法。这样前后才相符顺。例如，以“声是无常”为宗，古代印度有人认为虚空是常，虚空不具有无常的性质，故为异品。

二、非与同品相违或异

陈那用一个“无”字来解释异品的异字，是很有讲究的。它与古因明家对异字的解释有根本的区别。有的古因明家把异品的异字解作“相违”，也有的古因

---

①　文轨：《庄严疏》卷一，页十八左。

明家把异品之异解作“别异”。陈那认为这两种定义都是错误的。《理门论》破云：

> 非与同品相违或异。若相违者应唯简别，若别异者应无有因。

“若相违者应唯简别”，这话很不好理解。我们先来解释相违二字。相违是互相违害的意思。《大疏》解释说：

> 如立善宗，不善违害，故名相违。苦乐明暗冷热大小常无常等一切皆尔。要别有体，违害于宗，方名异品。①

其中苦与乐、明与暗、冷与热、大与小等都是逻辑上说的反对概念。反对概念在外延上互相排斥，并不是非此即彼的，其间有中容品，例如，苦与乐间有不苦不乐，冷与热间有不冷不热。有的古因明家把相当于反对概念的相违来解释异品，认为一种事物若有与所立法相违害的属性，便是异品。

所谓简别，是因明学中对立、敌双方所使用概念加以限制说明从而避免过失的一种方法。“若相违者应唯简别”是说古因明家不以无所立法定义异品，而以相违法定义异品，便缩小了异品的范围，只有相违法从同品中简别出来而成为异品。《大疏》所说“是则唯立相违之法简别同品”就是这个意思。

因明中，同品（除宗有法）之外，异品须包摄一切，不许有第三品即中容品。《大疏》说：

> 若许尔者，则一切法应有三品。如立善宗，不善违害，唯以简别名为异品，无记之法无简别故，便成第三品非善、非不善故。此中容品既望善宗非相违害，岂非第三。由此应知无所立处即名异品，不善无记既无所立皆名异品，便无彼过。②

这里的“不善”相当于恶。善与不善（恶）之间还有既不属于善又不属于不善的中容品无记。若用无所立法来定义异品便把同品善之外的不善、无记都包摄到异品中去了，从而避免了出现第三品的过失。若立声无常宗，常虽然事实上包摄了无常之外的一切，与无常相违害，但因明的异品只限于不是无常上，而不管这异品是不是常。因此，在前面《大疏》仍把常算作无常的相违法。而以无所立法定义异品，便实际上把常当作异品。相违法没有把所有应成为异品的对象都包括进去，便缩小了异品的外延。《入论》在作出异品定义之后，举例时说“若

① 窥基：《大疏》卷三，页十三左至十三右。

② 同上，页十三右至十四左。

是其常,见非所作”。这是异喻体,有画蛇添足意味。以上解释了第一种错误,以下解释第二种错误。

“若别异者应无有因”。这句是说,以“别异”而不是以“无”来解释异品便没有正因。《大疏》解释说:

> 如立声无常,声上无我、苦、空等义皆名异品,所作性因,于异既有,何名定因。谓随所立一切宗法,傍意所许,亦因所成。此傍意许既名异品,因复能成,故一切量皆无正因。①

这是说,所立法为无常,而无我、苦等法与无常别异,如果也算作异品的话,那么所作性因于无我、苦上也有,所作性因既成同品无常,又成异品无我、苦,便不成为正因,因为一个正因须同品定有、异品遍无。准此,以别异释异品之异则一切量皆无正因。

可见,陈那以无所立法之无释异品之异是非常准确的。例如,声无常宗,同品瓶与所立法无常具有不相离性,而虚空不具有无常性,即异于瓶与无常的不相离性,所以是异品,《大疏》认为异品和同品一样兼意许,这也是符顺的。前面说过同品为因正所成的解释是混同了同喻依,与九句因不相符顺,而《大疏》关于异品非因所立的解释,同样是蛇足之释。因为异品的标准是无所立法,至于异品无因那是正因的条件之一异品遍无性所要求的。

三、异品和同品的有体与无体

关于同、异品的有无体问题,较为复杂,需要另外撰文专门讨论,这里简略地解释一下。《大疏》解释同品说:

> 以随有、无体名同品,由此品者是体类故。②

《大疏》解释异品说:

> 随体有、无,但与所立别异聚类,即是异品。③

《大疏》以体类释同品,而以义类释异品,前后义理,不相符顺。同、异品的差别就是有、无所立法,同品有法与法不相离,异品有法与法不具有不相离性,同品

---

① 窥基:《大疏》卷三,页十四左。
② 同上,页五右。
③ 同上,页十三左。

正取于义，兼取于体，同样，异品也应当正取于义，兼取于体。前面已经说过，体与义是不能分家的。《入论》说，“若是其常，无其所立”是正取于义，“虚空等”兼取于体。那么《大疏》为什么要把同、异品区别为体类和义类呢？究其原因，是因为《大疏》把同、异品的体、义问题与概念的有体、无体问题混为一谈了。

因明三支有共比量、自比量、他比量之分。除宗体而外，宗依、因、喻是为立、敌双方共许极成的，称为共比量。其中只要有一个仅为立或敌一方承认的，就称为自比量或他比量。双方共许的概念称为有体，双方不共许的概念称为无体。概念的共许包含两层意义：一是指共许其体为实有，二是共许其体有某种义。例如瓶，双方共许其体为有，亦共许其有无常义。

无体分为三种情况：一是立、敌双方不共许，二是自许他不许，三是他许自不许。根据同品在三支作法中的地位，即既同所立法，又受同品定有性的约束须同因法，不能两俱无体，至少要为一方所承认。因此，《大疏》说同品是“以随有无体”，意思是所立法是有体，同品亦应有体，所立法处是无体，则同品亦应无体，同品与所立法必须随顺。异品的情况则不然。根据异品在三支作法中的地位，它必须既无所立法，又无因法，它可以是无体，为一方所不承认，甚至为双方都不承认。例如，“声无常”宗，无常是两俱有体，而龟毛、兔角是立、敌双方都不承认其体为实有，当然也就不会有无常和所作性之义。这里，同品无常之瓶是有体，而异品为无体，因明认为没有过失。《大疏》如此解释同、异品的有、无体无疑是对的。但是说同品是体类、异品是义类则是另一回事。一个东西不存在，自然无义可言。异品虚空尽管无所立法无常，但古印度人认为其常性必依附于体，也是为立、敌所认可的，总而言之，单以义类说异品是不能自圆其说的。

第三节　同、异品除宗有法

一、九句因规定同、异品除宗有法

同品、异品的外延包不包括宗上有法呢？《理门论》和《入论》在解释什么是同品、异品时，虽然没有直接说明这个问题，但从二论关于九句因等的论述来看，还是很明确的。在同品、异品的外延中，应当除去宗之有法。例如，在“声是无常”宗中，在有所立法无常的同品中，不应该包括声。在无所立法的异品中也不应该包括声。同、异品除宗有法可以从九句因的第五句因上表现出来。第五句因是同品无、异品无。例如在“声常”宗,“所闻性”因中,除声以外的一切具有常住性的同品都不具有所闻性因,除声以外的一切具有无常性的异品中也都不具有所闻性因。由于同品有因是正因的必要条件,因此,因明规定九句因中的第五句因同品无(非有)、异品无(非有)犯不共不定过。如果同、异品不除宗有法,那么就不可能存在第五句因。因为同、异品是矛盾概念,非此即彼,其间没有中容品。同品无则异品必有,异品无则同品必有,绝不可能出现同、异品俱无因的情况。关于九句因我们在后面还要作专题探讨。

再则,因明是论辩逻辑,在共比量中,证宗的理由必须双方共许。立者以“声为常”宗,自认声为同品,但敌者不赞成声为常,以声为异品。因此,在立量之际,声究竟是同品还是异品,正是要争论的问题。如果立、敌各行其是,将无法判定是非。当立取声为常住的同品时,其所闻性因,同品有非有而异品非有,则成正因;当敌取声为常住的异品时,所闻性因于同品非有而异品有非有,又成相违因,出现过失。同一个所闻性因,既成正因又成相违因,是非无以定论。因此,在立量之际,因明通则,同、异品均须除宗有法。否则,立、敌双方都会陷入循环论证,同时,一切量都无正因。因为敌方只要轻而易举地以宗有法为异品,则任何因都不能满足异品遍无性。所立之量便非正能立。

二、陈那新因明题中应有之义

有一种观点认为,九句因中规定同、异品除宗有法,而二论关于同、异品的定义中则没有规定除宗有法,这是《理门论》中出现的矛盾,需要加以修正。笔者以为这是不必要的。《理门论》在给同、异品下定义之前已经规定了同、异品必须决定同许:

> 此中宗法唯取立论及敌论者决定共许,于同品中有非有等亦复如是。

在这里不仅规定了在共比量中宗法即因法必须立、敌共许,还规定了同品有非有等亦须立、敌共许。同品有非有等共许包含了好几层意思。首先,双方得共许某物为实有;其次,双方得共许其有所立法,是共同品;再次,还得双方共许其有因,或没有因,或有的有、有的没有因。再从立宗的要求来看,立宗必须违他顺己,立方许所立法于有法上有,敌方则不许所立法为有法上有。这就决定了宗之有法不可能是共同品,也不可能是共异品,由此可见,同、异品除宗有法是因明体系中应有之义,二论关于同、异品定义未明言除宗有法并无缺失。二论关于同、异品定义是内涵定义,无需加上除宗有法。按照同、异品的内涵定义,宗有法是否有所立法还是未知数，当然不能算入同、异品。

用S来表示宗的主项即宗有法，用P来表示宗的谓项即所立法，则同品为P且非S，异品为非P且非S。国内外的许多论著在讨论陈那三支作法的逻辑性质而使用同、异品概念时，往往不考虑除宗有法，这不能不是一个严重的失误。①

同、异品除宗有法在理论上会带来一些疑难，需要加以解释。例如，有的合乎逻辑论证的三支成为似能立，而有些诡辩反而合乎因明规则。由于异品除宗，又会引起异品遍无性的逻辑形式与异喻体的语言表达有不同，这样从推理规则上又没有保证三支为演绎论证。在后面我们也要作详细的讨论。

① 本书作者亦曾按照流行的观点表示九句因、因三相的逻辑结构，没有把同、异品除宗有法反映出来。

第四章　九句因

第一节　九句因为陈那所创

一、陈那著《因门论》

在近、现代,不少中、日学者主张,九句因理论古已有之,发明权当归古印度正理派,而因三相则是陈那对九句因的补充和概括。其实,根据吕澂先生的考证,在正理经文中并无九句因的痕迹,它首见于陈那的《理门论》等著作中。

根据义净所传,陈那有本称为《因门论》的著作,对因作了严密的研究,但是此书原本已不存,而藏文中有《因轮论》,就是此书的译本。《因轮论》汉译本刊登在南京支那内学院院刊《内学》第四辑上,为吕澂先生所译。

《因轮论》只有十一颂,论末标有题目:《九宗法轮论》。其中第三个颂说:

> 又于同品有,无及彼俱二,
> 异品亦复然,三者各三相。

《理门论》有相同意思的颂:

> 宗法于同品,谓有非有俱,
> 于异品各三,有非有及二。

二颂所说的同品、异品是宗同品和宗异品,所谓宗法,就是因法,前文已明因法为宗上有法之法。所谓有,与有法之有意义相同。同品、异品是体,宗法是义,体上有义。例如,以“声是无常”为宗,以“所作性故”为因,瓶是“无常”的同品,瓶体上有“所作”因之义。这里说的同品就是指宗同品,而不是指的因法(宗法),即不是指的因同品,清楚明白,按理不会产生误解。《理门论》关于同品定义中的被定义项与九句因中的同品，与因三相中的同品是一脉相承的。

《因轮论》"同品有"表明，是同品有因法。《理门论》说"宗法于同品"，是说因法在同品里有三种关系：有、无有、亦有亦无。更明白地说是：所有同品有因，所有同品没有因，有的同品有因并且有的同品没有因。这第三种关系在颂文中称为"俱"或"及二"，"俱"或"及二"并非有并且没有的矛盾形式，而是有的同品有并且有的同品没有。因法（宗法）在异品里也有这三层关系：有、非有、俱（有的有且有的没有）。即是说：异品有因，异品没有因，有的异品有因并且有的异品没有因。

二、正因与似因

同品、异品各开三项，同品成九，异品也成九。如图 4－1 所示：

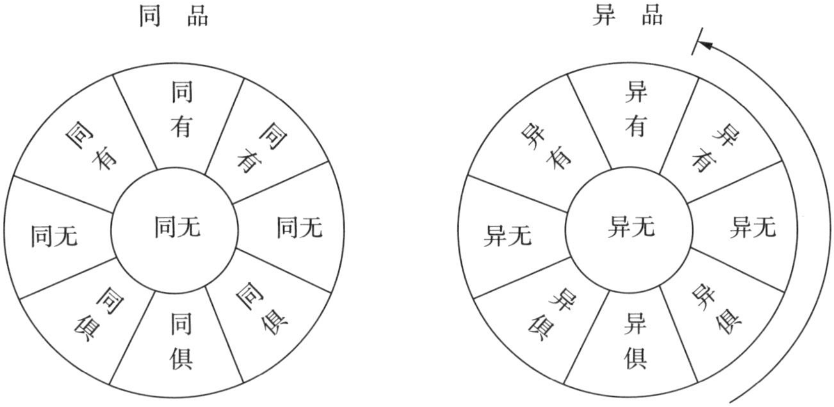

图 4－1　同、异品成九图

将两轮重合，并将异品轮从右向左按反时针方向转动两格，成如图 4－2（本应圆形。今为方便改作方形）：

（隅） 同 有 异 有	（上） 同 有 异 无	（隅） 同 有 异 俱
（边） 同 无 异 有	（中） 同 无 异 无	（边） 同 无 异 俱
（隅） 同 俱 异 有	（下） 同 俱 异 无	（隅） 同 俱 异 俱

图 4－2　九句因图

这是因与同、异品关系的九种情况。有的文章说："因三相说是从'九句因'发展而成的。'九句因'是把因与同喻、异喻所可能有的九种关系加以罗列(类似于三段论的种种可能式)"①。这里把九句因解释成因与同喻、异喻间的关系，对九句因是有误解的。同品与同喻、异品与异喻是外延、内涵都不同的概念，不容混淆。九句因是九种命题，而三段论的种种可能式是推理，也无类似之点。九句因包括正因和似因：

上下二正因，两边二相违，
四隅共不定，中央乃不共。

用实例代入九句因见图4－3。

以下九例引自陈那的《因轮论》，《理门论》也是这九个实例，但未列出同、异品。《大疏》大多标明了上述九例的立、敌双方。兹依《大疏》加以说明。

(1) 声常，所量故 如空，如瓶 同异品俱有 共不定	(2) 声无常，所作故 如瓶，如空 同有异无 正因	(3) 声勤发，无常故 如瓶，如电、空 同有异俱 共不定
(4) 声常，所作故 如空，如瓶 同无异有 相违	(5) 声常，所闻故 如空，(如瓶) 同异俱无 不共不定	(6) 声常，勤发故 如空，如瓶、电 同无异俱 相违
(7) 声非勤发，无常故 如电、空，如瓶 同俱异有 共不定	(8) 声无常，勤发故 如瓶、电，如空 同俱异无 正因	(9) 声常，无触对故 如空、微，如乐、瓶 同异皆俱 共不定

图4－3　九句因实例图

① 沈剑英：《玄奘和唐初的因明研究》，见《中国历史上的逻辑家》，北京：人民出版社，1982年版，第145页。

第二节　九句因例解

一、同异品俱有

这是说所有的同品有因并且所有的异品也都有因。按照这样的因，是无法断定宗能成立的。声论师对佛家立“声是常”宗，以“所量性故”为因。量，思量，认识。“所量”，思量或认识的对象。“常”是所立法，凡具有常性的事物，例如虚空等，都是同品；凡不具有常性的事物，例如瓶等，是异品。虚空等一切具有常性的事物，统统都是思想的对象，所以是同品有。瓶等一切不具有常性的事物，也统统都是思想的对象，甚至立、敌都不承认其体为实有的兔角，也可以成为思考的对象，因此异品也全部有因。“所量性”因既贯通于常（同品），又贯通于无常（异品），两面都贯通，根据这个因还是不能断定声究竟属于常还是无常。“所量性”因的外延太宽了，它虽然把声音的外延纳入了自己的外延之中，但是“所量性”的外延中包括常与无常两部分，声究竟归到哪一部分呢？这就无法确定。此因既不能证明声音为常住，也不能证明声为无常，因此，它不能成为正确的因。

二、同品有异品无

这句因是说所有同品有因，所有异品没有因。例如佛家对声生论立“声是无常”宗，以“所作性故”为因。“无常”是所立法。凡具有无常性的事物，例如瓶等，都是同品，凡不具有无常性的事物，例如虚空，都不是同品，而是异品。瓶等具有无常性的事物，统统具有所作性，因此说同品有。虚空等具有常性的事物，统统都不具有所作性，因此说异品无。声音是不是具有无常性，正是立、敌要争论的问题，因此，在争论未果的情况下，声音本身不算在同品中，也不算在异品中。既然除声以外的宗的同品全部有因，而除声以外的宗的异品全部没有因，那么，就可以形成一个除外判断：“除声以外，凡所作皆无常”，再加上九句因的每一句因都以满足因的第一相为前提，所作性因遍是宗法，即“凡声皆所作”，这样，声音的外延落在无常的外延之内尽管还不能说是必然的，但它的可能性非常大。陈那认定，同有异无的因是正因。

三、同有异俱

第三句因表示所有的同品有因，有的异品有因，有的异品没有因。它同第一句因一样，太宽了，不能证明宗成立。

例如，胜论师立“声是勤勇无间所发”宗，以“无常性故”为因，敌方是谁，《大疏》没有举出。

关于举例问题，作一点说明，《大疏》站在佛家的立场上，凡涉及佛家的实例，从观点到立、敌双方都叙述得严格、准确。对涉及外道的实例，则不那么审慎，有时随便举出立、敌双方，有时甚至把敌方不赞同的观点硬加到敌方头上，例如后文要说的第七句因就是这样。当然，也有这样的因素在内，为了达到讲清九句因的正、似情况这一目的，便随意编排实例。对此，似乎情有可原，不必苛求的。

言归正传，上例中，“勤勇无间所发”意思是靠意志的作用使潜在的显发出来。声既是勤勇无间所发，那么此声就不应是一切声，而只能是人、兽所发之内声。但是，这第三句因的实例从陈那到窥基，都疏忽了，并未标明此声只能是内声，而不包括风声、雷声等外声。在第八句因的实例中，《大疏》似有所悟，特地标明为“内声”，从而避免了过失。在这个三支作法之中，“勤勇无间所发”是所立法，“无常”为因法。凡具有勤勇无间所发性的事物，都是同品，例如瓶。为什么把瓶算作有勤勇无间所发性的同品呢？熊十力的《因明大疏删注》解释说：“云何勤勇因亦通外瓶等耶？盖由作意故，击手筋等力，乃至转击四尘，以造作瓶等，故勤勇因，瓶等上有①。”凡不具有勤勇无间所发性的，如虚空、如电等都是宗异品。瓶等凡具有勤勇无间所发性的，都具有无常性，因此是所有同品都有因。异品中则有的有因，有的没有因，例如空不具有勤勇无间所发性，也不具有无常性，电亦为异品，电却具有无常性，因此异俱，即异品有非有因。

由于凡同品都有因法，因此凡勤勇无间所发的事物，全部包括在无常性的事物之内；由于宗的异品也有一部分有因法，因此有一部分非勤勇无间所发的事物也包括在无常性的事物之内。这样，无常性的事物就由两类事物组成，一类是全部的勤勇无间所发的事物，另一类是部分的非勤勇无间所发的事物。“无常故”因虽然把声归到了无常大类中，但是声究竟属于无常大类中的哪一小类呢？无法确定。因此说，第三句因和第一句因一样，范围太宽，缺乏证宗的力量，不是正因。

---

① 熊十力：《因明大疏删注》，页三十右。

四、同无异有

这一句因是说全部同品都没有因,而异品反而全部都有因。这就是说,立者举出的因与立者所持论旨全相违背,当然无法成立宗,反而成立了相矛盾的宗。此因属于相违因之一种。例如,声生论立“声是常”宗,以“所作性故”为因。“常”是“所立法”。凡是具有常性的事物,例如虚空,是同品。凡是不具有常性的事物,例如瓶,是异品。虚空等具有常性的事物都不具有所作性,因此说同品无。瓶等不具有常性的事物,统统都具有所作性,因此是异品有因。除了宗上有法声以外,所有常性事物都没有所作因,除了宗有法声外,所有的无常性事物都有所作因,换句话说,除了宗有法声外,所有的所作因都不具有常性,反具有无常性,因此“所作”因只能证成相违(矛盾)宗“声是无常”。这第四句因也不能成为正因。

五、同无异无

这句因是说所有同品都没有因,所有异品也都没有因。为什么会出现这种情况呢?请看实例。

声论师对佛弟子立“声是常”宗,以“所闻性故”为因。“常”是所立法。凡具有常性的事物,例如虚空,是同品。凡不具有常性的事物,例如瓶,是异品。除了声以外,凡常性的事物都没有所闻性,除了声以外,凡无常的事物也都没有所闻性,换句话说,除声以外,凡所闻的既不与常性物相通,也不与无常物相通。这样的因当然缺乏证宗之力。

声音是世间唯一具有可闻性的事物。第五句因说同、异品都没有因,这就隐含着一个前提,常性的同品排除了宗上有法声,无常性的异品也把宗上有法声排除在外。第五句因的存在,表明九句因的始创者陈那是主张同品和异品都除宗有法的。如果同、异品不除宗有法,那么就不可能存在第五句因,因为同、异品是矛盾概念,非此即彼,其间没有中容品,同品无则异品必有,异品无则同品必有,绝不可能出现同、异品俱无因的情况。从第五句因可以看出,在九句因中,同、异品都是除宗有法的。

六、同无异俱

这句因是说,所有同品都没有因,而异品中有的有因,有的没有因。

例如声显论立"声是常"宗,以"勤勇无间所发性故"为因。"常"是所立法。凡是常住的,例如虚空,是同品。凡是无常的,例如瓶、电,是异品。虚空等常性事物,均非勤勇无间所发,因此,同品全无因。异品无常事物中,瓶等有勤勇无间所发因,电等无此勤发因,因此是异俱(异品有非有),有的异品有,有的异品无。除宗以外所有的同品都没有因,反过来说,除宗以外所有的因都不与同品相通,而只与异品中一部分相通,这表明,除宗以外,凡因概念的外延均在异品的概念外延之内。这第六句因没有证宗之力,反而证成了与立论主相违背的宗。因此,第六句因与第四句因一样,是相违因。

七、同俱异有

这句因是说,有的同品有因,有的同品没有因,而异品却全部有因。一个因既通同品,又通异品,缺乏证宗之力,不是正因。

例如,声论师立"声非勤勇无间所发"宗,以"无常性故"为因。敌方为谁,《大疏》未言。"非勤勇无间所发"为所立法。电、空等凡是非勤发的事物都是同品。瓶等凡勤发的事物都是异品。声论师本不许声有无常性,无常性故因违反了因的第一相"遍是宗法性",《大疏》把声论师显然不赞成的观点加到了对方头上,勉强拉来作了本句因的实例。在同品非勤勇无间所发的事物中,其中一部分如电等具有无常性,另一部分如空不具有无常性,因此是同俱。在异品勤勇无间所发的事物中,如瓶等全部具有无常性,因此是异有。无常性的事物既通非勤发的,又通勤发的。此因与1、3相似,不是正因。

八、同俱异无

这句因是表示有的同品有因,有的同品没有因,而异品则全部没有因。所举因只能通同品,不能通异品。这是一句正因。

例如胜论师立"内声是无常"宗,以"勤勇无间所发性故"为因。"无常"是所立法。瓶电等凡无常之事物都是同品。凡常的事物,如空,是异品。同品瓶等是勤勇无间所作,同品电等是非勤勇无间所作。异品空等均非勤勇无间所作。除宗以外,有的同品有因,有的同品没有因,所有异品没有因,反过来说,除宗以外,所有的因与一部分同品贯通,与一部分同品不贯通,并且与全部异品都不贯通,这就表明,除宗以外,所有的因法的外延都包括在同品法之内。这样的因,陈那认为是正因。

九、同俱异俱

这句因是说,同品有的有因,有的没有因,异品中有的有因,有的没有因。因法既通同品,又通异品,不是定因,与(一)(三)(七)相似。

例如声论对胜论立"声是常"宗,"无触对故"即"无质碍故"为因。凡具有常性的空、极微等都是同品。凡不具有常性的快乐、瓶等都是异品。同品空无质碍,同品极微(分子或原子)有质碍,因此是同俱。异品快乐是无质碍,异品瓶是有质碍,因此是异俱。无质碍的既然不一定是常住的,故此因非正因。

第三节　正因的三个条件

一、同、异品除宗有法

这是满足正因的前提条件。九句因表明,同品、异品是除宗有法的。在立量之际,因明通则,同、异品均须除宗有法,否则,立、敌双方都会陷入循环论证。同时,一切量都无正因,因为敌方只要轻而易举地以宗有法为异品,则任何因都不能满足二、八正因中异品无因这一共同条件,所立之量便非正能立。

二、因三相的三个理论依据

在九句因中,只有二、八两句是没有过失的正因,另有两句相违因和五种不定因。

第二句因是"同有异无",或曰"同品有,异品非有"。第八句因是"同俱异无",或曰"同品有非有,异品非有"。对这两句正因进行概括,就可得出正因的三个必要条件:

第一,此因必须是宗法。《理门论》关于九句因的颂文中明言"宗法于同品",明确规定此因须是宗上有法之法。因法作为"宗法"是九句因包含的内容,因法是"宗法"也是二、八句因成为正因的前提条件。这一点为现代不少因明研究者所忽视。早在唐代,有的因明疏家就已经论述了这一观点。净眼法师《理门论疏》中有一问答说:

问：第二第八是正因收，且如不成因亦于同有异无应是正因邪？答：因遍宗法方论九句，既不成因何用同有异无之相，故非第二第八所收。①

净眼法师的这一看法保留在日籍《明灯抄》和《瑞源记》中。

第二，同品中必须有事物（可以是“有”，即全部有；也可以是“有非有”，即部分有）具有因的性质。用传统逻辑的语言来表示，就是：有同品是因。“有同品是因”包括“所有同品是因”和“有的同品是因”两种情况。同时也把第五句因排除在正因之外。

第三，异品中必须无一具有因的性质。

九句因中正因的三个条件被概括为因三相原理。

九句因是宗法与同、异品可能有的九种关系，不论正与不正，一一列举。吕澂先生指出，其中用第五句因来说明因的过失，用第八句因（同品一部分有）作为正因，都是前人未曾提出，而为陈那首创之说。

三、第二、第八句正因的逻辑形式

二、八正因的逻辑形式是怎样的呢？国内外许多论著都作了错误的表达。例如日本逻辑学家末木刚博用$(M=P)\vee(\overline{M\cdot\overline{P}})$来表示第二句因，用$(M\subset P)\vee(\overline{M\cdot\overline{P}})$来表示第八句因。② 这里包含着严重的错误。③

首先，九句因中的每一句都是对同品与因关系和异品与因关系这两方面的合取，换句话说，每一句因都是联言命题，而不是选言命题，应使用合取符号“∧”联结两个支命题，而不应使用析取符号“∨”。我请教了此书的中文译者孙中原先生，他认为译文无误。

这位日本逻辑专家为什么会采用这一错误表达式呢？原因在于他用$M=P$来表示同品有（M 表示因法，P 表示同品），用$M\subset P$来表示“同品有非有”，用$\overline{M\cdot P}$来表示“同品非有”。他对二、八正因中的支命题都作了错误的解释。

第一，二、八句因中的同、异品都没有除宗有法，不符合陈那九句因的本义。

第二，陈那九句因中每一句的各个支命题的主项都是同品或异品，因法都是

---

① 武邑尚邦：《因明学——起源 变迁》，附录，第278—279页。

② 末木刚博等：《现代逻辑学问题》，杜岫石、孙中原等译，北京：中国人民大学出版社，1983年版，第24页。

③ 参见郑伟宏：《论因三相》，载《复旦学报》，1986年第2期。

命题的谓项。如果姑且暂不考虑除宗有法，则“同品有”即“所有同品都是因”，应表示为：$P \subseteq M$，而不应表达成 $M \subseteq P$，更不应表示为 $M = P$。$M = P$ 是说 M 与 P 的外延全同。这与《理门论》中所举的两个“同品有”的实例不相符。

“同品有”共三句。第一句因的实例是：

声常，
所量性故。

常和无常都是所量（M）的对象，故 $M \neq P$。这一句因“同品有”，意为“凡常都是所量”，应表示为 $P \subset M$，才与实例相符。在 $P \subset M$ 中，主项是同品。

第二句因的实例是：

声无常，
所作性故。

无常的同品瓶、盆、电雷等都具有所作的性质，故 $P \subset M$，又由于凡所作皆无常，故 $M \subset P$，在此句中，“同品有”的实例符合 $M = P$。《〈因明正理理门论〉的研究》说此例亦不符合 $M = P$，是误解。

第三句因的实例是：

声是勤勇无间所发，
无常性故。

无常中的电、雷不具有勤勇无间所发的性质，故 $M \neq P$。这一句因中的“同品有”意为“凡勤勇无间所发都是无常”，其结构为 $P \subset M$，才与实例相符。在这里，主项也是同品。

可见，末木刚博先生将“同品有”的逻辑结构表示为 $M = P$，与陈那的九句因本义不符。

第三，既然“同品有”的主项是同品，谓项是因法，则“同品有非有”的主项也应是同品。再则“异品有”“异品无”“异品有非有”的主项为异品，这是所有因明家都赞同的，既然“异品有”“异品有非有”与“同品有”的句式相同，有什么理由说“同品有”的主项不是同品呢？同样，又有什么理由说“同品有非有”的主项不是同品呢？

第四，在同、异品不除宗有法的情况下，把第八句因表示成 $(M \subset P) \vee (\overline{M \cdot \overline{P}})$，在这个析取（选言）命题中，只要有一个支命题为真，则整个命题为真，也即是说，一个因只要满足“同品有非有”，或只要满足“异品无”这一条件，就是正因，这是不符合陈那九句因本义的。第五句因满足“异品无”这一条件，就是正因,这是不符合陈那九句因本义的。第五句因满足“异品无”这一条件,但不满足“同品有非有”这一条件,陈那判定为似因。末木刚博教授的这一错误表达导致了因的第二、第三两相可以缺一的错误。

第二句因的逻辑结构可用下面形式表示:

$$(P \cdot \bar{S} \subset M) \wedge (\overline{\bar{P} \cdot \bar{S} \cdot M})$$

第二句因读作:所有同品是因并且所有异品不是因。其中读作非 S,即除宗有法。但要注意,两个联言支实际上都是除外命题,与传统逻辑的全称命题是不相同的。

第八句因的逻辑结构为:

$$(P \cdot \bar{S} \cdot M) \wedge (P \cdot \bar{S} \cdot \bar{M}) \wedge (\overline{\bar{P} \cdot \bar{S} \cdot M})$$

第八句因读作:有的同品是因并且有的同品不是因并且所有异品不是因。

三个支命题的主项都是同品或异品,而不是因法。其中第二个支命题不能换位。“有同品不是 M”与“有 M 不是同品”是不等值的,因此,不能随意解释九句因中的主、谓项。

上式也可表示为

$$[(P \cdot \bar{S})IM] \wedge ((P \cdot \bar{S})O\bar{M}) \wedge (\overline{\bar{P} \cdot \bar{S} \cdot M})$$

三个支命题的主项都是同品或异品,而不是因法。其中第二个支命题是 O 命题,它不能换位。“有同品不是 M”与“有 M 不是同品”是不等值。因此,不能随意解释九句因中的主谓项。

第五章　因三相

第一节　因三相的由来和发展

一、因三相语，源出外宗

如果说九句因为陈那首创，那么因三相术语倒是古已有之。因三相的理论从提出到陈那对其进行改造分为三个阶段：

> 因三相语，源出外宗（顺中论始见此，论列三相。一朋中之法，二相对朋无，三彼自朋成。朋即宗之异译）。无著以降，内渐引用（如实论即有因具三相能立之语）。迨及陈那，复事广说，列因九句，真似大明。①

因明源于外宗（古印度与佛教并列的有九十六种外道），因三相术语也非始于佛典。因三相说在汉译中最早见于《顺中论义入大般若波罗密经初品法门》（通称为《顺中论》），为佛教大师龙树所著，而由另一佛教大师无著广为解释。因三相表述为：

> 朋中之法，相对朋无，彼自朋成。②

“朋”即宗之异译。这里二、三相次序与陈那的不同。“朋中之法”意为因是宗上有法之法；“相对朋无”指异品不是因；“彼自朋成”指同品有因。龙树是辩证法大师，他视外道的因三相说为异端而加以排斥。无著在解释《顺中论》时也把它当作虚妄凡庸的世间法，但他举出因三相后，又以问者的口气用实例来解释

---

① 吕澂：《因明纲要》，上海：商务印书馆，1926年版，页十三右。

② 转引自许地山：《陈那以前中观派和瑜伽派之因明》，《燕京学报》，1931年第9期，第1811页。

了因三相。请看：

宗　声无常。

因　以造作故。

喻　若法造作，皆是无常，譬如瓶等。

合　声亦如是。

结　作故无常。①

此论式虽经许地山删节而成，但仍不失为五分作法的珍贵而罕见的史料。其中喻支“若法造作，皆是无常”，等值于“凡造作者皆无常，譬如瓶等”。这种五支式与古因明常见的五支有一大不同，就是在喻支上增设了喻体。它是向三支过渡的“两栖”类。这说明在新因明产生之前的无著时代，古因明已经注意到了提高类比推理可靠程度问题。这对陈那创建新因明无疑是一大贡献。

在佛典中首先采用因三相说的当推无著的弟弟世亲。据文轨的《庄严疏》说，因三相说到世亲手里有性质迥异的两种不同说法。在世亲“未学时所制《论轨》《论义》”中，“释言相者体也，三体不同故言三相。初相不异陈那，后之二相俱以有法为体，谓瓶等上所作无常俱以瓶等为体故，即以瓶等为第二相。虚空等上常非所作俱以空等为体，故即以空等为第三相。”②这是以体为相，而非以义为相，与前面说的外道的因三相比较，还是个倒退。但对于世亲的成熟著作《如实论反质难品》（通称《如实论》）、《论式论》，文轨评论说“此论似同陈那立三相义”③。世亲在反外道之质难中提出了因三相：

我立因三种相，是根本法，同类所摄，异类相离，是故立因成就不动。汝因不如是，故汝难颠倒。④

这种说法与外宗相比，除词句不同外，精神实质完全一致。从论式上看，喻支有增设喻体的，也有采用喻依形式的。《如实论》中还没有看到三支作法，至少都是四支。难能可贵的是，世亲已能全面运用因三相原理来反驳敌论的谬误。

---

① 转引自许地山：《陈那以前中观派和瑜伽派之因明》，《燕京学报》，1931 年第 9 期，第 1811 页。

② 文轨：《庄严疏》卷一，页十六左至右。

③ 同上，页十六右。

④ 转引自许地山：《陈那以前中观派和瑜伽派之因明》，《燕京学报》，1931 年第 9 期，第 1852 页。

这为陈那创建新因明之因三相说奠定了基础。

二、以九句因为基础的新的因三相

如果说因三相说始创于外宗,那么它的改进则归功于陈那。陈那在《因轮决择论》中率先提出九句因,讨论了因与同、异品各三个方向的关系,决择出二、八正因。在九句因二、八正因的基础上,他在《理门论》中第一次概括提出了正因的三个条件:

> 若所比处此相审定,于余同类念此定有,于彼无处念此遍无,是故由此生决定解。

"若所比处,此相定遍"就是《入论》的"遍是宗法性";"于余同类,念此定有"就是《入论》的"同品定有性";"于彼无处,念此遍无"就是《入论》的"异品遍无性"。

《理门论》中的提法,与外宗和世亲似乎没有不同,但在奘译第一相中,有个"遍"字,在第二相中,有个"定"字,在第三相中,有个"遍"字。有无这三个量词,差别大了。各相中,有没有这个量词限定是很有讲究的,尤其是二、三两相。《入论》是《理门论》的入门阶梯,这两论关于因三相的表述从逻辑本质上说完全一样,只不过《入论》叙述更为简明。陈那把因三相当作检验因的正确与否的普遍原理,改五支作法为三支作法,从而一新了因明。

由于陈那的因三相说以九句因为基石,要正确地把握因之第二、三相的实质,必须以九句因为依据。这一点至关重要。

值得一书的是,玄奘的《入论》汉译本将因三相翻译为"遍是宗法性""同品定有性"和"异品遍无性"。这种译法比现存的梵文本和藏文本更能体现九句因的精神。对于俄国学者和现代印度学者整理的梵文本以及西藏的藏译本,日本的宇本博寿指出,"'遍是'乃玄奘所加,在原语上并没有这两字","异品遍无性底'遍'字也是玄奘加上去底"①。吕澂也说"二本因初相缺此'遍'字,又二三相作定有定无"②,与无著、世亲的提法相同。

---

① 转引自许地山:《陈那以前中观派和瑜伽派之因明》,《燕京学报》,1931 年第 9 期,第 1819 页。

② 吕澂:《讲解》,北京:中华书局,1983 年版,第 11 页。

第二节 因与三相

一、因有二义

什么是因三相？这在因明家看来是不成问题的。但是进一步问因三相中的“因”指的是概念还是判断，“三相”是指三支间的关系还是指因与其他概念间的关系，三相能否保证三支成为演绎论证，等等，问题就来了。

在因明里，“因”这个词有两种不同用法：一指因支，二指因法。前者表示判断，后者则是概念。唐疏不加区分，混为一谈。为便于说明，请看下面一例：

宗　声是无常，
因　所作性故，
同喻　诸所作者，见彼无常，如瓶，
异喻　诸是其常，见非所作，如空。

“所作性故”因，从汉译看省略了主词，实际是一判断。有人说“在因明中通常只有述语，不作命题的形式”，因支是一概念，这不妥当。也有人说，从语言上看，汉译省略主词是为了突出因概念。此说也欠妥。有人根据梵文语法指出，在因支中不能加主词，加了“不但反使这话无意义，并且又成了一句宗的格式”①。此说为正。总之，因支是判断而非概念。

二、什么是相

“因有三相”的“相”字，窥基的解释说：“相者，向也”。又说：“又此相者，面也，边也。”②准此，因有三个方向，或三个面，或三条边。因明称为义三相。从因三相的具体内容看，应是因支中的因概念与宗上有法、同品、异品这三个概念间的关系，而不是表现为因概念与宗支、喻支里的同喻、异喻这三个命题的关系。

① 周叔迦：《因明新例》，上海：商务印书馆，1936 年版，第 36—37 页。
② 窥基：《大疏》卷二，页十九右。

这两种说法有联系,因此《大疏》说因外无宗、因外无喻;但这两种说法又有不同,混淆了就会生出牵强附会之说。文轨认为,“初相为主,正为能立,籍伴助成,故须第二”①。这是因支为正能立,喻支为助能立的最早说法。文轨的这一说法在现、当代仍很流行,例如,有人说,“而能全其抉择之效者,直接上唯因之力最大。故因独得为正能立,……至喻之为助能立”。还有人说,“从因明看来,因贯通喻,喻支之所以成立,亦出于因支的力。……所以因明称因为正成,称喻为助成”。因此,本书认为此说有两点可作补充。一是因义之三相与因、同异喻二支,是有联系也有区别的。因概念有三相,并不等于因命题有三相;二是视因为正,视喻为助,要明白是在什么意义上来谈正与助?因支代表第一相,第一相是后二相的先决条件。若不符合第一相,则不用再看此因是否符合后二相,直接判为似因。九句因都以符合第一相为前提。只有在这点上来谈正与助才有意义在逻辑上却无依据。这类似于不能说三段论第一格第一式的大、小前提哪个更重要。因支里有因概念,喻支里也有因概念。它们都是支持宗的根据,从证宗的功用上说,因与喻是平等的。

第三节 因三相的逻辑形式

一、第一相遍是宗法性的命题形式

在三相当中,对一、三两相的命题结构的表述大多数人没有分歧,而对第二相的逻辑结构的表述却有着严重的对立。

先说第一相“遍是宗法性”。什么是宗法?《理门论》在阐述九句因时,有“宗法与同品”语,宗法指因概念,又称因法。因是宗之法性。因明里的“宗”,是个多义词。有时指总宗,即论题,例如“声是无常”或“声常”。有时指宗之有法,即论题的主词(用 S 表示),例如“声”。有时又指宗上的法,即论题的谓项(用 P 表示),例如,“无常”或“常”。“在藏文论中,诸字各异,故无此弊”②。可见,说因是宗之法性,还过于笼统。“遍是宗法性”之宗指宗上有法,因(用 M 表示)是有法之法,“遍是宗法性”用符号表示是“凡 S 是 M”。“遍”又指什么呢?遍即周

---

① 文轨:《庄严疏》,页十六左。

② 法尊:《释量论略解》卷一,北京:中国佛教协会内部版,第 62 页。

遍。有法与因法，前者是体，后者是义。从体望义称有，体为有，义为体有；从义望体，称依，表示义依于体，体为义所依。所谓“遍是宗法”是从义望体，表示因对于有法须周遍依周遍转，换句话说，有法的全体被因所依所转。

“遍是宗法性”的形式结构应是：凡 S 是 M。用图 5-1 和图 5-2 来表示，主词 S 即有法是周延的，中词 M 即因法是不周延的。我们以“声是无常”宗“所作性故”因为例，有法声(S)的外延全部为宗法所作性(M)的外延所包含。有法有很多属性，例如声有无常、所作等属性，立论者主张声有无常属性，但敌论者不同意，因此立论者就要举出为立、敌双方共同承认的理由来，这理由要指向全体有法，而不是一部分有法，否则论证过少。这便是“遍是宗法性”的要求。当立方举出“所闻性”因时，声与所闻性外延重合，可用图 5-2 表示。此因满足了第一相，虽为第二相所不允许，但不能取消它满足第一相的资格。此因为九句因中的第五句，第五句因与其他八句因一样，都是满足第一相的。

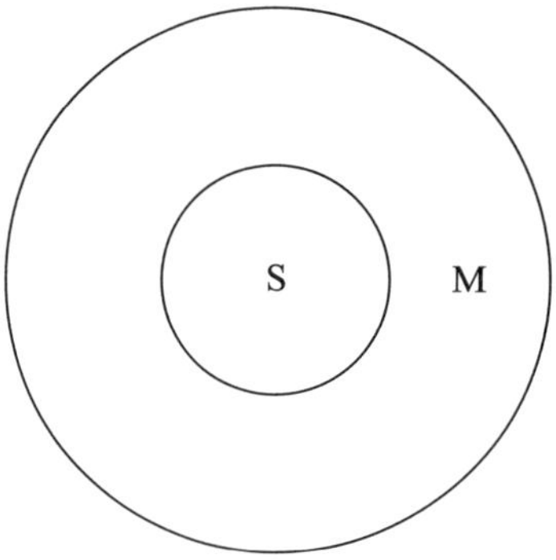

图 5-1

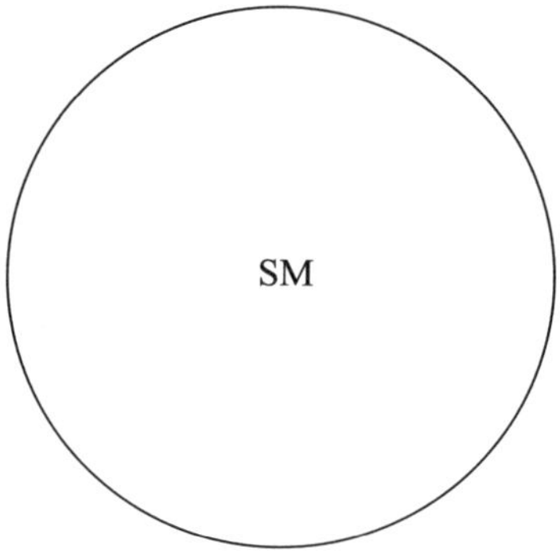

图 5-2

今人有一说：“‘遍是宗法性’相当于三段论中词必须周延一次的规则，它在因三相中占有主要的地位，故因明学称之为正因相。”①本文不赞成该文的观点，由于它涉及对因三相规则的评价问题，非常重要，特提出加以讨论。

在该文看来，“遍是宗法性”的意思是：“因必须在外延上包含宗上的有法，指出宗上有法具有因法的性质。”②这就承认第一相的逻辑结构是“凡 S 是 M”。因法(M)既然是肯定判断的宾词，那么它是不周延的。考虑到国内几十年前个别逻辑教科书曾经认为肯定判断的谓项在有的情况下也周延，为避免横生枝节，有

① 沈剑英：《玄奘和唐初的因明研究》，载《中国历史上的逻辑家》，北京：人民出版社，1982 年版，第 147 页。

② 同上，第 146 页。

必要重复前文所说，有法（S）和因法（M）在外延上重合的情形，从逻辑形式上说，具有“凡S是M”结构的因支中，其因概念总是不周延的。“遍”是遍依有法，即遍依全体有法，而不是部分有法。相当于说，三段论的小项S是遍即周延的。这与中项周延不周延无关。要将三支作法与三段论相比较，首先要确认三支作法是演绎论证。其次要将三支作法化归为三名词，而宗、因与异喻体组成的三支作法是四名词。还有最根本的一条是，陈那根本不允许无同喻的三支作法的存在。因此，说第一相相当三段论中项至少周延一次的规则便根本无从谈起。

我想该文作者总不至于认为肯定命题的谓项是周延的吧（其编写的形式逻辑教科书就曾认为有的肯定命题的谓项周延），那么该文为什么会作出这样的比较研究来呢？该文强调因明的一个“特点”是：“因的媒介方式与三段论的中词不同。三段论的中词有两个，其中只须有一个周延就能完成媒介任务。因由于处在相当于小前提宾词的位置上，并且三支因明只取相当于三段论第一格AAA和EAE两式，所以因总是不周延的。于是因明中因有自己独特的媒介方式，即以包含有法来显示自己的媒介职能。”①这一段话很成问题。在因支中，因概念固然只出现一次，但是在三支中因概念共出现了三次。除了在因支上出现外，还在同喻和异喻上出现，只说因“处在相当于小前提宾词的位置上”，这不能不是严重的疏忽。

即使“三支因明只取相当于三段论第一格AAA和EAE两式”，那也不能说“因总是不周延的”。因为既然相当于AAA和EAE，那么喻体中的因便成为周延的。在因支中因概念不周延，并不妨碍它在喻支中指的是除宗以外的全体。看来该文还是混淆了因支与因法这两者的不同。该文后面接着说，“因介于有法与能别之间，既是有法的类概念又是能别的种概念”。我们再假定这句话成立。即如果不考虑同、异品除宗有法，则“又是能别的种概念”正好道出了因法在喻里指的是全体。

总之，把“遍是宗法性”说成“相当于三段论中词必须周延一次的规则”等说法在逻辑上完全说不通。第一，因不是只“处在相当于小前提宾词的位置上”，而是出现在三个不同位置上；第二，说因明三支相当于“三段论第一格AAA和EAE两式”，那么就不能说“因总是不周延的”；第三，如果“因总是不周延的”，那么怎么能说三支作法又相当于作为演绎推理的三段论呢？第四，说“在因明中因有自己独特的媒介方式，即以包含有法来显示自己的媒介职能”，其实也没有任何独

① 沈剑英：《玄奘和唐初的因明研究》，载《中国历史上的逻辑家》，北京：人民出版社，1982年版，第146页。

特的地方,因为第一相"凡S是M"只是说所有S为因M所包含。

第一相"凡S是M"与三段论第一格第一式AAA的规则之一"小前提总是肯定的"部分相同。三段论这条规则只强调肯定而未强调全称还是特称。众所周知,第一格AAA式共有两条规则,还有一条"大前提必须全称",这一条就是为保证中词必须周延一次。可见,说"遍是宗法性""相当于三段论中词必须周延一次的规则",这样的比较有点离谱。

有人说,因明之所以称因明,是因为它是关于因概念的学问。这样说,强调了因的媒介作用。仅此而已。如果非要说只有第一相是正因相,因支是正能立,那就是蛇足了。

二、第二相同品定有性的命题形式

第二相"同品定有性"是对第二句因的"所有同品都是因"和第八句因中的"有一部分同品是因"的概括。第八句因中要求同品至少有一个有因,有多少未说,而第二句因中同品全有因,将这两句因中的同品与因关系结合起来,至少有一个同品是因,多少不定,甚至可以是全体,这正好是特称肯定命题的逻辑意义。因此"同品定有性"的逻辑结构为:

$P \cdot \overline{S} \cdot M$

读作:有P且非S是M

有不少论著认为第二相的结构是"凡M是P",即MAP而非PIM。这是误解。第一,没有反映出同品除宗有法;第二,颠倒了同品与因在命题中的主、谓项位置。从句式上看,同品定有,异品遍无是省略句。略去了谓词即谓项——因法。既然大家承认第三相是"凡P且非S不是M",P是主项,为什么第二相中P又为谓项呢?这在句式上也是不能自圆其说的。第三,第三相的句式与九句因的句式理应相一致。九句因说同品有,同品是能有,因法为所有。"异品遍无性"的形式符合这一条,为什么"同品定有性"就要例外呢?第四,MAP这一结构并没有反映二、八正因的条件。二、八正因只规定了同品至少有一个有因,也可以全体有因,并没有规定所有因是同品,这两种说法是不等值的。

为了证明"同品定有性"的形式是"凡M是P",有的论文找到一条理由,说同品不是仅仅同于宗的后陈,文章说:"同品既有因同品和宗同品之分,就不应该只是说同品须同于宗,商羯罗主所说的同品'与所立法均等义品',并不是科学定义,因为它只是揭示了同品中比较宽泛的那个方面的内涵,如果作为定义来看,则有定义过宽的毛病。”①

商羯罗主关于同品的定义与陈那的定义是一脉相承的，该文不仅修改了商羯罗主，而且修改了陈那，修改了陈那新因明的整个体系。

该文给人一种混淆论题的感觉。因为在《理门论》《入论》中讲到九句因和因三相规则时，所使用的同品概念都是指的宗同品。九句因说“宗法于同品”，明明是说“因法于同品”。该“宗法”指的是因法(因同品)，“同品”就是宗同品，分得清清楚楚，这是没有疑义的。总不能说“因法于因法”吧！在因三相中，第一相“遍是宗法性”中“宗法”也是指因法。这都是明确无疑的。在九句因和第二、第三相中，因法概念都是省略不陈的。如果“同品定有性”中“同品”是指的因，那么直接说“宗法定有性”不是更好吗？陈那、商羯罗主以及汉译者玄奘不会故意要与读者捉迷藏，不会存心让读者搞不清同品指什么。

诚然，在《入论》《大疏》和《庄严疏》中有“因同品”一说。这样，同品成了属概念，宗同品和因同品就是种概念。

九句因和因三相中的同品是指上述哪一个对象呢？作为属概念的同品只是一般的抽象，只存在于人们的脑子里，它不是个具体对象，因此首先要排除。九句因、因三相讨论的是宗同品与因(因同品)的关系，是讨论这两个种概念间的关系。在九句因、因三相中，同品必须除宗有法，要遵守除宗有法这一条件的只能是宗同品，而不是因同品。这里的因同品是不能除宗有法的，第一相“遍是宗法性”就规定全部宗上有法都包含于因法之中(至于同喻体中的主项因同品，则不得不跟随同喻依中的宗同品除宗而除宗)。因此，根据同品必须除宗有法这一条，可确定九句因、因三相中的同品只能是宗同品，而不是因同品。

探讨一下该文在同品指称上失误的原因是把“同品”与“同品定有性”混为一谈，又把“同喻体和同喻依”混为一谈。该文还说：“不过同品以因同为主，因为凡同于因者必同于宗；异品则以宗异为主。因为凡异于宗者必异于因。”我们在论述同、异品的第三章中已经指出，是宗同品者不一定是因同品。例如第八句因，以“声无常”为宗，以“勤勇无间所发性”为因，雷、电等宗同品就不具有“勤勇无间所发性”因。又如第五句因以“声常”为宗，以“所闻性故”为因，“所闻性”因法满足第一相，此因法也不为除宗有法声以外的宗同品常等所具有。

再如，第四句和第六句因都满足了第一相，但不满足第二、第三相，是相违因。在这两句中的因“所作性”和“勤勇无间所发性”都不具有同品“常”。对于

① 沈剑英：《关于“因”的三相可以缺一吗？》，载《因明新探》，兰州：甘肃人民出版社，1989年版，第142页。

正确的同喻体来说,“说因宗所随”,才可以说“凡同于因者必同于宗”,但对“什么是同品”来说,就不可以这么说了。打个不太恰当的比喻,给三段论中词下定义,只要说它是在前提中出现两次而在结论中不出现的词就可以了,而不必说它是否周延一次,因为那是规则问题,同样,给大词下定义,只要规定它为结论中的谓词就可以了,而不必说它在前提中不周延则在结论中也不应周延。

三、第三相异品遍无性的命题形式

第二和第三相是对九句因中二、八正因的概括。在二、八正因的条件中,异品中完全没有因,这被概括为“异品遍无性”。由于异品必须除宗有法,又由于九句因中的“异品无”(非有)以异品为主项,因此“异品遍无性”中的异品也必须除宗有法,也应成为主项。准此,为什么第二相“同品定有性”的主项不是同品呢?第三相的逻辑结构为:

$$\overline{\overline{P}\cdot\overline{S}\cdot M}$$

读作:凡非P且非S都不是M

有很多论著在讨论同、异品和九句因时都承认同、异品除宗有法,但在表达二、八正因和第二、第三相的逻辑结构时,都没有把同品、异品除宗有法反映出来,这不能不是一严重的失误。

第四节　因的后二相不能缺一

一、因的后二相不能互推

按照数学的美学原则,在一个体系内所采用的公理、规则越少越美。因明家自然要问:因三相可以缺一吗?主张因三相之二、三两相可以缺一者在中、日学者中不乏其人。例如,日本历史上著名的文学博士大西祝说过:“决定此宗之力,为在第三相,而第二相则宁为无用之条是也。”①我国学者中也有人认为:“‘异品

① 大西祝:《论理学》,保定:河北泽书社,1905年版,第50页。

遍无性’这条规则实际上并没有提出什么新的逻辑要求。”①如果从逻辑的角度来看,同异二喻的命题形式分别为 M 是 P 和 $\overline{P}$ 是 $\overline{M}$,后者正好是从前者依据换质位法推出来的;或将同异二喻的逻辑关系表述为$(P\rightarrow q)\leftrightarrow(\overline{q}\rightarrow P)$,则符合异质换位律的推导形式。而如上所述,同异二喻是用来显示因的第二相和第三相的……所以我认为第二相和第三相是等值的。据此,凭借因的第一相和第二相(或第三相),就能够建立一个有效的论证式。从这个意义上说,因之后二相(或同异喻)中当是可以缺一的。不过我并不主张真的去废除哪一相或哪一支,因为“因明有它自己的风格”②。

根据我们在前面揭示的第二相的逻辑结构推不出第三相的逻辑结构,从第三相也推不出第二相。

二、从九句因看同有、异无的独立性

再从九句因来看,九句因把因与同品、异品的九种情况都一一考察。当同品定有时,有两种情况:一是同品全有,二是同品有、非有(即有的有,有的没有)。先看同品全有时,异品相应有三种情况:全有,全无,有、非有;再看同品有、非有时,异品相应也有三种情况。总之,当因满足同品定有性时,此因不一定满足异品遍无性,因为还有异品遍有和有非有两种可能。这就十分清楚地表明,单单满足了第二相,不一定能满足第三相。

下面我们再看从第三相能否推出第二相。当一个因满足第三相异品遍无即异品无时,这因与同品之关系相应也有三种情况:同品全有,同品全无,同品有的有、有的无。这说明当异品遍无时,同品不一定是定有,也可能全无。

总之,在九句因中,除二、八句为正因,四、六两句同时违反第二、三相外,第一、三两句满足了同品定有,不满足异品遍无,第七、九两句亦然,这说明从第二相推不出第三相;从第五句因看,满足了第三相却未能满足第二相。这说明第二、第三两相是独立的,缺一不可。

---

① 周文英:《中国逻辑思想史稿》,北京:人民出版社,1979 年版,第 144 页。

② 沈剑英:《关于“因”的三相可以缺一吗?》,载《因明新探》,兰州:甘肃人民出版社,1989 年版,第 148 页。

第六章　陈那三支作法的推理性质

第一节　陈那三支作法是演绎论证吗

一、"生决定解"并非判定演绎论证的充足理由

迄今为止,国内外大多数论著都认为陈那的二、八正因和因三相是证宗的充分条件,就是说因支和喻支满足了因三相就能必然地证得宗,因而陈那新因明三支作法是演绎论证。

然而,这里存在一个为大多数因明研究者所熟视无睹的大问题,那就是从未充分地论证过陈那新因明是演绎的。这一正是需要论证的论题,在许多因明论著中成了预设的前提。在预设的前提下,用形式逻辑乃至数理逻辑的方法去整理、比较和修改,从而广衍其说,就难免使人产生沙上建塔的严重危机感。

有人说,陈那的《理门论》强调"生决定解",意思是因三相规则是保证三支作法为演绎论证的充分条件①。但是,判定一个人,不是看他的宣言,而是看他的实践;判定一种论证方式,也不是看其建立者的主观想法如何,而是看其是否符合逻辑的格。

《正理经》开宗明义说,十六句义"等真理,可以证得至高的幸福",正理派当然认为他们使用的五分论式中的因、喻、合,可以必然地导致宗和结,但我们却不可以据此而承认其五分论式为演绎论证。佛家古因明的代表人物世亲也说过:"我立因三种相,是根本法,同类所摄,异类相离,是故立因成就不动。汝因不如

---

①　巫寿康:《〈因明正理理门论〉的研究》,北京:生活·读书·新知三联书店,1994 年版,第 101—102 页。

是,故汝难颠例。"①"是故立因成就不动"意为三相因是证宗的充足理由。我们谁也不会根据古因明大师的说法就断定古因明是演绎论证。古因明五分作法是类比推理是有定论的。陈那《理门论》强调"生决定解",法称虽然没有直接加以否定,但是他主张取消喻依,改造因三相和三支论式,实际上表示了对"生决定解"的疑问。总之,根据陈那本人所说"生决定解"来判定因三相是证宗的充足理由,判定三支是演绎论证是不足为训的。

二、同、异喻体并非真正的全称命题

主张陈那三支为演绎推理的另一个重要理由是,认为同、异喻体是反映无一例外的普遍命题,其形式是全称直言命题或者说外设命题、充分条件假言命题,以此为前提就必然推出了结论,这是显而易见、毋庸置疑的。笔者认为,恰恰是在显而易见、毋庸置疑的地方有大谬存焉。新因明规定,同、异喻依不能是宗上有法,同喻依是除宗有法外的宗同品和因同品,异喻依也是除宗有法以外的宗异品和因异品。因此,同、异喻体是除外命题,其形式为"除 S 以外,凡 M 是 P",它与全称直言命题"凡 M 是 P"或者"如果 X 是 M,那么 X 是 P"是有差别的。

问题的关键在于,同品、异品必须除宗有法,这是陈那新因明体系的题中应有之义。如果将其修改就不再是陈那的新因明,而应称为现代因明。

根据笔者的探讨,得出以下结论:因三相是保证三支作法为演绎论证的必要条件,而不是充分条件,同喻必须满足因的第二相和第三相,异喻必须满足因的第三相,同、异喻体不等值;异品若不除宗有法与新因明整个体系相矛盾;三支作法虽然避免了古因明无穷类比的缺陷,但新因明本身不过是最大限度的类比论证,若把同、异品除宗有法表示出来,可以举例如下:

宗　　张三有死,
因　　因为是人,
同喻　除张三以外,凡人皆有死,如李四,
异喻　除张三以外,凡不死者皆非人,如石头。

一看就明白,这不是演绎论证,因、喻符合因三相,但不能必然推出宗。

① 世亲:《如实论反质难品》,转引自《燕京学报》,1931 年第 9 期,第 1852 页。

第二节　陈那三支没有改变类比推理的性质

一、增设喻体只是避免了处处类比和无穷类推

陈那新因明三支与古因明五分作法的根本区别是，新因明在喻支增设了同喻体和异喻体，而将五分的喻例作为同喻依和异喻依。新因明增设同喻体的作用是避免了无穷类推，提高了类推的可靠程度。这在因明发展史上无疑是一个长足的进步。然而，由于喻体离真正的全称命题还有一步之差，仍不能脱离类推的窠臼。真是差之毫厘，失之千里。

陈那在《理门论》中就二喻即因的问题，与外道及古师有一连串的辩难。胜论派等古因明家在"声是无常"宗，"所作性故"因后，以瓶、空为同、异喻，陈那批评说"与其因义都不相应"，"此说但应类所立义，无有功能"。窥基《大疏》对陈那的这一批评有详细的解释如下：

> 若说瓶体、空体为喻，但应以瓶类于所立无常之义；既喻不言诸所作者皆是无常，举瓶证声无有功能，其喻便非能立之义。由彼举因，但说所作法，举瓶类声无常，不说能立诸所作者及与所立皆是无常，故无功能，非能立义。又若以瓶即为喻体，瓶即四尘，可烧可见，声亦应尔。若我如说所作者皆是无常，譬如瓶等。所作既为宗正同法，无常随之亦决定转，举瓶喻依以显其事，便无一切皆相类失。汝既不然，故有前过。陈那又难：又因、喻别，此有所立同法、异法，终不能显因与所立不相离性，是故但有类所立义，然无功能。①

这段话意思是说，古因明只以瓶为同喻，空为异喻，是没有证宗的功能的，这样的喻由于没有说"诸所作者皆是无常"，便不足于成为证宗的理由（非能立义）。为什么呢？古因明只是依据两个事物有某一点相同，便推出它们在另一点上也相同，例如瓶与声都有所作性，而瓶还有无常性，便推出声也有无常性。假如这样的推理能成立的话，而瓶是四尘（四尘是由地、水、火、风四大种而造成的色、香、味、触四法），瓶可烧也可见，则也可以推出声可烧、可见，如此岂不荒谬！

---

① 窥基：《大疏》卷四，页五右至页六左。

反之,按照新因明所说,“诸所作者皆是无常,譬如瓶等”,便不会有将声与瓶处处类比的过失(“便无一切皆相类失”)。古因明的致命弱点是未能显示因与所立的不相离性。新因明在喻依之外增设喻体,确立了因法与同品的不相离性,即因法与同品的普遍联系,从而增强了证宗的力量。

以上理论还不能说服古师,古师复问:“何故无能?”陈那答复说:“以同喻中不必宗法宗义相类。此复余譬所成立故,应成无穷。”

《大疏》解释说:

> 既汝不言诸所作者皆是无常,故彼同喻不必以因宗法及无常宗义相类,但云如瓶。他若有问:瓶复如何无常?复言如灯,如是辗转应成无穷,是无能义。我若喻言诸所作者皆是无常,譬如瓶等,既以宗法、宗义相类。总遍一切瓶、灯等尽,不须更问,故非无穷,成有能也。①

意思是说,古师但以瓶为同喻,敌方倘再追问:“瓶又怎么会无常的呢?”立论者不懂得举出因法与所立法不相离的普遍原则,又举出灯作为类比的例证,要说明灯怎么会无常,又得举出另一实物来类比,势必陷于无穷类推。新因明的同喻体反映了除宗有法声以外的普遍原理,把一切瓶、灯等既是所作又是无常的相类物统统概括进去了,因此避免了无穷类推的弊病。在陈那看来,这才是正的能立。

陈那认为,喻由喻体和喻依组成,既避免了无穷类推的缺陷,又简别了瓶、声处处类比的毛病。由于喻体确立了说因宗必随逐的关系,无常以外可烧可见诸品类就可置而不论了。这就是《理门论》所说“又不必定有诸品类”的意思。但是,陈那增设的同、异喻体的作用也仅此而已,它们还不是毫无例外的普遍命题。

二、一步之差,咫尺天涯

陈那有二喻即因的观点。同、异喻体的命题结构必须满足因的第二、第三两相。既然第二相和第三相中的同品、异品都除宗有法,既然同喻依、异喻依也必须除宗有法,那么同、异喻体就不可能是毫无例外的全称命题。同、异喻体不是全称命题,三支作法的演绎性质就无从谈起。

根据同、异品除宗的规定,我们把因三相和三支的命题形式和推理形式表示

---

① 窥基:《大疏》卷四,页六左至右。

出来,其非演绎论证就一目了然。

第一相:凡S是M

第二相:有P且非S是M

第三相:凡非P且非S不是M

按照陈那九句因、因三相和二喻即因的观点,同喻体和异喻体的形式为:

同喻体:	凡M且非S是P
异喻体:	凡非P且非S是非M
因支的命题形式是:	凡S是M
宗的命题形式是:	凡S是P

如果把异喻体、异喻依和同喻依忽略不计(为了比较的方便),并且颠倒三支的顺序,就有:

凡M且非S是P,

凡S是M,

所以,凡S是P。

显然,这里有四名词,这不是一个三段论,如果硬要把它当三段论,则是个错误的三段论,其结论的得出是或然的。

同喻体"凡M且非S是P"相当于"除S以外,凡M是P"。同喻体为什么要加上"除S以外"呢?这是由因三相和二喻即因以及同喻依除宗有法规定的。

陈那新因明三支的标准实例是:

声是无常,

所作性故,

诸所作者见彼无常,如瓶,

诸是其常见非所作,如空。

如果把陈那关于同、异喻依除宗有法这一隐而不显的规定表示出来,则上例为:

声是无常,

所作性故,

除声以外,诸所作者见彼无常,如瓶,

除声以外,诸是其常见非所作,如空。

三、同、异喻体不等值

由于陈那三支的同、异喻体实际上是除外命题，而不是真正的全称命题，因此，陈那三支因明所运用的推理不是必然性推理，而是除宗以外最大限度的类比推理。

同、异喻体如果是真正的全称命题，那么根据逻辑直接推理中的换质换位法，同异喻体可以互推，据此，势必得出异喻体是可有可无的。这与陈那所说："为要具二譬喻言词方成能立"的观点矛盾。陈那认为，只有同、异喻双陈，喻支才能算是完整的。《理理门论》接着说："若就正理应具说二，由是具足显示所立不离其因，以具显示同品定有、异品遍无，能正对治相违不定。"这是说同、异喻双陈，才能充分显示因和宗法的不相离关系，才能完全满足因的第二相同品定有性和第三相异品遍无性，才能正确地避免或纠正相违因过和不定因过。实际上，异喻体和异品遍无性的逻辑形式是一而二、二而一的，它们完全一致。九句因告诉我们，当异品遍无因时，同品与因的关系实际有三种可能情况：所有同品是因，所有同品不是因，有的同品是因并且有的同品不是因。如果异品遍无性即异喻体与同喻体等值，那么同喻体"所有因是同品"显然与第二种情况"所有同品不是因"矛盾。因此，同、异喻体不可能等值。

四、因三相带来两种违反逻辑的情形

按照因三相规则建立起来的因明三支没有必然联系，由因、喻不能必然推出宗，这是逻辑的结论，但是，陈那的三支作法是运用于论辩实践，在他所处的那个时代，这就是最佳的选择。新因明三支是最优的论辩利器。陈那认为，遵守了因三相规则，该因就是正因，就能"生决定解"，也就是说，能取得辩论的胜利。《理门论》在讲完二喻的省略问题后接着说：

> 又比量中唯见此理，若所比处此相审定，于余同类念此定有，于彼无处念此遍无，是故由此生决定解。

"比量中唯见此理"是说在一个比量中，因只有这三相，因贯宗、同、异品。"若所比处此相审定"即指第一相，"于余同类念此定有"是第二相，"于彼无处念此遍无"，是第三相。"是故由此生决定解"，是说满足了因三相，该比量便能由因、喻证成宗。陈那本人并没有把因三相当作正因的充足条件来论述，他还没有演绎的思想，他并没有意识到因三相只是必要条件而不是充分条件，且不说满足因三相的因还可能存在“相违决定”的过失，一个因虽然满足因三相，还可能出现两种违反逻辑的情况，一是将演绎推理中的等词推理排斥在外，二是它可以使诡辩得以成立，例如：

宗　水银是固体，

因　是金属故。

“是金属故”因满足因的三相。水银是金属，符合第一相遍是宗法性；除水银外，有固体是金属，符合第二相同品定有性；除水银外，凡非固体都不是金属，符合第三相异品遍无性。这个比量的同喻体“除水银以外，凡金属都是固体”也是成立的，但是，宗却不正确。可见，当喻体反映的普遍原理以宗有法为唯一例外时，由因、喻推出的宗是错误的。当然，一旦这样的诡辩出现，因明还有补救办法，因明可以指出比量有“现量相违”宗过，使其不得成为真能立。尽管因明有补救一法，但是改变不了三支的非演绎性质。

陈那的因三相理论一方面纠正了古因明容易陷入无穷类推的不足，提高了类比推理的可靠程度；另一方面它又终究未能保证喻体成为真正的全称命题，只有量的扩大，而没有达到质的飞跃。可以说，因三相理论先天不足，它的后二相是根据以果求因的原则提出来的。以果求因，就只能把宗有法排除在外。因的后二相尽管保证了除宗有法以外的一切具有因法的事物都具有所立法，与达到全称命题仅仅一步之差。差之毫厘，却失之千里，真可谓咫尺天涯！

陈那的因明三支与逻辑三段论相比，前者的长处似乎是无循环论证之嫌，不是兜圈子，不足之处是未能最终跳出类比的窠臼，不能从推理形式上保证三支为演绎论证。在陈那所处的时代，因明家还不明白西方逻辑的演绎推理。从《理门论》中还看不出陈那把“生决定解”当作演绎论证。正如古因明师从瓶是所作，瓶是无常以及声是所作，推出声无常，他们在主观上认为“声是无常”宗得到了论证，其实是没有得到论证一样，陈那在主观上也认为一个因符合因三相便“生决定解”，而其实只是必要条件，宗最终未得到证明。把“生决定解”与演绎论证等同只是今人的良好愿望。

第三节　梶山雄一主张三支作法非纯粹演绎法

一、同、异品除宗影响三支作法成为严格意义上的演绎推理

日本文学博士梶山雄一教授重视同、异品除宗有法对决定三支作法推理性

质的重大影响，他主张在严格的意义上，三支作法不是纯粹的演绎法。他说：“结论的主辞，是讨论的对象，所以被排除在同类例和异类例之外。因此，在严格的意义上不能说，这个三支推论式是基于概念包摄关系的演绎推理。如果是纯粹的演绎法，像在陈那的推论式中那样把‘如瓶’‘如虚空’的喻例附加在大前提上，就完全没有意义了。”①我们国内的因明研究者不重视同、异品除宗有法对推理性质的影响，不能不是严重的疏忽。陈那的三支作法是按照九句因和因三相构造起来的，脱离开同、异品除宗有法的九句因和因三相来讨论三支作法的推理性质是不能想象的。

二、遍充理论的真正完成归功于法称

梶山雄一还指出：“陈那把喻例区分为作为具体例证的喻依和作为命题的喻体，并且重视后者。另一方面，看来他似乎具有了相当于中词和大词的包摄关系的遍充概念。总之，可以说他的三支推论式，是由于考虑到演绎法而来整理采用喻例的五支论证法的。遍充的理论是由继承陈那的法称（Dharmakīrti）完成的。”我以为梶山雄一的评论是恰当的。陈那“似乎”有了遍充概念，遍充理论的真正完成归功于法称。不正确评价陈那的逻辑思想，就难于理解佛家逻辑的进一步发展，就不能恰当评价法称对佛家逻辑的重大变革。

第四节　理查德·海耶斯论因三相不能保证宗命题为真

《陈那的逻辑》一文由台湾学者何建兴译自理查德·海耶斯（Richard P. Hayes）所著《Dignāga on the interpretation of Signs》一书第四章。1991 年底我应印度华侨佛教总会会长悟谦法师的邀请前往印度进行学术访问，悟谦法师向我推荐了《陈那的逻辑》一文，该文的汉译发表于台湾《中国佛教月刊》1991 年第 9、第 10 两期。该文作者谙熟因明的体系和现代逻辑，对九句因、因三相和陈那的逻辑体系发表了精到的见解。

---

①　梶山雄一：《印度逻辑学的基本性质》，原载日本京都哲学会编《哲学研究》第 40 卷第 10—11 册（1960 年 7、8 月号）。张春波译，北京：商务印书馆，1980 年版。

一、确认不是证明

理查德·海耶斯对佛家认识论有一总的看法,认为佛家认识论采用的是经验科学推理,而不是数学与逻辑的严密论证。他说:“在描述陈那如何探究有关问题前,我想先说明,大部分佛家认识论的现代解释者们,偏好理解 Sādhana① 为证明(proof)而非确认(confirmation)。但谨慎的作者们通常仅在数学和逻辑的领域里才使用 proof 这个英文字,那些领域里的定理系由公理推衍出因而得视为是确然为真。但在日常实际的领域里,在经验科学中,几无任何科学是确然为真的,只能视为是与已知证据相一致而仍可能为未来的证据推翻。佛教认识论在其目标和方法上,都更接近法律和经验科学的实用推理,而非数学与逻辑的严密论证,因此借后来的术语来讨论并不恰当。”因此,他对陈那逻辑的研究,引入了现代逻辑学者 Ajdukiewicz 等人发展出的术语“假设”。他认为陈那的三支作法之所以应称为确认而非论证,就因为推理过程中包含着假设。

二、后二相中同、异品亦须除宗有法

理查德·海耶斯对陈那的研究始终注意到同、异品除宗有法的问题。

他用梵文字母来表示宗的主谓项和同、异品以及因等,与我们习惯上的用法不同。

他用 P 来表示宗的主项有法(梵文 paksa),用 S 来表示宗的谓项所立法(梵文 sdhya-dharma),用 H 来表示因法(梵文 hetu)。

> 他用非 PS 表示同品,用非 P 非 S 表示异品。
>
> 他用连结和相离来陈述同品定有和异品遍无。
>
> 连结 = 非 PHS 大于零(同品定有)
>
> 相离 = 非 PH 非 S 等于零(异品遍无)

他强调:“陈那使用‘连结’与‘相离’二词所指称的关系是彼此逻辑地独立的。即,这两个关系中的一个的成立与否,并不能使我人直接推定另一关系的成立与否。”他还指出,把它们等同这是法称逻辑的内容,用来理解陈那著作会造成很大的混淆。

---

① Sādhana,梵文,能成立义,能立。

三、第二句或第八句正因和因三相不能保证宗命题为真

他用 PH 大于零且 P 非 H 等于零表示因的第一相“遍是宗法性”。

一个因满足了因三相,能否确定宗命题“凡 P 是 S”为真呢? 他认为“必须给出否定性的回答”。他用图表法作出了清晰的说明(见图 6－1)。

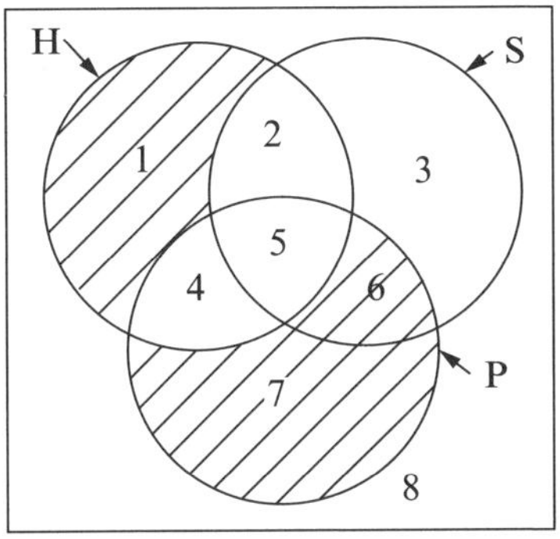

1 = ~ PH ~ S　　2 = ~ PHS

3 = ~ P ~ HS　　4 = PH ~ S

5 = PHS　　6 = P ~ HS

7 = P ~ H ~ S　　8 = ~ P ~ H ~ S

图 6－1　陈那因三相示意图

理查德·海耶斯对该表解释如下:表中分八个区间。划上斜线的区间表示没有分子。区间 1 的斜线代表非 PH 非 S 等于零,这意味因法 H 和所立法 S 之否定构成了相离关系。区间 2 未划有斜线,意味非 PHS 大于零。区间 4 未划斜线,意味 PH 非 S 大于零,因此 PH 大于零;而区间 6 与 7 都划有斜线,意味 P 非 HS 等于零及 P 非 H 非 S 等于零,而因此 P 非 H 等于零;汇合区间 4、5、6 与 7,则见满足了遍是宗法性。整个图表显示,陈那提出的因三相都满足了。区间 4、5、6 与 7 构成了代表宗的主项有法的圆,由于区间 4 未划有斜线,可见,即使满足了因三相,我们仍不能确定“凡 P 是 S”命题为真。

理查德·海耶斯认为,根据图 6－1 可知,为了使因真正成为正因,我们必须做这样的假设:如果相离关系在归纳域(指异品)中成立,它必须在主体域(指宗有法)中成立。即是说,我们必须假定:如果非 PH 非 S 等于零(即区间 1 划有斜线,异品遍无),则 PH 非 S 也等于零(区间 4 亦划有斜线,凡有因法的宗有法都是所立法)。如是才能使得“凡 P 是 S”命题(如“凡声是无常”)为真。

理查德·海耶斯娴熟地运用现代逻辑的工具还了陈那新因明的本来面目。他无意粉饰陈那,他采取了实事求是的科学态度。

第五节 《〈因明正理理门论〉研究》的错误导向

一、修改古人绝非古籍研究之所宜

《〈因明正理理门论〉研究》(后文简称《研究》)的作者由于有较高的数学和逻辑修养,所以能敏锐地发现按照陈那九句因、因三相规则不能保证宗命题为真,即从喻和因不能必然地推出宗,三支作法不是演绎论证。这本来是一个值得称道的了不起的发现。但是,令人十分遗憾又十分惊讶的是,该文作者跨入了真理的大门又莫名其妙地重返歧途,最终通向了谬误。《研究》不愿接受陈那三支非演绎的结论,反而置陈那固有的逻辑体系而不顾,仅凭陈那"生决定解"四个字,就轻而易举地断定陈那三支作法为演绎论证。这个本来需要论证的论题被拿来当作现成的结论,并以此为出发点,去寻找陈那《理门论》体系中的"矛盾",不惜修改陈那因明体系中最重要的、最基本的概念异品定义。这种修改古人以适合自己的主观想法的研究方法,绝非古籍整理之所宜。对这一错误导向,不能不加以评说。

《研究》主张同品除宗有法,异品定义应加以修改,可以不除宗有法。这种观点片面理解了陈那因明作为论辩逻辑的特点。立、敌对诤,同品除宗是对立方的约束,不允许循环论证;异品除宗则是对敌方的约束,也不允许敌方循环论证。同、异品同时除宗是对立、敌双方对等的论辩规则,绝不可以偏废。

有的学者认为,该文"借助数理逻辑方法,成功地找到这样的'同品'和'异品'的新定义,从而提供一条可以了结千年议论不休的因明悬案的新途径,实现对《正理理门论》体系的完整性的维护。"①对这一评价,我不敢苟同。《研究》修改异品的定义,牵一发而动全身,其实是搞出了一个20世纪80年代的新因明体系,不仅把古人陈那的因明体系改造得面目全非,而且矛盾百出。②

---

① 巫白慧:《佛教哲学与精神文明》,载《佛教文化》第二期,1990年12月。

② 1988年4月我在京与《〈因明正理理门论〉研究》作者巫寿康博士有过短暂的晤面,我建议他重新阅读陈大齐教授关于异品必须除宗的论述,他当即表示接受建议。

二、陈大齐论同、异品必须除宗

陈大齐教授在20世纪40年代就曾指出："窃谓同品除宗，准因明理，实有其坚强正当之理由。立宗违他顺己，方为立敌所诤。立者立声为常，虽得以声为同品，敌者不许其常，方且以声为异品。故当立量之际，宗有法声，是自同他异品，非共同品。常与非常，犹未解决，为同为异，未臻共许，设立敌各凭己意摄入同异品，则是非将永无定论。如即前例而言，立取声为同品，所闻性因，同品非有异品有非有，是相违因。一正一违，何所适从。故同异品必须立、敌所共，而后是非始得缘以决定。有法非共同品，理应同异双除。"①

陈大齐在60年代又进一步发挥了异品必须除宗的思想。他说："宗异品中亦须除宗有法。因为在举因证宗的时候，宗中有法不过是他异品，并不是共异品，故不能为共比量的宗异品。如立'声是无常'宗，在敌未了悟此一正理以前，声音亦只是自同他异品。此一他异品若不剔除，则任何正因都将失其为正因。因之遍是宗法，是立敌共许的。宗中有法若列入宗异品之中，便至少有一小部分的宗异品为能立法所依转而不是异品遍无了。如立'声是无常'宗，以'所作性故'为因，声音之无一不具有所作性，是立敌共许的。今若以声音列入宗异品之中，则至少此一部分的宗异品是所作的，于是所作的不一定是无常，而所作性便无力证明无常性了。故宗异品若不除宗有法，将使敌者获得一种便利，只要取宗有法为例，即足以使立者的证明归于无效。不过如此返破，亦是一种循环论证。宗同品中既除宗有法以避免循环论证的弊病，宗异品中自亦应当同样剔除，以期论辩精确而公允。"②陈大齐对同、异品均须除宗有法这一因明的特点有着深刻的理解，他清楚地揭示了同、异品不除宗有法对论辩逻辑带来的弊病。首先，第五句因，立方说它是正因，敌方说它是相违似因，公说公有理，婆说婆有理，是非无以决断。陈那九句因判定其为有过之因，根据就是用、异品除宗有法。其次，同、异品不除宗，任何量都不可能成为正能立。因为不管你立什么比量，敌方根本不用动脑筋，他只要拿宗有法当作异品，由于这宗有法满足第一相遍是宗法性，即宗有法有因，宗有法被当作异品，因此异品有因，异品遍无性这条不能满足。

可见，取消了异品除宗有法这一规定，就等于取消了陈那的新因明。

---

① 陈大齐：《因明大疏蠡测》（简称《蠡测》），重庆书商刊印，1945年版，第70—72页。

② 陈大齐：《因明入正理论悟他门浅释》，台北：台湾中华书局，1970年版，第61页。

三、《研究》的错误导向

我们在第三章《同品、异品》中已经讨论了同品、异品的定义问题。从陈那《理门论》的整个体系来看，陈那的同、异品概念，有两条规定，一是有无所立法，同品有，异品无；二是都必须除宗有法。第二条虽未明言，却是题中应有之义。《理门论》在给同品、异品下定义前已经规定了同品有非有等必须“决定共许”，这实质上就说了必须除宗有法。因为同、异品除宗有法不仅是陈那因明中的题中应有之义，而且是从《正理经》到古因明的题中应有之义。《正理经》和古因明的五分作法中的同喻依、异喻依不能是宗有法，正是同、异品除宗有法的体现。同、异品除宗对法称以前一切新古因明家来说，是不言而喻、不言自明的道理。这是法称以前因明家的共识。

《研究》批评了两种定义，认为这两种定义都与《理门论》基本理论矛盾。他把第一种归之于陈那，同、异品不除宗；第二种是一些因明家的，主张同、异品除宗。这是对陈那的严重误解，同时在唐疏作者与陈那之间无中生有地制造出了矛盾。

《研究》认为，第二种定义“使九句因中不存在正确的因，使‘九句因’失去意义。在这个定义下，即使满足因三相不能保证宗(论题)正确，使‘因三相’失去意义”。

研究古人的著作切忌用自己的主观想法来代替古人，而应按古人的本来面目加以研究。

九句因、因三相是不是使宗为真的充分条件？三支作法是不是演绎推理？陈那本人没有说过，他也没有充分条件、演绎推理的概念。九句因、因三相、三支作法具有什么性质，这正是我们要研究的问题，是我们要用逻辑的格加以衡量的问题。这一需要论证的论题被《研究》的作者(根本没有论证过)就事先当作了结论。再以这样的主观的结论作为标准来修改陈那的定义和体系，使之适合这一标准。在这个意义上我们说《研究》的导向是错误的。

按照我们上面的讨论，九句因、因三相不能使宗命题为真，它们是保证宗命题为真的必要条件，是必要条件仍有意义。古因明的因三相不能保证宗为真，但是没有人说它没有意义。新因明的因三相避免了古因明有无穷类推的弊病，提高了类推的可靠程度，这就是意义所在。同、异品除宗，并不与《理门论》基本理论矛盾，而只是与《研究》作者的主观想法矛盾。

当我们仔仔细细来检查《研究》的异品新定义和由此建立起来的新体系时，

便发现它捉襟见肘,有很多矛盾。如果说《研究》作者通过陈那九句因、因三相发现不能保证宗为真表现了较高的逻辑素养的话,那么在走入歧途,通过作出异品新定义来建立新体系时却未发现许许多多盲点,其不合逻辑的思考又实在令人惊讶。

第一,异品不除宗的新定义从根本上就不可能成立。

《研究》说:“我们寻找的同品、异品新定义,必须把论域分成三部分。前面已经把和所立法异类的事物(非 P)定义为异品,在定义同品时,把和所立法同类的事物(P)再分为两部分:P 并且 S,P 并且非 S。”如图 6-2 所示。本文把 P 并且非 S 定义为同品。定义叙述如下:

同品:宗有法(论题主词 S)以外,和所立法(论题宾词 P)同类的事物,即 P 并且非 S。

异品:和所立法异类的事物,即非 P。

《研究》用图 6-3 表示。这图 6-2 和图 6-3 很成问题。

P 并且 S 是集与子集的交,等于 S,即 P∩S=S,S 既在同品之外,又在异品之外,这与新定义异品不除宗(S)即异品有 S 矛盾。换一个角度说,异品不除宗即异品中有 S,S 既在异品中,又在异品之外(P 并且 S=S,与非 P 不在一个区域,外延相斥),导致矛盾。再换句话说,把 P 并且 S=S 排除在非 P 之外,又回到了陈那的异品除宗有法。

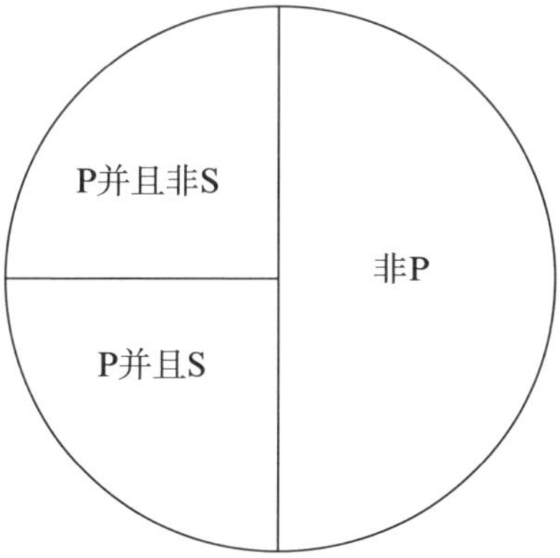

图 6-2

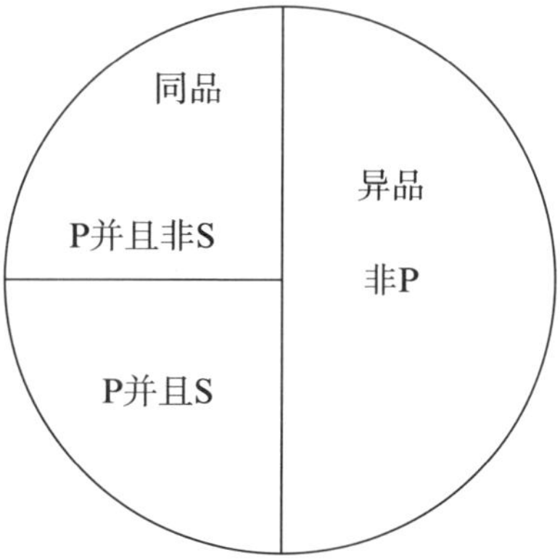

图 6-3

第二,新定义使第五句因不可能存在。

《研究》说:只须举出一个例子,按照新定义,该例的因是第五句因就可以了,请看下例:

宗　汞有金属光泽。
因　是液态金属故。

按照新定义：

同品：汞以外，有金属光泽之物。
异品：没有金属光泽之物。

我们认为既然新定义不除宗，则敌方理所当然地把汞归入异品之中，敌方本来就主张汞乃没有金属光泽之物，否则立宗有相符极成之过。汞既归入异品之中，则异品中有非有液态金属之因，即有的异品有液态金属之因，有的异品没有液态金属之因，故此例与第五句因同品非有、异品非有不符。第五句因的存在没有得到证明，九句因的完整性成为空谈。

第三，新定义没有证明第二相的独立性。

《研究》说："要证明新定义下因的第二相不能被第一相、第三相代替，可以举出一个例子，该例中因的第一相和第三相都正确，但第二相不正确。这就说明第一相、第三相的正确并不能保证第二相也正确，第二相不能被取代。"《研究》仍用上例，并把因三相表述如下：

因的第一相：汞是液态金属。

因的第二相：汞以外，有的液态金属有金属光泽。

因的第三相：凡没有金属光泽之物都不是液态金属。

前面我们已经说明，当敌方把汞作为异品时，异品有液态金属之因，故此例未满足第三相，第二相的独立性也就没有得到证明。

第四，根据新定义、第二、第八句因也不复存在，新的因三相也推不出宗。

二、八句因对异品的要求是异品遍无因，前面说过，异品不除宗，异品遍无是句空话，因此，新定义使得二、八句因不复存在。第三相"所有的异品都不是 M"无一比量能够满足。新的因三相形同虚设。

综上所述，《研究》对陈那异品定义以至整个体系的修改是不切实际的，它不符合陈那时代因明家的实际思维水平。同品除宗，限制了立方，异品不除宗，偏袒敌方，这样的逻辑工具是不可能为各宗各派所接受的。因明是佛家逻辑，但因明作为思维工具其原理应为各宗各派所遵守。在 20 世纪 80 年代用演绎逻辑的观点来拔高陈那是不用花费力气，也不用承担什么风险，但在陈那时代，作为立论者轻易奉送敌方一种反驳自己的特权，这是不可想象的事。印度的逻辑水平的提高有它自身的历史进程，法称对陈那的修改是印度佛家逻辑的一大进步。比较陈那、法称的异同，确定他们各自的历史功绩，这是逻辑史工作者的责任。

第六节　类比推理的喻体也应是“一般的”全称命题吗

一、类比推理不存在全称的前提

我在1989年全国藏汉因明学术讨论会上递交了《陈那新因明是演绎推理吗?》一文,从陈那新因明的整个体系出发,论证他的因明论辩逻辑的推理性质是最大限度的类比推理,从而修正了我自己曾经接受过的从20世纪以来因明学界至今还占统治地位的观点。在这篇文章的基础上我又撰写了《因明概论》一文,对陈那的因明思想重新作了评价。有篇文章对我的观点提出了异议。①

该文说:“退一步说,即使承认三支式是类比推理,则其中的喻体也应是‘一般’的全称命题,而不能是‘特殊’的除外命题。这是因为,凡属类比推理,总是由两事物间已具备的某一共性,再去推知出新的共性。这种作为推理依据的共性,正是该两事物的‘类’一般。而如果不存在这种‘一般’为中介,那么就根本不成为推理,而只是一种胡乱攀比而已。一般的类比推理没有举出这个‘一般’也仅是省略罢了。”

可是,类比推理哪来省略了的一般呢?倘有省略的一般,也应是演绎推理。三段论第一个省略大前提(一般原理)的省略式,仍然是演绎推理。其实,该文的所谓“一般”和中外形式逻辑教科书上的一般是不相同的,它是指两个相类比事物已知的共有属性。这的确是类比推理的出发点,但该文忘了两类事物已知的共有属性正是类比推理的出发点,在类比推理中它没有省略,也不可能省略。省略了,就没有任何推理可言。但是仅有此共性还是不能保证不“胡乱攀比”,这一点在任何一本教科书上都有说明。

该文还说:“从亚里士多德起,全归纳的推理式就并不要求穷举全部归纳对象。”

这篇文章还认认真真地列出了一个结论为全称的异喻体的归纳式,这个归纳推理是一个不完全归纳推理,又叫简单枚举归纳推理,其结论是或然的,不可靠。任何一本逻辑教科书都不会有完全归纳推理“并不要求穷举全部归纳对象”

① 姚南强:《论陈那新三支式的逻辑本质》,载《复旦学报》,1990年第6期。

的观点。人们在简单或有限的事物上往往会运用完全归纳推理以得到反映普遍原理的全称命题。但在科学研究中,人们往往运用不完全归纳推理。由于不完全归纳推理结论不可靠,人们便要运用典型归纳法,而这属于辩证逻辑的内容。对不完全归纳的较为深入的研究是在亚里士多德一千多年后的培根、弥尔做出的。在陈那因明奠基作《理门论》和其后集大成的量论著作《集量论》中,我们都没有发现怎样由个别推导出一般的任何研究,陈那只是规定了一个正因应该符合三个条件,至于怎样才能求得正因,怎样才能获得除外的普遍命题,他没有论述过。“应该怎样”与“怎样来的”,这是两个不同的问题。

二、自比量的同、异品也要除宗有法

有的论文抽象地肯定了同、异品必须除宗有法,似乎还补充了我的说法,但实际上又认为同品不除宗有法。此文说:因的第三相把宗有法排除在外,也恰恰是把它潜在地归之于同品行列。如立:

> 声无常,
> 所作性故,
> 凡所作皆无常,如瓶,
> 凡非无常皆非所作,如虚空。

宗的主词声(有法)有没有无常的性质,这是立、敌双方争论的对象,换句话说,声(宗有法)能不能成为无常的同品这是立、敌双方需要争论的问题。而需要论证的对象被该文用“潜在地”三个字就轻而易举地当成了论证的理由。该文还说:“作为立者‘为自比量’的逻辑思维,则宗有法一定是属于同品的。否则就不必再立比量。”

这里笔者不得不再从因明学科最基本的概念讲起。《因明入正理论》说:“能立与能破及似,唯悟他;现量与比量及似,唯自悟。”前一句是指为他比量,即立者或破者用语言表达出论式用来开悟他人;后一句是指为自比量,即立者或破者自己建立论式的思维过程。二者是语言与思维即表达与被表达的关系,是统一的,区别只在于前者用来开悟他人,后者只是自悟。在《因明入正理论》中的为他比量和为自比量都是说的共比量。在立者自悟的思维过程中,在未举出正确的理由因和喻之前,宗未得到证明。可见,该文仍把需要论证的对象当成了论证的根据。因明有三种比量即共比量、他比量、自比量。也许该文把为自比量与三种比量中的自比量混为一谈了。但即使在自比量中,同、异品也必须除宗有法,喻依不得列举宗有法。

20 世纪以来因明界的普遍流行的观点是把陈那因明看作演绎论证。吕澂、虞愚、陈大齐先生等许多老一辈因明家都持此说，并深刻地影响着今天的因明界。

三、虞愚“从特殊到特殊”的本意

另外，我认为该文节录虞愚先生的话并认为虞愚先生早就主张陈那三支为类比推理，这样节录是不全面的，理解是不符合原意的。虞愚先生几十年来多次引用吕澂的评语“至约至精”来评价陈那新因明，认为是一大革新。在虞愚先生 1930 年代出版的《因明学》一书中，绪论中的第五章标题就是《因明与演绎逻辑》。他说：

> 因明三支式与三段论法，同为三部所组成，惟其次序略有不同，……因明‘喻体’等于三段论法之大前提，而喻依则为其所独有，此其不同者也。①

1980 年代又多次论述三支作法为有“蕴涵”关系的演绎推理，他说：

> 因明与演绎推理虽同为三部所组成，惟其次序略有不同。演绎推理的三段论法，先示大前提，次示小前提，后示结论，而因明三支先示立论旨，相当结论；次示立论所依据之理由，相当小前提；后举比喻以证宗。其喻体略当大前提，喻依则为其所独有，并含有归纳之意味，此其不同也。……可谓顺思想进行之自然程序。②

又说：

> 中词的三个特征不仅说明命题本身的结构，并且说明命题与命题间的蕴涵关系。③

通观虞愚先生的全文，他是在论述三支作法从特殊的命题即论题开始，再用一般的原理来推导出这特殊的论题。这才是虞愚“从特殊到特殊”的本意。④ 虞

---

① 虞愚：《因明学》，北京：中华书局，1989 年影印版，第 26 页。

② 虞愚：《因明的基本规律》，引自《因明论文集》，兰州：甘肃人民出版社，1982 年版，第 113 页。

③ 同上，第 117 页。

④ 同上，第 94—95 页。

愚先生几十年来对一些逻辑术语的用法和今天的逻辑教科书上的术语是不相同的。就在同一篇文章里他把因明之喻(相当于大前提即理由)称为论证,这和现在逻辑上把它称为论据是不同的。因此我们不要误以为虞愚先生把三支作法当成结论或然的类比推理。

陈那新因明体系是演绎论证,还是演绎与归纳的结合,或者既不是演绎论证,也不是演绎与归纳的结合,而仅仅是类比推理(根据其结论是或然的而看作归纳推理的一种),这是因明与逻辑比较研究中带根本性的大问题。

根据以上的讨论,我们有充足的理由断定,陈那的三支作法非演绎论证,宗命题之真没有得到证明,在这个意义上我们认为三支作法仍是类比推理,属于归纳推理的一种。在三支作法之外没有什么归纳推理。不少论著都主张陈那三支作法是演绎与归纳的结合。归纳表现有两条,一是喻支里有例证,例证就是归纳的前提或素材,二是因三相规则中同品定有性和异品遍无性就是两个归纳推理。两个理由都站不住脚。举一个实例就得到一个全称命题,这不仅没有抬高因明学的作用,反而把它贬低了。三段论第一格的规则之一是"大前提必须全称",能不能说这一条规则本身就是一个归纳推理呢?当然不能,它只是对大前提提出要求,至于这个全称命题怎么来的,那是另外一个思维过程。同样的道理,不能说三支作法的规则"同品定有性"是不完全归纳,也不能说"异品遍无性"是完全归纳。因明作为论辩逻辑,双方都是根据现成的原理来论证论题的,并不存在每立一个比量都先来归纳一次的情形。事实上,无论古因明还是陈那新因明甚至法称的因明学说都没有对简单枚举归纳推理和完全归纳推理这两种思维形式做出过讨论。

第七节 喻体的语言形式与逻辑形式

汉译同、异喻体的语言形式有两种:一是"若……见……",二是"诸……是……"。

关于喻体的逻辑形式,有人认为是假言命题,批评玄奘翻译时随意改动为直言命题;有人认为是直言的全称肯定命题;有人认为可以是充分条件假言命题,也可以是直言的全称命题,因为二者可以转换;也有人认为喻体既不是充分条件假言命题,也不是直言命题,而是外设命题;我认为以上的不同观点有一个共同的特点,就是都把喻体看作全称命题,反映了毫无例外的普遍原理,都不符合陈那三支喻体的逻辑本质，都没有认识到陈那的喻体与喻依有不可分割的联系，没有认识到它实际上是除外命题。

一、《入论》《理门论》汉译用语比较

先来讨论喻体的语言形式。新因明的代表作是陈那的《理门论》，喻体的语言形式应以此论的梵文原本为依据。《理门论》梵本在汉地早佚①，世上仅存玄奘的汉译本可供研究。在汉译本中，共有两处完整陈述了喻支。

第一处是举出真能立中的喻支实例：

> 同法者，谓立声无常，勤勇无间所发性故，以诸勤勇无间所发皆见无常，犹如瓶等。异法者，谓诸有常住见非勤勇无间所发，如虚空等。

同、异喻体的语言形式为“诸……见……”，其命题形式似乎相当于“所有 M 是 P”，即传统逻辑中直言的全称肯定命题。

第二处是在解释似喻时陈述的：

> 同法喻言，诸无触对见彼皆常，如业，如极微，如瓶等。异法喻言，谓诸无常见有触对，如极微，如业，如虚空等。

此处的同、异喻体的语言形式、逻辑形式与前一处完全一样。

《入论》的梵、汉、藏文本均存。《入论》汉译本虽亦出自玄奘之手，但是喻体的语言表述，在讲真似能立时却有不同。在讲真能立时，《入论》的同、异喻体的语言形式为“若……，见……”。在讲似喻中的能立法不成和倒合的例子时，汉文本又用了“诸……见……”的语言形式。

为此，吕澂先生评论道：“这里说；‘诸所作者，皆是无常。’梵本、藏本都说：‘若是所作，见彼无常。’此论在前面能立那一部分里也是这样说的。看来，这是玄奘给改动了。玄奘为什么要做这样的改动呢？这是因为玄奘在翻译此论时，还不可能发现这两判断是不同的，所以在翻译时便随意作了改动。从形式逻辑观点看，‘诸所作者’是直言判断，‘若是所作’则是假言判断。这两个判断在性质上还是不完全相同的。‘诸所作者，皆是无常’主要表明某事物是某种性质；‘若是所作，见彼无常’主要表明事物的条件与结果之间的关系。”②

吕澂先生长于梵、汉、藏本的比较研究，他指出了在喻体的语言表示上汉译

---

① 虽然 20 世纪初在藏地发现《理门论》梵本，但是无由得见。

② 吕澂：《讲解》，第 47—48 页。

本与梵、藏本的差别，这对我们理解喻体的逻辑形式有无参考价值呢？

由于"若"是多义词。它既可表达假言，也可以是指示代词。陈那的梵本《理门论》不存，陈那原文的喻体语言形式究竟是"若……，见……"还是"诸……见……"？目前无从查考。这就产生一个问题，商羯罗主有没有改动老师的语言表达方式呢？①

玄奘是精通大小二论的。《入论》翻译在先，《理门论》的翻译在两年之后。假如说玄奘在翻译《入论》时，对喻体的语言表达，在用词选择上有"若"有"诸"还不一致的话，那么，在《理门论》译本中则归于一律了。因此，究竟是商羯罗主改动了陈那的语言表达方式，还是玄奘按照自己的理解，径直把《理门论》的用词改动了，这无法判别。退一步着想，就算玄奘改动了二位先师的用词，能不能说他改动了喻体的命题形式呢？这才是问题的实质。让我们精确研究一下喻体的组成。

二、外设命题与充分条件假言命题、全称直言命题的关系

有人把三支的逻辑形式表达如下：

宗　凡S是P

因　凡S是M

喻　如M，则P，如X1，X2…

喻　如非P，则非M。如X1、X2…②

这一符号表达式严格说是不够确切的。因为在宗支里面，P是能别法，是一个名词概念，在因支中，M表示因法，也是一个名词或概念。但是在喻中，"如M，则P"中的"M"、"P"算什么呢？若说喻体中的"M"、"P"是名词或概念，则与假言命题前后件应为命题不合；若说不是名词、概念，则又与宗支、因支中的M、P相龃龉。这一喻体表达式不可取，一是三支内部不一致，二是未能反映出喻体中前后两个命题的构成特点。再则，同、异喻依最好要用不同的字母来表示，才能显示它们二者间的差别。

我认为在不考虑喻依的情况下，同喻体的命题形式可从以下两种中择一：

---

① 根据汤铭钧博士的研究，此"若"原文应是举例说明，而非表示假言。本次修订仍保留初版原有论述。

② 霍韬晦：《佛家逻辑研究》，香港佛教法住学会版，第22页。

对于任何一个X来说，如果X是M，则X是P(1)

如果S是M，则S是P(2)

以“声是无常”宗，“所作性故”因为例，同喻体代入(1)、(2)后，分别为：

对于任何一个X来说，如果X是所作，则X是无常，如瓶等。(3)

如果声是所作，则声是无常，如瓶等。(4)

根据数理逻辑全称量词消去规则，从(1)可以推出(2)，从(3)可以推出(4)。《入论》原文“若是所作，见彼无常”的本来意义与(3)相符，(3)比(4)多了全称量词限定，它适合于一定论域中的一切对象，具有一般性。

(2)和(4)是传统逻辑中的充分条件假言命题。(1)和(3)是西方逻辑史上所谓外设命题。一个外设命题可以推出一个前、后件主项相同的充分条件假言命题。

需要注意的是，外设命题和前、后件主项相同的充分条件假言命题都只有三个名词。中国著名逻辑学家金岳霖先生指出：“仅有三名词的假言命题很容易变成表示名词关系的直言命题”。他举例说：“‘如果一个人是河北人，则他是中国人’，我们可以把它限制到狭义的表示，解作‘所有的河北人都是中国人’。这似乎毫无牵强的地方。”他还指出，“如果甲是乙，那么丙是丁”这样的具有四个名词的充分条件假言命题不容易变成表示名词的关系的直言命题。①

“如果一个人是河北人，则他是中国人”是一个外设命题，它是对任何一个人而言的，金先生认为它就等值于“所有的河北人都是中国人”。同样，我们可以认为，“若所作者，见彼无常”也等值于“诸所作者皆见无常”，尽管它们的语言形式有所不同。

以上几种观点都把喻体当成毫无例外的普遍命题看待，没有本质的不同，都不符合陈那新因明的体系。

① 金岳霖：《逻辑》，上海：商务印书馆，1937年版。

第七章 表诠和遮诠、全分和一分

第一节 表诠和遮诠的逻辑意义

一、遮诠不是否定命题

在许多因明著作中,主张表诠就是肯定命题,而遮诠就是否定命题。陈望道先生在《因明学》一书中说:“凡宗为否定命题的,即称为‘遮诠’的论法,如:

宗 草木不是有情识的,
因 不是动物故,
喻 如石瓦等。

就是遮诠。”①陈文显然是把上例当作正确的三支作法来举例的,笔者对此完全同意。但陈著把宗支和因支都看作否定命题,若果如此,则同喻依“石瓦”便不合因明通则。同喻依的条件是宗、因双同,它既是宗同品(具有宗的谓项“有情识的”这一属性),又是与因相同的(具有因概念“动物”这一属性),石瓦既非宗同品又不与因同。这个矛盾是怎样产生的呢?原因就在于陈著把宗支、因支误当作否定命题了。除了出现上面这个矛盾外,因支也不符合因的第一相——遍是宗法性(凡 S 是 M)。陈著的因支是“草木不是动物”,其形式是“凡 S 不是 M”。若将上述宗、因二支改写成如下等值式,则上述错误一概得以避免。请看:

宗 草木是没有情识的,
因 是非动物故,
喻 如石瓦等。

---

① 陈望道:《因明学》,上海:世界书局,1931 年版,第 43 页。

石、瓦既是宗同品(没有情识),又是因同品(非动物),省略的同喻体恢复起来便是:凡非动物是没有情识的。这个三支作法符合因三相规则,完全正确。

《因明学研究》认为,在因明推论中,存在不少这类例子,都是“糊涂话”。如云:

> 涅槃非实,(宗)
> 非所作故,(因)
> 如兔角等。(喻)①

这个例子与陈著所举之例在形式上完全相同,也是符合因规则的。只要将宗、因二支补上肯定命题联项“是”,读者自可明断。兔角既是非实的宗同品,也是非所作的因同品:

> 涅槃是非实,(宗)
> 是非所作故,(因)
> 如兔角等。(喻)

《因明学研究》批评说:“古来的因明家除了因三相外,似乎不大讲究别的推论规则,他们似乎从来也没有想过用遮因推出遮宗会有什么不当。”②此话不妥,把遮因、遮宗当成了否定命题。

二、表诠、遮诠属于概念范围

“遮诠”一词究竟作何解释,看来事关重大。在《理门论》中,“遮遣”一词出现多次,遮、遣二字同义,“遮遣”即遮。“遮诠”一词仅出现一次,是在论述喻支时用到的:

> 喻有二种:同法、异法。同法者,谓立声无常,勤勇无间所发性故,以诸勤勇无间所发皆见无常,犹如瓶等。异法者,谓诸有常住见非勤勇无间所发,如虚空等。前是遮诠,后唯止滥。

在商羯罗主的《入论》中,“遮”一词出现三次,“遮诠”却一次也未使用。“诠”是详细解释、阐明事理的意思。遮、诠二字连用,究竟是什么意思呢?陈那量论的特点之一是概念的构成有特殊的说法。概念是由“遮诠”的方法构成的。

---

① 沈剑英:《因明学研究》,北京:中国大百科全书出版社,1985年版,第132页。

② 同上。

神泰在《因明正理门论述记》（简称《述记》）中对“前是遮诠，后唯止滥”作了详细解释：

名言但诠共相不能诠表诸法自相，以自相离言说故。诠共相要遣遮余法方诠显此法。如言青遮非黄等方能显彼青之共相。若不遮黄等，唤青，黄即应来。故一切名言欲取其法，要遮余诠此，无有不遮而诠法也。然有名言但遮余法更无别诠，如言无青更不别显无青体也。①

这段话意思是，概念（名）分两类：一类如“青”等概念，近似逻辑上说的正概念。另一类如“无青”，相当于逻辑上说的负概念。“青”概念的构成或阐述方法，是通过“遮黄等”，即遮去黄、红、白等非青来表示此青。遮余诠此，意为否定一方来表示另一方。“无青”则不同，它所反映的对象不是青这种对象，“无青”除了显示没有青以外，遮而不诠，别无所显。可见，所谓“遮诠”，所谓“遮”，不是命题形式，而是属于概念的范围。《述记》紧接上文说：

今同喻云，诸是勤勇无间所发遮非勤勇无间所发，显勤勇无间所发。皆是无常遮是常住诠显无常生灭之法。故云前是其遮后是诠也。其异法喻云，诸常住者但遮无常，故云常住不欲更别诠常住，即非所作但欲遮其所作不别诠显非作法体。此意但是无常宗无之处皆无所作。但是止滥而已，不欲诠显法体，故言后为止滥也。②

这段话意思是，在同喻体“诸勤勇无间所发皆是无常”中，“勤勇无间所发”以及“无常”都和“青”一样，是概念，先遮而后诠；在异喻体“诸常住者见非勤勇无间所发”中（《述记》误将《理门论》“非勤勇无间所发”改为“非所作”，但不妨碍对异喻的解释），“非勤勇无间所发”和“常住”与“无青”一样，相当于逻辑的负概念，唯遮不诠。在文轨《庄严疏》中，也有一段与此完全相同的解释。③ “常住”概念虽然没有使用否定词，但是它在这里所起的作用仍相当于一个负概念，它只遮了无常，而未诠显自己是什么。同样，“非勤勇无间所发”也是一个负概念，唯遮不诠。

《因明学研究》一书引用窥基的一段话来说明遮诠是否定命题，笔者认为适得其反。窥基在《大疏》中说：

---

① 神泰：《述记》卷三，南京：支那内学院，1923年版，页十八左。
② 同上，页十八左至右。
③ 文轨：《庄严疏》卷一，页二十七右至二十八左。

立宗法略有二种。一者但遮非表，如言我无，但欲遮我，不别立无。喻亦遮而不取表。二者亦遮亦表，如说我常，非但遮无常，亦表有常体，喻即有遮表。①

与文轨《庄严疏》是一脉相承的，所谓表，即诠。整段话意为，宗法分为两种。这里的宗法指宗之法，宗支的谓项，总之是一个概念。谓项概念分为两种：一是但遮非表，即只遮不诠，如“我无”宗里的谓项概念“无”。“我”指永恒不变的实体，佛教不承认“我”的存在。“无”即是不存在的东西，它遮了“有”，本身没什么可阐明。若把“无”作否定词“不是”解，“我无”宗便不成话。二是“亦遮亦表”，即“遮诠”。如“我常”宗里的“常”。“常”既遮了“无常”，亦表有常体。宗法和喻的遮表情况必须相一致。可见，所谓遮和亦遮亦诠，都是指的谓项。“我无”和“我常”宗都省略了联结词“是”，实际上它们都是肯定命题。佛教哲学家熊十力在《因明大疏删注》中举例时就把“我无”直接表达成肯定命题“如佛家立神我是无宗”。《因明学研究》在说到“怀兔非月”宗时，有“能别‘非月’遮遣”一说。“非月”既然是“能别(谓项)”，就不能再说“怀兔非月”是否定命题。

综上所述，宗、因、同喻都是肯定命题。异喻的形式如何呢？《入论》说：

异法者，……谓若是常，见非所作，如虚空等。此中常言，表非无常，非所作言，表无所作。

这里两个“表”字，《前记》解云：“此是遮表，非诠表也。”②《入论》是在解释“常”和“非所作”，“常”显然是概念，“非所作”中的“非”不能破读，只能与“所作”联读成为负概念。《大疏》解释说：“如无常宗，是常为异，所作性因，非作为异。”③这就清楚地说明“非作”是“所作”的异品，“所作”与“非作”是一对矛盾概念。由此观之，异喻体也是肯定命题。

异喻体是肯定命题，还可从《理门论》和唐疏中找到证据。《理门论》说：“世间但显宗因异品同处有性，为异法喻。”原意是强调无合为过。根据丘檗的《因明正理门论斠疏》的解释，所谓“同处有性”意思是宗异品和因异品“合说”有④，即为异法喻，“合说有”就相当于肯定命题的联项“是”。此外，玄奘译经时的译场

① 窥基：《大疏》卷八，页三左。

② 转引自凤潭：《瑞源记》。

③ 窥基：《大疏》卷四，页十左。

④ 丘檗：《因明正理门论斠疏》卷四，页十一右。

人员神泰在《述记》中直接表述为肯定命题:“异法喻应云‘诸无常者法是一切’。”①因的第三相“异品遍无性”其命题形式是否定的:凡非 P 且非 S 不是 M。说异喻体是肯定命题是不是有悖于第三相呢?不会。有三条理由:(一)“凡非 P 且非 S 是非 M”与“凡非 P 且非 S 不是 M”在逻辑上是等值的,都符合第三相;(二)异喻体的主、谓项都用负概念,这有利于检验异喻依是否合适,恰当的异喻依必须双异,既与宗同品异又与因同品异;(三)异品遍无性相当于逻辑的元语言规则,而异法喻则是对象语言。两者本来就有不同,不必要求一致。

第二节　全分和一分的逻辑意义

一、全分不同于全称、一分不同于特称

因明有“全分”“一分”两个概念。有人说:“全分就是逻辑上的所谓全称,一分就是逻辑上的所谓特称。不过也是逻辑上的所谓全称特称,不限于断案,而因明上的所谓全分一分,主就宗而言的。”②

在《理门论》中,提到“一分”的共有四处。第一处是:

> 诸有说言宗因相违名宗违者,此非宗过,以于此中立声为常,一切皆是无常故者,是喻方便恶立异法。由合喻显非一切故。此因非有,以声摄在一切中故,或是所立一分义故。此义不成,名因过失。

按神泰《述记》的解释,若立“声常”宗,以“非一切”为因,则“非一切”不成为宗法。因为“声”是包括在“一切”中的,是“一切”中之一,故声不是“非一切”。如果补救一下,说声不是声之外的其他一切的话。则“非一切”之因与宗之有法声的外延就全同了。神泰说:“所立宗有二分,有法及法。”既然因与宗有法全同,根据因明通则,宗同品即能别除宗有法,于是,此因虽成宗法,却不通能别法“常”,同品定有性就无法满足。这种过失是由“宗义一分为因”造成的。可见,此所谓“一分”,指宗之二分(两个宗依)中的一分,并不是特称命题的量项。

---

① 神泰:《述记》卷一,页十三左。

② 陈望道:《因明学》,上海:世界书局,1931 年版,第 44 页。

第二处是：

若不尔者，依烟立火，依火立触，应成宗义一分为因。

按照《述记》的解释，“依烟立火”，“依火立触”也分别都是宗义一分为因。如有人说“声是无常宗，以是声故因”，“此以宗中有法为因故，故是宗义两分中以一分为因过”。同样，如立烟下有火宗，以有烟故为因，即为宗义一分为因；如立火有热触宗，以有火故为因，“是亦以有法宗义一分为因”①。可见，《理门论》这两处的“一分”都是说的“宗义一分为因”。

第三处是：

为要具二譬喻言词方成能立。……若有于此一分已成，随说一分亦成能立。

这里说的“一分”是指同喻、异喻二分中之一分，是讨论同、异二喻在表达上的省略问题，并非特称的量项。

第四处是：

故定三相唯为显因，由是道理，虽一切分皆能为因显了所立，然唯一分且说为因。

此处的“一分”指因三相中的一相，因支仅仅显示第一相，第二、三相是由二喻所显示。因明姑且把这一分说为因。可见，这里的“一分”也非特称量项。

总括以上四处，“一分”意指两份或多份中的一份，皆非作为特称量项使用的。

在《入论》当中，“一分”的含义又有不同。《入论》在列举因过时说：

不定有六：一共，二不共，三同品一分转、异品遍转，四异品一分转、同品遍转，五俱品一分转，六相违决定。

以“三同品一分转、异品遍转”一句为例作如下解释。“转”是有的意思，“一分”指九句因中说的“有非有”。“同品一分转”即有的同品有因，有的同品没有因。此谓“一分”相当于自然语言中的“有些”，它在这里表示命题的量项是没有疑问的。至于“异品遍转”中的“遍”，则相当于全称量项“所有”。因三相的“遍是宗法性”中的“遍”也等于全称量项“所有”。在《理门论》和《入论》的汉译本中，没有出现“全分”的术语，当《入论》作者以“遍”和“一分”相对时，“遍”也就

---

① 神泰：《述记》卷二，页四右。

是“全分”。

在《大疏》中,“全分”“一分”出现很多。例如在释所别不极成时说:

> 此有全分一分四句。全四句者:有自所别不成非他,如佛弟子对数论言“我是无常”,是“无常法”彼此许有;有法“神我”,自所不成。今此有法,不标汝执,故是宗过,有简便无。①

全四句中,一、二、三句是过,第四句不是过。以上面所引第一句为例略作解释。因明通则,组成宗的两个宗依必须立敌双方共许极成。在“我是无常”宗中,佛家不承认有灵魂,而数论却承认。此宗又未加简别语,因此佛家对数论立此宗便有自所别不极成之过。“我是无常”本身是个全称肯定命题。“全分”是指佛弟子对“我(灵魂)”这一概念全部不许其实有,是就佛弟子对这一概念的态度立说的,它与全称量项有所不同。有的因明家把这两件事混淆起来了。对照《大疏》释所别不极成中一分四句,就更为清楚:

> 一分四句者:有自一分所别不成非他,如佛弟子对数论言“我及色等皆性是空”,“色”等许有,“我”自无故。②

一分四句中,前一、二、三句是过,第四句不是过。以上面所引第一句为例解释如下。“我是空”“色是空”两个全称命题。为什么又说是“一分”呢?在“我”与“色”这两个主项中,“色”是佛弟子与数论都共许极成的,而佛弟子对“我”却不许其实有。可见,这里的“一分”是指“我”与“色”两份中的一份,而“我及色等皆性是空”却是由两个全称命题组成的联言命题。综合全分、一分两个四句可知,对一个全称命题的主项,既有“全分”的过失,也有“一分”的过失。

总之,全分不等于全称,一分也不等于特称。全分、一分不限于宗,也大量运用于因。

二、因明不设特称宗命题

因明三支作法中包含特称的宗命题的论式遍查无所得。前面说“一分”有时表示“有些”,是只就九句因中因的过失情况而言的,它并没有出现在论式当中。在因明典籍中,还未尝有关于命题的量项的专门论述。

因明虽不设特称的宗命题,但以相应的种概念为主项的全称形式来代替特

① 窥基:《大疏》卷五,页十左。

② 同上。

称形式。《庄严疏》卷一中说：

> 宗亦有二。一宽，谓立内外声是无常，此即唯以所作为因。二狭，谓立内声无常，即是勤勇所发为因。①

“内外声是无常”相当于“所有声都是无常”，因明论式习惯上省略量词而表达为“声是无常”。“内声无常”是“所有内声无常”的省略表达。

因明不设特称命题，而以全称命题代替。笔者认为，这是由因明的特点决定的。因明是论辩逻辑。立、敌双方对所使用的概念必须是共许极成。如果使用双方不共许的概念，就须先加简别，否则所立之宗便有过失。再则，由宗依组成的宗体又不能共许，否则便无须辩论。佛家立“内外声是无常宗，所作为因”是用来针对声论派中声生论的，因为他们主张内外声皆常住。佛家立“内声无常宗，勤勇无间所发性故因”是针对声论派中的声显论的，因为它们主张内声常住。倘若佛家不以“内声无常”来与“内声常住”相对，而改用“有的声是无常”，这“有的声”便不明确，究竟是指内声呢还是指外声？因此，当因明所论述的不是某类对象的全体时，就直接用它的种概念来作主项。从形式上说，是全称命题。

最后，我们来讨论一下同、异喻体的形式结构。吕澂认为：“形式逻辑三段论式里有中词，它出现在两个前提里，必须一度周延，这才能使论证无误。因明不用这样的规则，而用两个比喻（同喻和异喻），这也能保证论证无误。如同喻说：‘若所作，见彼无常。’这不是全称判断，而是假言判断，那么是不是说‘所作’还有常呢？异喻解决了这个问题。异喻：‘若是其常，见非所作。’这两个判断就可证明‘凡所作，皆无常。’”②

在玄奘的汉译本《理门论》中，同、异喻体的语言形式是“诸……皆见……”：

> 诸勤勇无间所发皆见无常，诸有常住见非勤勇无间所发。

玄奘的汉译本《入论》中，同、异喻体的语言形式是“若……，见……”：

> 谓若所作，见彼无常。谓若是常，见非所作。

奘译至少向我们显示出，这两种不同的表述，实质是一致的。从逻辑上看，也正是如此。前一章我们已经说明，前后件主项相同的充分条件假言命题可以改写成相应的全称肯定命题，也就是说它们是等值的。

同、异喻体是不是全称命题，不在于两种语言表达有差异，而取决于怎样看

---

① 文轨：《庄严疏》卷一，页十九右至二十左。

② 吕澂：《讲解》，第 17 页。

待喻依。

许多论著认为，三支作法不同于三段论的最显著特征是喻支上有喻依即例证，而三段论大前提没有例证。看到显著的差别并不等于看到问题的实质。三段论前提不需要例证，一切演绎推理其前提与结论间的必然联系不需要用例证来保证。在一个演绎论证中，举例仅仅起到形象，具体的说明作用，增强说服力，而不具有证明的力量。三支作法则不同，喻依，特别是同喻依绝不是可有可无的成分。许多论著在判定同、异喻体为全称命题时都对喻依忽略不计，这是错误的。在真假二值逻辑中，来不得半点马虎。

没有同喻依，或者举出的同、异喻依不正确，喻支便有过失，三支作法便不正确。陈那又规定同、异品必须除宗有法，因此，同、异喻依也必须除宗有法。既然喻依除宗有法，同、异喻体便不是全称命题，而是除外命题。

第八章 共比量、自比量、他比量

第一节 三种比量的建立

一、玄奘师徒对三种比量理论的整理发展之功

因明作为佛家认识论的逻辑，同时又作为各宗各派共同遵守的论辩逻辑，在悟他门中，依立、敌双方对所使用概念或判断是否共许，其论式可以分成三种比量：自比量、他比量和共比量。

三种比量的判别标准和各自功用如何，这是因明理论中十分重要而又较为复杂的问题。以玄奘在印度无遮大会上提出的"唯识比量"为例，它究竟是共比量还是自比量，究竟是"万世立量之正轨"，还是"一时之用"的权宜之计，奘门弟子就评价不一，褒贬有异。究其根源，还是在于对三种比量的判别标准有不同理解。

如果说，陈那的新因明对因三相和九句因以及各种过失的研究较为系统的话，那么可以说在陈那、商羯罗主的《理门论》和《入论》中关于自、他、共三种比量的理论则还没有加以讨论。

在因明学的经典著作陈那的《理门论》和商羯罗主的《入论》中，对真、似能立和真、似能破的讨论，限于共比量的范围，而没有涉及自、他比量，根本就没有谈及简别的问题。当然，简别的方法已经有了实际的运用。"宾法师云，今详三藏此量头放掌珍，身象唯识"①之说。这是说在大乘佛教中观学派论师清辨的《掌珍论》中就已经使用了简别的方法。不过简别的方法在因明家手中还是一种

---

① 转引自善珠：《因明论疏明灯抄》（以下简称《明灯抄》），《大藏经》（大正原版）第68册，台北：新文丰出版公司，卷第三末，页三一九上。

生疏的理论。玄奘在印求学期间,他的老师胜军经过四十多年深思熟虑而立的一个比量却有过失,玄奘运用简别的方法,将其师的共比量改为自比量,从而避免了犯过。

玄奘师弟对三种比量及简别的理论是有整理发展之功的。玄奘在印学成将还之际,对三种比量及简别方法已经运用自如,以致全印度无遮大会上所立"唯识比量",以无一人敢诘问而告终。玄奘没有留下因明论著。三种比量及其简别的理论在唐疏中有了初步的总结概括。在奘门弟子窥基的《因明大疏》中论述最详。

二、三种比量理论有待完善

三种比量的理论在唐疏中尽管有了初步的总结,但是奘门弟子对三种比量的标准及对实例的解释仍多有分歧。窥基《大疏》作为一本尚待刊定的未成之作,不免存在着前后龃龉、理论概括与实例分析不相一致的情况。同时也要看到,大乘瑜伽行佛教论师从自宗立场出发,自觉不自觉地把自宗学说标榜为共比量而强加于人的做法,也时有所见,这是不能迁就的。

总之,三种比量及其简别方法,在理论上是一个有待耙梳整理的园地。套用基疏的一句话来说,叫做"虽纲纪已列,而幽致未分,故使宾主对扬,犹疑立破之则"。我们今天整理三种比量及其简别的理论,既不能抛开因明典籍,无所依凭而自创新论,也不能做思想懒汉,以为古人有成熟的果子,只待我们伸手去摘取。

第二节　什么是共比量

一、对共比量的不同理解

在因明论、疏之中,没有关于三种比量的现成定义。按照因明疏记中的解释,所谓共比量是这样的一种比量,立、敌双方对所使用的概念(宗依、因法、喻依)和判断(因支和喻体)共许极成的三支论式。例如,胜论派对声生论者所立之量:

宗　声是无常,

因　所作性故，

喻　譬如瓶等。

这是共比量的典型实例。除了宗体"声是无常"是立、敌争论的标的外，所使用的概念和因支、喻体都是得到双方承认的。

有的因明著作笼统地说共比量是以立、敌两方共许的事项来组织论式的论法。① 有的因明著作和逻辑学辞典则只提到概念必须立、敌共许极成②，而忽略了判断的共许极成，这是不全面的。在论述共许极成的对象范围之前，先来解释什么叫共许极成。

二、什么是极成

共许极成，又简称为极成。极成是因明学的特有术语。窥基的《大疏》解释说："极者，至也，成者，就也，至极成就，故名极成。"③这是字义上的解释，极成指至极的成就。《大疏》接着又解释说这至极的成就是"至理有故，法本真故"④。这种"至理"是本真的，即所反映的对象是有的，是实际存在的事物。既然是至极的成就，是实际中有的，就不是立、敌某一方单独承认的，而必须是双方共同承认的。所以极成包括两方面的意思：一是涉及客观的情形——至极的成就；二是涉及主观的态度——双方承认即共许。因明家特别强调共许，因为因明是论辩逻辑，立正破邪的目的是悟他，只要双方共许了，那么也就极成了。即使双方共许而事实上不真，也是极成的。正由于此，《大疏》便直截了当地说："共许名为至极成就。"⑤

三、极成的对象

解释了什么是极成，再来回答一个共比量内部有哪些对象必须共许极成。

---

① 陈望道：《因明学》，上海：世界书局，1931年版，第40—41页；石村：《因明述要》，北京：中华书局，1981年版，第32页。

② 沈剑英：《因明学研究》，北京：中国大百科全书出版社，1985年版，第142页；《逻辑学辞典》，长春：吉林人民出版社，1983年版，第32页。

③ 窥基：《大疏》卷二，页二右。

④ 同上。

⑤ 同上。

《入论》说：

此中宗者，谓极成有法，极成能别。

《理门论》说：

此中宗法，唯取立论及敌论者决定同许，于同品中有非有等亦复如是。

《大疏》在引用《理门论》上面那句话后，紧接着说："故知因喻必须极成，但此论略。"①"此论"指《入论》。

《大疏》又说："因喻二种，如共比量，必先共许，方成能立。"②综上所述，极成的范围包括宗依、因法、因支和同、异喻体以及同喻依。由于异法喻依，功在止滥，不像同喻依那样必须与宗因相符，在共比量中，异法喻依依自依他均可。

宗依和因法这些概念极成了，并不等于由这些概念组成的判断极成了。例如，假设有人立"声常宗，眼所见故因"。"声""常""眼所见"这些概念都是共许极成的，但因支"声是眼所见的"以及同喻体"凡眼所见的都是常的"则不共许极成。

概念的极成是判断极成的基础。概念若不成，判断也不可能极成。例如，假设胜论派对声论派的声显论立"声无常，所作性故"，宗、因二支中的概念都是双方共许的，但由于声显论不许所作性因于声上有，因此"所作性故"因支不是双方共许的。于是，陈那针对声显论，在九句因中第八句因用双方共许的"勤勇无间所发性故"以证"内声无常"宗。可见，共比量中，只要求概念共许，而不要求判断（因支和同、异喻体）共许，是片面的。

为什么宗依必须极成呢？宗体是立、敌对诤的对象，而宗依不是对诤的对象。宗依是组织宗体的材料，即主、谓项。如果对于宗依立、敌双方都不认可，那么所组成的宗体就没有讨论的必要。如果一方认可，另一方不认可，这就需要组织一个论式，先行解决宗依究竟认可不认可的问题。这样，就转移了论证的对象，违背了立宗者的原意。因此，在共比量中，不能使用对立、敌双方任何一方有疑问的材料作为宗的主、谓项，即宗依必须共许。

为什么因、喻必须极成呢？《大疏》说："能立共许，不须更成，可成所立。既非共许，应更须成，故非能立。"③因、喻是能立，即证宗的理由、根据，立者必须用双方已经认可的道理来证宗，才能使所立即宗得以成立。如果双方还不认可证

---

① 窥基：《大疏》卷二，页九右。

② 同上，页十三右。

③ 窥基：《大疏》卷六，页二右。

宗的根据，势必要先行组织一个论式讨论该理由为什么成立，然后才能拿来使用，就转移了论题。

第三节　自、他比量及其简别

一、纯粹的自比量和他比量

《大疏》说："凡因明法，若自比量，宗因喻中皆须依自，他共亦尔。"①这是说自、他、共三种比量的三支组成都很纯粹。自比量宗、因、喻三支都必须依自，不得有他、共。他比量宗、因、喻三支都必须依他，也不得混有自、共。《大疏》的概括是不全面的。我们先举例说明自、他比量的纯粹形式，然后回答《大疏》的概括为什么是片面的。

纯粹自比量的实例，如胜论派对小乘经部立量云：

宗　我许虚空实有，
因　自许德所依故，
喻　许如同异性。

宗的主项"虚空"为胜论自许而为经部不许，尽管谓项"实有"双方共许，但整个宗支仍为自比量。因、喻也是自许而敌不许。

纯粹的他比量，如佛家破数论云：

宗　汝我无常，
因　许谛摄故，
喻　如许大等。

佛家不许有"我"，就用数论认可的理由来证成"我无常"宗，与数论所立之宗"我常"相对立。此三支均为他比量。

使用自、他比量除非在上下文或在具体辩论的场合有所说明，都必须对不共许的概念或判断加上简别词，以表示自比量或他比量，从而避免被目为共比量而有种种过失发生。

---

①　窥基：《大疏》卷五，页四右。

关于自、他比量的简别，《大疏》说："若自比量，以许言简，显自许之，……若他比量，汝执言简……。"①

自比量的简别词是"自许"，在实例中，也有用"我""我立此意""如我所言"等。他比量的简别词是"汝执"，在实例中也有用"汝""执""所言"等。

二、混合的自、他比量

除了上述纯粹的自、他比量外，在唐疏中，还常常出现宗、因、喻三支中有自有共的自比量和有他有共的他比量。这类由自共、他共混合出现的三支论式可称为共中自、共中他。

文轨的《庄严疏》说："内道破外道云，我非常住宗，以动作故因，如灯焰等喻，然动作因内道不许于我上有，我又是无，……今动作因是他比量，故无所依不成过也。"②

上例中，佛家不承认"我"，故宗为他比量，佛家又不许"动作"因于"我"上有，故因也为他比量，只有喻是共比量。整个论式是他比量，由于对"动作"因说明了是他比量，即作了简别，故无过失。

《大疏》在解释《入论》关于因的随一不成过时，根据自与他、有体与无体、全分与一分的不同，分成八种情况详加分析。这里只引前四例。

如胜论师对声显论，立"声无常"宗，"所作性"因。因法所作性，立、敌共许，是有体，但声显论不许所作性因于声上有，故此因是有体他随一不成。

如声显论对佛弟子，立"声为常，所作性故"。所作因是有体自随一不成。

如胜论师对诸声论，立"声无常，德句摄故"，声论不许有德句故。德句因诸声论不许，是无体因，不允许在声上有，故此因为无体他随一不成。

如声论师对胜论立"声常，德句摄故"。此德句摄因声论自不许，故此因无体自随一不成。

《大疏》接着说："此中诸他随一全句，自比量中说自许言，诸自随一全句，他比量中说他许言，一切无过，有简别故。若诸全句，无有简别，及一分句，一切为过。"③在《大疏》所举随一不成全部八例中，宗或是"声无常"，或是"声为常"，都是共比量，而因或有自随一不成，或有他随一不成，若加简别语自许、他许，则成

---

① 窥基：《大疏》卷五，页二右。

② 文轨：《庄严疏》卷二，页二十一左。

③ 窥基：《大疏》卷六，页三左至页三右。

自比量或他比量。这样，宗共、因自、整个论式为自比量；宗共、因他，整个论式为他比量。

在《大疏》中，也有宗共、因共、喻自的论式，《大疏》说只要喻支加了自许，则整个论式为自比量。例如声生论对佛弟子立“声是其常，所闻性故，如自许声性”①。在唐疏中，共中自和共中他的自、他比量实例，不胜枚举。可见，《大疏》关于“凡因明法，若自比量，宗因喻中皆须依自，他共亦尔”的概括是片面的。

日僧善珠也因循了《大疏》的片面概括，认为：“若自比量等者，今疏主意，自比三支，各置自许，他比三支，皆置汝执，共比三支，置极成言。”②这就只承认纯粹的自、他比量，而不承认共自、共他混合而成的自、他比量。

三支中有一支、二支或三支为自、他比量，则整个论式必定是自、他比量，这应当成为判定自、他比量的唯一标准。玄奘的“唯识比量”中的因支有自许简别语，整个论式应为自比量。《大疏》以及《明灯抄》等认为虽置自许，仍为共比量，这是站在大乘教人立场上曲为之解，也反映了《大疏》等关于自、他、共三种比量理论以及实例分析两方面的混乱。

三、三种比量的胜义简别

关于简别，我们最后来谈谈胜义问题。

《大疏》在讲完自、他比量的简别之后，紧接着说：“若共比量等，以胜义言简，无违世间、自教等失。”③

请读者注意，《大疏》说的是“共比量等”，这一“等”字，就把自、他比量也都算进去了。所谓“胜义”，是指高深的道理。用高深的道理来谈问题，就不会有“世间相违”和“自教相违”等过失。“胜义”有时又用“真故”“真性”等来表示。《大疏》明确规定“胜义”是用来简别“世间相违”“自教相违”的过失的。“世间相违”“自教相违”是无论立敌哪一方都不应该犯的过失，也不论用自、他、共哪一种比量立论，都应加以避免。用“胜义”来简世间、自教，这不是共比量的特权，应公平地归之于三种比量。此外，有的因明著作批评因明设立“世间相违”“自教相违”等过失，是阻碍理论发展的保守思想。对此，熊十力批评说：“今人每谓佛家因明，说世间相违、自教相违诸过，为束缚思想之道。此妄谈也。因明所标宗因

---

① 窥基：《大疏》卷五，页四右至页五左。

② 善珠：《明灯抄》，见《大藏经》第68册，卷第三末，页三二一下。

③ 窥基：《大疏》卷五，页二右。

诸过,本斟酌乎立敌对辩之情而立,用是为辩论之则,非所以立思想之防。文义甚明,可复按也。”①因明对三种比量设“胜义”言简,正说明因明设“世间相违”等过,是辩论之则,非立思想之防。因为违了世间常识,在论辩中就明显处于下风,难以奏效。违了自教,则陷于自相矛盾,难于取得辩论的胜利。因此,熊十力的见解是很恰当的。

第四节　三种比量的立破功能

一、共比量立正兼具破邪

《入论》说真似能立、真似能破,以共比量为准。因明立破最重共比量。这是因为共比量的宗依、因支和同、异喻皆共许极成,是标准的能立。共比量之能立又兼具能破。因明关于能破有两种方式:一是显过破,二是立量破。显过破是指不组织论式的能破,直接指出敌论宗、因、喻诸种过失。立量破是组织论式的能破。共比量的立量破其实就是共比量的能立。它们一而二、二而一。胜论派对声生论,立“声无常宗,所作性故因,如瓶等喻”,就既破敌之“声常”宗,又论证了自宗“声无常”。

《大疏》说:“求因明者,为破邪论,安正立道。”②共比量兼具立正破邪二义,悟他功能最胜。

二、自比量只限于立正,他比量只限于破邪

自、他比量与立破关系如何呢?

《大疏》有一整段论述:

> 有是能立而非能破,如真能立建立自宗;有释无此,能立自宗,即能破敌,必对彼故。有是能破而非能立,如显过破;有释无此,但破他宗,自便立故。有是能立亦是能破,如真立破他所不成;有释无此,立谓能申自,破谓就他宗。③

---

① 熊十力:《因明大疏删注》,上海:商务印书馆,1926年版,页四十七右。

② 窥基:《大疏》卷一,页二左。

③ 同上,页十七左。

今人不乏误解。有的认为“疏于自他立破，两存异说，未予判决。故既谓自他比各兼立破，又谓自比唯立，他比唯破。二说既异，应判是非。”①

有的说《大疏》在这里是“把几种不同的意见胪列了出来”，“因明家的意见如此相背”②。

其实，《大疏》在这段话里把立破的各种关系辨析得非常明确，绝不是胪列异说而无所适从。

智周的《前记》对第一句“有是能立而非能破，如真能立建立自宗；有释无此，能立自宗，即能破敌，必对彼故”解释说：“有释无此者，此疏主断，即执者唯是能立而非能破，故言无此。”智周还举例说明。如果认为凡是能立者都只是能立而不是能破，这是一种偏执。从“有释无此”起是基疏的评论，窥基指出上述执见的片面性。其理由是能立建立自宗是对敌而言的，宗言必定是立敌不共许。自宗既为真能立，就有破敌之用，同时也就是真能破。在评论中窥基隐含了能立必须是共比量这一条件。

日僧善珠对《大疏》的这段话作了更详细的诠释：“此八义中，体或同异，应以前对后。问答判简，研核是非，方知宽狭。”③意思是《大疏》讲了八种情况（本文只引了有关自他比量的前三种）。每一种情况都作问答料简，即分号后面的话是对分号前面话的料简，也就是限定。每个分号前后的两句话并不矛盾。

善珠继续解释说：“若言能立皆非能破，即违能立是能破者。若说能立即是能破，复违能立非能破者。今显能立立自破他，能破破他及以自立，皆不定故。故置有释，简定执也。”④

这段话的意思是说既有是能立而非能破的，也有是能立兼能破的，若说凡能立皆非能破就与亦立亦破的情况相矛盾。如果说凡能立都是能破又与是能立而非能破的情况不合。设置“有释”，就是为了料简凡能立都立自破他，凡能破都是破他兼立自的“定执”错误。

前面说过，共比量具有立正破邪二种功能，悟他最胜。《大疏》上面这段话中，第三个分号的前一句“有是能立亦是能破，如真立破他所不成”，是说的共比量，真能立兼真能破。分号后的“有释无此，立谓能申自，破谓就他宗”解释了自他比量的立、破功能。“立谓能申自”，意为自比量能申自，“破谓就他宗”意为他

---

① 陈大齐：《蠡测》，第253页。

② 沈剑英：《因明学研究》，第155页。

③ 善珠：《明灯抄》，卷第一末，页二三一上。

④ 同上。

比能破，因为自所不成，唯“就他宗”，只能破敌而不能申自。这就明确规定了自、他比量的立、破功能。自、他比量的功能对照起来说，自比量只立不破，他比量只破不立。

《大疏》在另一处也表达了同样的思想。“又因明法有自比量及他比量能立能破。”①

为什么自比量只限于能立，他比量只限于能破呢？

在自比量三支中，或概念或判断必定有依自的成分，既然敌方所不许，就只能立自，起不到破他的作用。例如，数论立“我我是常”，有法神我，敌论不立，今敌不许有我，必不立“我无常”宗，他宗既无，安所得破？因此，立“我我”宗，前一个“我”是简执，但申自宗。

善珠的《明灯抄》也说：“宗等三支，皆为悟他未了义故者，依他共量不约自量。”②这是说他比、共比可以悟他，自比无此功效。

在他比量三支中，宗因喻中必有依他的成分，自既不成，应非能立。他比量只能破他、不能立己正义，这应是很显然的。

最后还应指出，在《大疏》中的确有一些与上述观点相龃龉的间接论述，“自共比中，……自共有过，非真能立，何名破他。他比量中，……立他违他及共有过，既非能破，何成能立。”③准疏此说，自比能立，似乎亦是能破，他比能破，似乎亦复能立。这一见解于理不合，可以删除。

在三种比量中，共比量破他功能最强，他比量次之，自比量无此功能；立自功能亦以共比量最强，而自比量次之，他比量则无此功能。

关于三种比量之间的应对，《大疏》有言曰：“立依自他共，敌对亦须然，名善因明无疏谬矣。”④这是说，敌方立的是共比量，己方也应以共比量破之；敌方立的是自比量，在己方看来是他比量，己方应以他比量破之；敌方立的他比量，在己方看来是自比量，己方应以自比量破之。一一对应，不可错乱。这样才能达到破敌之目的。若敌方为共比量，己方应以自比量，则无破敌功能。因为倘若可以用自比量来破共比量，则一切量都会有相违量。

---

① 窥基：《大疏》卷二，页九左。

② 善珠：《明灯抄》，卷第三末，页三一五上。

③ 窥基：《大疏》卷六，页二十七右。

④ 窥基：《大疏》卷五，页四右。

第九章　玄奘的唯识比量

唐代高僧玄奘在印度提出"唯识比量"是佛学和因明发展史上举世瞩目的重大事件。玄奘因此而获"大乘天"和"解脱天"之号，声名大振于全印度。

对于"唯识比量"，历史上就连大乘教人内部也异说纷呈，评价不一。许多唯识理论家把它当作颠扑不破的比量，因而又称为"真唯识量"。日僧善珠甚至盛赞其为"万世立量之正轨"，但是唐代定宾律师却认为不过是权宜之计，"今详三藏一时之用，将以对敌，未必即堪久后流行"①。在我们今天看来，这个比量该作如何评价呢？今之学者，分歧之大，水火相见。有的完全照引窥基的解释，认为这是一个组织得很严密的共比量，它很好地运用了因明格式和规则。② 也有的认为"唯识比量"是疏谬不堪的"似能立"，它以自比量冒充共比量，在宗、因、喻三支上普遍犯过，是一个诡辩。③ 惜乎各自有解难圆，不能贯通。笔者愚见，要对"真唯识量"做出恰如其分的评价，必须弄清两个相互关联的问题，那就是确定这个比量究竟是共比量，还是自比量？究竟是能立，还是能破，抑或既是能立又是能破？简而言之，必须确定其性质。在这个基础上，才能确定其功用。本文广集古今贤哲之说，专从因明角度试为之析。

第一节　唯识比量的理论背景

一、唯识比量的由来

"唯识比量"是与小乘教人辩论中提出来的，是对小乘的挑战而作出的答复。

---

① 转引自凤潭：《瑞源记》卷四，页十四左。

② 参见吕澂：《讲解·附录一》。

③ 沈剑英：《因明学研究》，第 171 页。

这个理论背景很重要,我们先来简述一下。

玄奘提出"唯识比量"之前,在印度学成将还,他已经是一位享有盛名的高僧。当时南印度有个叫智护的老婆罗门,他很看不起大乘所主张的心外无境的唯识学说,著《破大乘论》七百颂,宣传小乘正量部心外有境、心境各别的观点,受到小乘各部特别是正量部的欣赏。智护要求与大乘人对决。人家下了战书,当时,玄奘所在印度著名高等学府那烂陀寺的高僧们却不敢应对。玄奘以中国僧人的身份挺身应战,他针对《破大乘论》写成《制恶见论》一千六百颂。此论大长了大乘学者的志气。后来戒日王看过此论,说:"日光既出,则萤烛夺明,天雷振音,而槌凿绝响。"①他遍示众人,无人敢驳。有个上座部的学者叫天军的,学该众哲、解冠群英,经常诽谤大乘学说,这次却闻风而逃。为了开导尚守愚迷的小乘、外道,取信当世,戒日王为玄奘召开无遮(无条件限制)大会。

玄奘弟子窥基介绍说:

> 问:且如大师周游西域,学满将还。时戒日王王五印度,为设十八日无遮大会,令大师立义,遍诸天竺,简选贤良,皆集会所,遣外道小乘,竞申论诘。大师立量,时人无敢对扬者。大师立唯识比量云:"真故极成色,不离于眼识,宗。自许初三摄,眼所不摄故,因。犹如眼识,喻。何故不犯世间相违?"②

以上是"唯识比量"的由来。按吕澂先生的说法,拿到大会上去的是《制恶见论》,但此论以"唯识比量"为纲,所以窥基说拿到会上去的是"唯识比量",两事并不矛盾。

二、唯识学是认识论不是本体论

从上述背景来看,先有小乘对大乘唯识理论的批判,后有玄奘对小乘"恶见"的答复。玄奘的"唯识比量"一方面坚持前人的唯识理论,另一方面又作了修改。定宾律师将"唯识比量"和本宗旧说作了比较。他说"此量头放掌珍,身象唯识",意思是说玄奘比量打头的简别语"真故"是效法清辨的《掌珍论》,"极成色"等宗、因、喻又像护法解释唯识理论所立的量。护法有四个比量,其中第三个比量是:

① 《大慈恩寺三藏法师传》卷五,北京:中华书局,2000年版,第106页。

② 窥基:《大疏》卷五,页二左至右。

宗　此亲所缘,定非离此。

因　二随一故,

喻　如彼能缘。

要理解这个比量的意思,先得搞清楚陈那在认识论问题上创立的“三分”学说。

陈那的三分学说是对无著、世亲二分说的发展。现今学术界对唯识论有不同看法。有的把它当作本体论来看待,列入唯心的范畴而加以批判。有的则认为唯识学是认识论,用本体论对待它则是一个极大的错误。“无著世亲不是不讲到本体论,其所讲的本体论,基本上同于龙树学说。其所建立的唯识学,则是在龙树本体论的基础上建立的认识论。因为是认识论,所以唯识的识,首先要肯定有二分:见分、相分。能见的是见分,所见的是相分。没有能见的见,不能见所见的相。没有所见的相,也不能有能见的见。见相二分,相互依待而存在,不能独立而有。见相二分合而为识。若以为识是识,境是境,识以识境,或者说:从识现境,识实境虚。这都是本体论的说法,不符合无著、世亲说法的旨趣。无著、世亲亦说唯识无外境,这是他从认识论看境,一切境皆在识内。识外有境无境,则既不在识内,即非所知,非此所讨论。”①讨论唯识学说之重任,非本书所堪重任,本书仅限于讨论因明三支的论式。

按照陈那的三分说,“相分”就是心的属于被认识的形相的部分;与相分相对待的心的能够认识的部分,叫做“见分”,它是认识者的心中属于具有认识能力的部分(见分)和心中属于被认识的形相的部分(相分)都要依据心自己的“自证分”(也就是心的具有认识作用的第三部分)。这一部分(自证分)是相分和见分共同所依的。② 吕澂先生对护法的上述比量做了如下解释。“亲所缘”即是相分。“定非离此”的“此”是代词,代“识”。在这个比量里,宗的意思是:相分定非离识。理由是:二随一。“二”即见分和相分。“二随一”是说见分和相分都被识所包括。喻(同喻)里的“能缘”即是见分。见分也定非离识,所以可以作相分的同品。③ 定宾认为,玄奘的“唯识比量”宗、因、喻三支在护法的量中都有了。他指出:

今云极成象第一头也,简他方佛色等也(指护法的第一量用了简别语

---

① 单培根:《唯识学是认识论》,载香港《内明》杂志,1990 年 7 月第 220 期。

② 参见任继愈:《汉唐佛教思想论集》,北京:人民出版社,1973 年版,第 217 页。

③ 吕澂:《讲解·附录一》,第 70 页。

“极成”)；所言色者象第三量此亲所缘色；不离于眼识者象定非离此也；自许初三摄，眼所不摄故者，象二随一故也；同喻云如眼识者，象如彼能缘也；无共异品，大乘都无离识法，故无异喻也。①

为什么说玄奘的比量为护法的第三量所包括呢？因为护法立的是总量，是总论识外无境，而玄奘的比量不过是缩小范围单论眼识之外无色境。倘眼识之外无色境能成立，则声境不离耳识亦能成立，依此类推。可见，没有新的理由。

应当注意的是，玄奘的比量也不是原封不动地照搬旧说，而是在因明的格式上作了修改。护法的量是共比量，但由于遭到小乘正量部的批判，小乘正量部根本不承认相分说，大乘对小乘立量若不加以简别，就要犯所依不成因过。玄奘看到这点，所以特别在因支上加了简别词“自许”。这一加，避免了过失。但是共比量也一变而成自比量。这一点“新罗”(朝鲜)僧太贤在《古迹记》中就曾指出过：

然彼三藏立唯识意，通对小乘及外道，宗避外不立十八界者一分随一不成过故。因言自许初三摄也，因既自，故自比量摄，故他不得以不极成佛有漏色而作不定。②

当然，玄奘门下许多弟子如文轨、窥基对这种观点都不以为然，我们在后文再作详细讨论。

三、玄奘改胜军共比量为自比量

其实，玄奘把自宗共比量降格为自比量也非始于此，他曾修改过他老师胜军的一则比量。窥基《大疏》作了介绍。胜军的比量：

诸大乘经皆佛说宗，
两俱极成非诸佛语所不摄故因，
如增一等阿笈摩喻。③

“增一”，四阿含经中的第一部。“阿笈摩”即阿含。据说这是胜军四十多年深思熟虑的产物，“时久流行，无敢征诘”。这个比量是说，大乘的经典都是

① 转引自凤潭：《瑞源记》卷四，页二十一右。
② 同上。
③ 窥基：《大疏》卷六，页三右至页四左。

佛说，因为它也是由佛语所统摄，如同小乘的增一等阿含经为佛语所统摄一样。由于小乘根本不承认大乘经为佛语所摄，胜军在因支上加“两俱极成”共比简别语，这是一厢情愿，强加于人，犯他随一不成过。对这样一个有过失的比量居然长久没人敢破，看来当时对三种比量的简别方法还不是人人熟悉、个个会用的。玄奘游学印度从师胜军后，发现这个比量的致命伤，将“两俱极成”改为“自许极成”：

诸大乘经皆佛说，
自许极成非佛语所不摄故，
如增一等阿笈摩。

显然，这是不得已而求其次，把共比量改成了自比量。按照因明通则，共比量的三支，除了宗体（论题）要违他顺己外，宗依（宗的主、谓项）、因概念、同喻依以及因支、喻体都必须共许极成，即立、敌双方都要认可。不仅言陈要共许，意许也要共许。否则就会有不极成的种种过失。为避免过失，就要加简别语，一加“自许”或“汝执”就不复为共比量而为自比量或他比量了。一个没有过失的共比量，既是真能立，又是真能破，攻守兼备，功用最大。他比量限于破他，不申自宗。自比量只申自宗，限于救自，无力破他。

玄奘的“唯识比量”虽然是为答复小乘教人而提出来的，但是由于它是自比量，所以起不到破他的作用，只能救自。玄奘打的不过是防御战。

第二节　唯识比量的简别

一、对唯识比量各支的分析

前面我们从理论背景上初步探讨了奘量的自比性质。下文对该量三支作具体分析。

宗　真故极成色，不离于眼识，
因　自许初三摄，眼所不摄故，
喻　犹如眼识。

这是一个标准的省略式。如果把它的同喻体恢复起来应为“‘自许初三摄,眼所不摄'不离于眼识"。我们将简别问题暂置不论,先来分析三支的骨干成分。

宗体是"色不离于眼识"。"色"是宗之有法,"不离于眼识"是宗之法。如果色不离于眼识能成立,那么同理,声不离于耳识以及香不离鼻识等也都能成立,最终就能成立境不离识,识外无境。

因法是"初三摄,眼所不摄"。因支省略了主词"色"。"初三"是六根、六境、六识十八界六个组合中的第一组,即眼根、色尘、眼识一组。为什么说色是初三摄,眼所不摄呢?"摄"是包括的意思。色自然能为初三中的色尘所包括。大乘认为,眼根与色不直接发生关系,眼识才与色发生直接关系。眼识缘色只以眼根为所依,因此说"眼所不摄",也就是说眼根所不摄。

"初三摄,眼所不摄"二者不能缺一。如果只说"眼所不摄",而不说"初三摄",就犯不定过。这个有过的论式为:

色,定不离眼识,
眼所不摄故,
如眼识。

这个"眼所不摄"因太宽了,同品有因,异品"后五三"也有因,这就犯了不定过。根据此因可以证成相矛盾之宗:

色,定离眼识,
眼所不摄故,
如后五三。

同喻依"后五三"是十八界中后五个组合,大、小乘都认为后五三为眼所不摄。因明家认为假如论主为了不犯不定过,而主张后五三定不离眼识,那么又会犯自教相违过,因为大乘认为后五三是定离眼识的。

如果因只说"初三摄",而不说"眼所不摄",也会犯不定过。这个有过的论式是:

色,定不离眼识,
初三摄故,
如眼识。

"初三摄"因太宽,因为可以用眼根为同喻,眼根也是初三。按照大乘的观点,眼根可以不离眼识(根为识依),也可以离眼识(根识各别,根是色法,识是心法),因此不能说"定不离眼识",而应当说"非定不离眼识"。根据"初三摄"因可以证成另外一宗：

色，非定不离眼识，
初三摄故，
如眼根。

以上是按大乘教人的说法，其实从形式逻辑的观点来看，眼根与识的离与不离关系没有遵守同一律。

我们分析了“唯识比量”的主体部分宗和因，再来看喻。比量里只列了同喻的喻依（如眼识）。能够作为“不离于眼识”的同品的只有色与眼识。由于同品除宗有法，色不能再做同品，这样就剩了眼识可以充当同喻依。但是，说“眼识不离于眼识”，会不会成为同语反复的废话呢？不至于。宋代延寿在《宗镜录》卷五十一中有个解释。延寿认为，宗中的眼识是自证分，喻中的眼识是见分，宗中的色则是相分。由于相分、见分都不离于自证分，因此眼识（见分）可以作为色（相分）的同品而充当同喻依。① 按照大乘人的观点，还是可以自圆其说的。

下面我们来探讨简别的问题。

二、宗的简别

在“真故极成色，不离于眼识”中，“真故”和“极成”是简别语。

“真故”是管整个宗体的，即管“极成色不离于眼识”。按照常识，色是离于眼识而独立存在的。如果不加“真故”二字，就要犯世间相违过，同时也会犯自教相违过，因为小乘学者和《阿含经》都有境离识有的唯物主义倾向。“真”表示胜义，“故”解作由于。胜义是指高深的道理。加了“真故”二字，就表明是在用大乘的特殊的高深道理来建立宗支。佛教把人类分成学者世间和非学世间两部分。佛教内部各派组成学者世间，佛教以外的外道和普通人组成非学世间。《大疏》说：

有法言真，明依胜义，不依世俗，故无违于非学世间。又显依大乘殊胜义立，非依小乘，亦无违于阿含等教色离识有，亦无违于小乘学者世间之失。②

---

① 转引自智旭：《真唯识量略解》，《续藏经》第87册，台北：新文丰出版公司，页九十六右下。
② 窥基：《大疏》卷五，页二右。

立、敌双方无论立的是共比量还是自比量，都要防止犯世间相违和自教相违过。以“真故”标胜义，并不意味着所立之量就是共比量。《大疏》此前在说明自、他比量的简别方法处已说：

若共比量等，以胜义言简，无违世间自教等失。随其所应，各有标简。①

请注意，《大疏》说的是“共比量等”。这是说立、敌双方以胜义标简，既可用共比量，也可用自比量。胜义并不是共比量的特有标志。

在宗支中，作为共比量标志的是“极成”二字。共比量一般是不需加以简别的。只有当立、敌双方共许的概念在范围上有所不同时，才用“极成”二字来简去同中之异。这里的“极成”管有法色。为什么要用“极成”来管色呢？因为小乘大多主张有“最后身菩萨染污色”②、“佛有漏色”③，而大乘却不许。如果不简除这两种色，就会犯“一分自所别不成过”。这种过失是说宗中有法色有一部分不为自己所承认。同时又有“一分违教”即有一部分违自宗的过失。此外，大乘主张有“他方佛色”和“佛无漏色”，而小乘又不许。小乘除经部外都不闻有他方佛名，所以不承认有“他方佛色”，同时也不承认有脱尽烦恼的“佛无漏色”。如果宗上有法色不简除这两种色，又会犯“一分他所别不成”过。这种过失是说宗中有法色有一部分不为敌方所承认。有法色不加简别的话，除了有宗过外，因也会犯随一所依不成过。

从形式上看，由于宗上的色除了双方不共许的以外，其他所有色都是双方共许的，宗支应为共比量。按照大、小乘的观点，双方共许极成的色（本质色）是离于眼识的，大乘立“极成色不离于眼识”违他不算过，但有违自宗过。大乘把色分为相分色和本质色两种。法相宗认为，相分色为眼识的种子所变，并为眼识的见分所认识，因此相分色不离于眼识。本质色是第八识阿赖耶识的种子所生的实质色法，为眼识现变的相分色所依托，是离于眼识的。由于小乘根本不承认相分色，所以玄奘在宗有法自相（言陈）中没有把它提出来，在言陈甘冒违自宗之过而使宗支以共比量的形式出现。我们说宗支形式上是共比量，实质上仍是自比量。何以见得？明代智旭法师说：

---

① 窥基：《大疏》卷五，页二右。

② 小乘认为释迦牟尼在做太子时追求五欲，娶妻生子，后虽出家修道成佛，但其肉身已染污，故云“最后身菩萨染污色”。

③ “有漏”即烦恼。小乘认为佛在菩提树下金刚座上，虽以三十四心断结而到达无漏智的境界，但佛之丈六金身依然是由有漏善业所得的有漏善果，故云佛身是“有漏色”。

今三藏立量，言陈但一色字，意许乃指相分，此意许相分色，起码俟辩因之后，方被小乘所推，今于立宗中，尚未推也。①

玄奘法师实际上要立的宗是“相分色不离于眼识”。这是没有用语言文字表现出来的意许，即所谓差别。相分色只为己方所承认，所以实际上是自比量。不过，玄奘法师这样立量也还是为因明通则所允所的。玄奘之后的法称在《正理滴论》中说：

何者名宗。谓唯由自相、随自、意许、无能违害，是名为宗。……

言意许者，若于一义，由违诤故，安布能立，暗示其义，欲其成立；虽未借言陈显其义，亦为所立。彼乃立敌正所诤故。如说眼等必为他用，积聚性故，如诸床座之支分等。此论式中虽未明言‘为神我用’为其所立。是故非唯言之所陈名为所立。②

法称阐明了当论主的真正意图不便公开提出来的时候，也可以意许的方式成为宗义。例如《入论》中提到的法差别相违过的例子，宗的法自相是“为他用”，意许是“为神我用”。宗支无有过失。这说明“唯识比量”在言陈上以极成色为有法，意许为不极成相分色，是为因明通则所允许的。虽然它实际是自比量，但从形式上看，仍是共比量，不能责怪玄奘法师是用自比量冒充共比量。这是由因明不同于形式逻辑的特点决定的。

三、因的简别

在因支“自许初三摄，眼所不摄故”中，“自许”是简别辞。有“自许”的就是自比量，这没有什么例外可言。古今许多因明家曲为之解，硬说“自许”之因仍为共比量。玄奘弟子文轨的《庄严疏》说：

此云自许不简他许，以他亦许极成之色初三所摄眼所不摄故。……此为遮相违故，须自许言。③

从现存唐疏看，这是把“唯识比量”看成共比量的最早解释，窥基《大疏》因循此说。这种解释延及宋明，陈陈相因直至今日。

---

① 智旭：《真唯识量略解》，《续藏经》第87册，页九十四右上。

② 法称：《正理滴论》，王森译，载《世界宗教研究》，1982年第1期。

③ 文轨：《庄严疏》卷二，页三右。

文轨的解释是十分勉强的。他没有顾及宗之有法色实际指的是相分色，相分色不极成，若不加简别，就会犯他所别不成宗过。现在宗中相分色是意许而非言陈，在宗上未加简别也还能说得过去，但一到举因时，矛盾就暴露出来了。若因支再不加“自许”，以弥补宗的不简，必有“他随一所依不成过”。纵使因法为双方所共许极成，敌论也不许因于宗有法上转，因为宗有法的意许是不极成的，意许是双方对诤的对象。总之，因支不能是共比量，若当作共比量看，就不可避免地犯“他随一所依不成过”。

文轨说因上“自许”目的是事先预防敌论来出相违过，敌出相违过，则以“自许”救自。我们前面说过，宗有法意许为自比，即为无体，因若共许(有体)，已经有过，加了自许，方可救自。不加自许，自身尚且不保，又哪里谈得上事先设防以破敌难呢？唐疏的共同缺点是在论及宗、因、喻有体、无体相互关系时未细分自、他、共三种比量。

可见，“自许”二字是管到整个因支的。因支为自比量。由于因支为自比量，也影响到喻支为自比量。

从形式上看，“唯识比量”三支为共、自、自，实际上三支皆为自。总而言之，整个比量为自比量。这是我们的结论。

第三节　小乘的“相违决定量”

一、同是自比量

玄奘的“唯识比量”作为自比量来看，三支无过，是符合因明立论规则的。正由于是自比量，局于自守，不能破他，在道理上也就很难说服别人。唐代定宾律师给出玄奘之量不过“一时之用”“未必即堪久后流行”的评语，恐怕就是看到了这一局限。玄奘在曲女城无遮大会上宣布，有能修改一字者，斩首相谢。玄奘之所以敢口出大言，以头相赌，真正的原因是该比量是自比量，又标上“真故”，宣传的是本宗胜义，灵活地运用了因明的格式和规则，小乘确实奈何不得。无遮大会开了十八天，无人敢应，以玄奘法师不战而胜宣告终结。

后来，“真唯识量”传到新罗国，元晓作了决定相违量，请另一位高僧顺憬解释。顺憬解不了，便寄到长安，请玄奘解释。这时玄奘已不在世，窥基在《大疏》卷五中作了解答。这一决定相违量也有人认为是顺憬本人所作。不管是谁作的，反正代表了小乘的观点。这一比量是这样的：

真故极成色，定离于眼识，
自许初三摄，眼识不摄故，
如眼根。

窥基认为，这个比量有六种过，把它驳得体无完肤。窥基的解答，本文恐繁不述。简略地说，窥基是把"真唯识量"当作共比量，按照因明立破规则，破共比量，须用共比量，而小乘的决定相违量是自比量，因此不合规则。就这点来说，窥基的解释也难以服人。因为小乘的决定相违量是完全仿照"真唯识量"的格式来建立的。"真唯识量"可以算共比量，为什么元晓、顺憬的量就不是共比量呢？事实上，大、小乘的这两个量都是自比量，没有什么不同。

二、并非相违决定

当然，顺憬、元晓的比量也称不上决定相违量。决定相违量即相违决定量。相违决定量是指这样的两个量，他们各自都无过失。宗支互相矛盾，各自的因都合乎因三相，是正因。因明把这样的两个量看作有过失，称为相违决定过。

为什么说元晓、顺憬的比量称不上相违决定量呢？因为它完全模仿"真唯识量"的格式行不通。

前面说过，"真唯识量"的宗"真故极成色，不离于眼识"就言陈而言，极成色指本质色，大、小乘都主张本质色离于眼识，这对立论的大乘人说，有违自宗之过，由于小乘明知大乘目的是要成立"相分色不离眼识"，因此姑且不论其违自宗过。大乘意许相分色这一点，在因支中作了简别，宗因关系相符一致。元晓、顺憬的宗、因关系则不相符。如果说其宗"真故极成色，定离于眼识"就言陈而言，则大、小乘都承认极成的本质色离于眼识，便有相符极成宗过，违反了立宗违他顺自的规则。如果说此宗意在与敌宗针锋相对，意许"相分色定离于眼识"，又会导致因过。因为小乘不承认相分色，因支前半却说"自许初三摄"，这就犯"自随一不成"因过。总之，无论宗就言陈还是意许而言，都会有过失产生，左右都说不通。

三、自比量不能破自比量

退一步说，纵使元晓、顺憬比量没有过失，也不能破"真唯识量"。因为按照因明立破规则，对方立用自比量，破须用他比量，否则各不相干，打不起架来。窥基门人智周在《后记》中对双方都有恰当的评论：

泛因明法，有自比他共量。准此唯识及佛说比量皆是共中自比量也。凡自比量许得置自许之言，若敌者出过即不得置自许言也，所以顺憬即是出过之人，大唐三藏虽正于彼，亦是自立大乘人也。非是破他置自许也，故有差别。①

元晓、顺憬的比量纵然无过，也不能破大乘，而"唯识比量"是救自的自比量，"非是破他置自许也"。玄奘尽管以胜义简别，其作用也不过如此。

① 智周：《后记》卷中，《续藏经》第87册，页十七左上。

第十章　印度佛家逻辑的最高成就

——法称因明思想述要

第一节　法称其人其书

法称(Dharmakirti),音译达玛吉(约6—7世纪),是印度大乘佛教瑜珈行派论师。西藏学者把他的学说与陈那学说并称为“陈那法称之学”,与“龙树提婆之学”“无著世亲之学”等量齐观,合称为“六庄严”。法称为印土佛家显教殿军之大师。他把陈那开创的新因明发展到一个新的阶段。

法称是南印度睹梨摩罗耶国人,出生在一个婆罗门家里。他自幼才智敏捷,年轻时便博通婆罗门学说,精习过工艺、吠陀、医疗、文法等外道的一切宗义。正当婆罗门对法称倍加赞扬之际,他却通过学习佛经,从而看出波罗门教主的过失,反而称赞了佛陀,受到婆罗门的驱逐。

法称在中印度改信佛教,入那烂陀寺从护法出家,精通了三藏,能记诵经咒五百种。后来跟从陈那弟子自在军学习《集量论》。闻法一遍,见与师齐,即达到了老师自在军的水平;再览之后,解等陈那;三复论义,慧超先贤。三学《集量论》之后,终于发现陈那学说的局限。他的老师自在军鼓励他为《集量论》作注解。

法称有因明著作七部:(1)《释量论》,又译为《量评释论》;(2)《量抉择论》;(3)《正理滴论》,旧译为《正理一滴》《正理一滴论》;(4)《因一滴论》;(5)《观相属论》;(6)《论义正理论》,又译《议论正理论》《诤正理论》;(7)《成他相续论》。

七部著作中,《释量论》《量抉择论》《正理滴论》,正面论述了法称的因明思想。《释量论》最为详尽,《量抉择论》分量适中,《正理滴论》简明扼要地阐发了他自己的因明思想。这三部书相当于法称学说的躯干,而后四部是专题论述,相当于四肢,故统称为“七支论”。后四部中的《因一滴论》是专门讨论因的,《观相属论》是专门讨论比量中各概念的关系及过类,《论议正理论》集中讲过类,《成他相续论》是关于论证他人的心理以成立唯识的道理。

七论梵文原本大多已佚,今仅存《释量论》残本和《正理滴论》。历史上,七论均有藏译本,而无汉译本,故法称之学盛传于藏地,而为汉土不传。欧阳竟无首先提倡取法称之学与陈那因明作比较研究。吕澂是汉土第一个研究藏文法称之学的。20世纪50年代以来,吕澂、虞愚、王森、杨化群、霍韬晦等先生对法称学说有所评价。70年代末,法尊法师将《释量论》译成汉语,1982年又有王森和杨化群的两种汉译本《正理滴论》问世①,为汉地学者研习法称的因明思想提供了方便。

《正理滴论》的原文见于印度法上(9世纪)的梵文注释本中,为耆那教人所保存。德格、北京、那圹的藏文《丹珠尔》均有本论译本。本论由于有梵、藏本存在,遂成为近世各国学术界研究法称因明思想的主要依据。全论分为三品,对陈那的新因明体系作了重大的改造和发展,使得因明三支论式真正成为演绎论证。

第二节　现量品

法称认为有志之士要成就事业,必须以正智(正确的认识)作为指导,本论就是为阐述正智而写的。正智分为现量和比量。现量是离开了分别并且不错乱的。分别是指用名言(概念)来反映、解释对象,用"离分别"来限定现量的性质,是陈那的创见。法称继承此说并强调了"无错乱"这一条件。无错乱就是没有由内、外原因引起的错觉。真正的现量是纯粹的感觉。依照陈那的观点,法称将现量分为四种:(1) 五根现量,五种感官所得的知识;(2) 意识现量,指感知向概念发展的过渡阶段;(3) 自证现量,对自身的了解,自己的意识;(4) 喻伽现量,指通过修习达到心理极其安定和道理契合的状态下对事物的了解。现量的对象是自相,即对象有特殊性质。自相是真实的存在,是胜义的存在,有独立的体性和作用。现量智的本身就是量果。除"无错乱"外,以上所说与陈那、商羯罗主的基本相同,但认为有实在的外境。主张境在识外,因此以外境为所量,以识中所带境相为能量,以自证为量果。这是陈那、法称因明学说在认识论方面的根本差别。

① 刊登在《世界宗教研究》1982年第1期,中国社会科学院出版。

第三节　为自比量

比量有为自比量和为他比量两种。按照陈那的解释,前者是没用语言表达出来的思维活动,目的在于自悟;后者是用语言表达出来的,目的在于悟他。法称则进一步将为自比量定义为借助具备三相的正因获得的正确认识。

一、改造因三相

在本论中,法称改造了陈那的因三相说,将因三相陈述为:

> 因三相者,谓于所比,因唯有性。唯于同品有性。于异品中,决定唯无。①

以上引自王森先生的译文,第一相"谓于所比,因唯有性",杨化群先生译为"谓于所推论比度之事上必须具备"。"所比"即宗有法,是要推论比度的对象。"因唯有性"是说只有"因"才有"所比",也即"所比"的外延包含于"因"的外延之中。用S来表示所比即宗的主项有法,用M来表示因,则法称的第一相的逻辑形式是:凡S是M。这与陈那的"遍是宗法性"完全相同。

"唯于同品有性"是第二相,意为"因"只在"同品"中有。法称将同品定义为"所立法均等义品",即与宗的谓项"所立法"有相同性质的对象。从《正理滴论》全文来看,这里的"同品"是不除宗有法的,与陈那九句因、因三相中的同品不同。用P来表示"所立法"即同品,则第二相的命题形式为"凡M是P"。这个形式与陈那的第二相"除S以外,有P是M"不同。"凡M是P"是全称命题。

"于异品中,决定唯无"是第三相。法称的异品也是不除宗有法的。"因"不存在于异品之中,第三相的命题形式是"凡M不是非P"。其换质命题即"凡M是P"。可见,法称的第二、三相是等值命题。法称的第三相也不同陈那的第三相"除S以外,凡非P不是M"。前者是全称命题,后者是除外命题。

陈那的因三相是从宗的主、谓项出发看它们与因有怎样的关系,而法称的因三相则从因出发、论述因与宗的主、谓项有怎样的关系。

---

① 法称:《正理滴论》,王森译,载《世界宗教研究》,1982年第1期。

陈那的第二、三相是不能缺一的，都是正因的必要条件。法称的后二相实际是一相，二者可以缺一。这与《释量论》中的表述也是相一致的。《释量论》说：

宗法，彼分遍，正因。

“宗法”意为“因”是宗中有法之法，即因的第一相“遍是宗法性”。“彼分遍”，按照王森先生的解释，“彼”指宗，“彼分”即宗中一分能别（所立法，也即谓项），“因”为“所遍”，“能别”为“能遍”①。于是正因的第二个条件其逻辑命题形式就成为“凡因是所立法”，即“凡 M 是 P”。

在《正理滴论》后面论述似因时，讲了不满足因的第一相便有不成因过之后，直接讲不满足第三相有不定因过。不讲不满足第二相的似因，绝不是疏忽，而是从反面反映出因有二相即足够了。法称虽有“借三相因”的说法，那不过是争取了“谦虚的外貌”。

二、三种正因

1. 自性比量因

简称为自性因。自性因是以所立法（宗的谓项）本身具有的性质来作因。例如：

这是一棵树，
因为它是无忧树。

“因为它是无忧树”便是自性因。无忧树是树的一个种类。既是无忧树，当然是树了。自性因是保证因、宗不相离性的正因之一。法称认为自性因是立物因，“能成实事”，能论证肯定命题。

2. 果比量因

又称为果因，果性因。它是以因果联系中的果来作为论证的理由的。例如，根据已有的经验，烟是由火所引起的结果，从某处有烟便推出某处有火。此因也被法称称为立物因，能用来论证肯定命题。

3. 不可得比量因

又称为不可得因、未缘到因。所谓不可得因是以论证的对象本可以被认识而不可得作为宗的理由。此因又被称为“遮止之因”，即非自性因或非果性因，是

---

① 王森：《中国大百科全书·宗教》，北京：中国大百科全书出版社，1988 年版，第 473 页。

对自性因或果性因的反面应用。例如,已经具备了认识有瓶存在的条件,而瓶不可得,便能论证某处没有瓶。如果某处有瓶,那么认识者具备了各种条件便能发现瓶的存在,但是瓶没有被发现,所以说瓶本身于某处不存在。“已经具备了认识某处有瓶的条件而瓶不可得”,简称“瓶不可得”,便是不可得比量因。

法称把不可得比量因的运用情况区分为 11 种:

(1) 自性不可得因,例如:

此处无烟,
若有,则应见到,但未见到故。

上例中,“若有,则应见到,但未见到故”便是自性不可得因。

(2) 果不可得因,例如:

此处无发烟之因(火),
以无烟故。

以没有烟作为因否定发烟的原因火。

(3) 能遍不可得因,例如:

此处无无忧树,
此无树故。

“树”是属概念,称为能遍,“无忧树”是种概念,称为所遍,能遍概念表示的事物不存在,当然所遍概念表示的事物也不会有。

(4) 自性相违可得因,例如:

此处无冷触,
以有火故。

由于火与寒冷的自性是相矛盾的,火既可得,冷便不可得。

(5) 相违果可得因,例如:

此处无冷触,
以有烟故。

此因是前一种的引申,尽管没有与寒冷相矛盾的“火”的存在,但是有火的结果“烟”的存在,它同样可以为“无冷触”的理由。

(6) 相违所遍可得因,例如:

存在着的实体其毁灭并不确定,

须待其他因缘故。

实体的毁灭必须由各种条件造成,这各种条件是能遍,现在具备了一部分条件即所遍,这所遍与实体的存在是相违的,但还不足于引起毁灭,故表达为不确定。

(7) 果相违可得因,例如:

此处不存在导致寒冷之因,
此有火故。

这是用与事物的结果相矛盾的因来论证宗。

(8) 能遍相违可得因,例如:

此处无霜触,
以有火故。

霜与寒冷有程度上的差别,霜为所遍,寒冷为能遍,寒冷与火因有矛盾关系。火的存在便成了寒冷的不存在,寒冷既然存在,自无霜可言。

(9) 因不可得因,例如:

此处无烟,
以无火故。

火与烟有因果关系,无因必无果,以无因来推果。

(10) 因相违可得因,例如:

此人无寒栗等,
近烈火故。

烈火因与造成寒栗的因即冷觉相矛盾,烈火否定了冷觉因,也就否定了寒栗果。

(11) 因相违果可得因,例如:

此处无人起寒栗等,
以有烟故。

火是烟的原因,火与寒栗的原因冷觉相矛盾。故有烟可推知无寒栗。

以上 11 种因,实际上是自性因和果性因的引申,从认识论的角度上来说,还没有超出二者的范围,但对于丰富逻辑形式来说,如第一种自性不可得因的实例即是否定后件的充分条件假言推理。又如第六种和第八种相违所遍可得因,能遍相违可得因又有程度推理的性质。

第四节　为他比量品

用语言表示出三相正因,以此开悟他人就是为他比量。

一、两种论式

为他比量分为同法式和异法式。以同喻和因、宗组成的三支论式称为同法式。

法称分别用不可得比量因、自性因和果性因来举例说明同法式。

他所举的以不可得比量因组成的同法式是:

若有一物,其可得相,虽已具足,而不可得,(即可断言此物非有,亦即)此物为"非有"言词之境。例如兔角等,　(同喻)

今于某处,瓶可得相,虽已具足,而瓶不可得,　(因)

(即可断言某处无瓶。)　(宗)

法称将自性因进一步断为三种:纯粹的自性因,如"存在";略加限制的自性因,如"有生";特别加以限制的自性因,如"所作"。这三种因都能证成"声无常"宗。以纯自性因为例列式如下:

若物是实有(存在),彼皆无常,譬如瓶等,　(同喻)

声是实有,　(因)

(故可断言声是无常。)　(宗)

他用果性因组成的同法式实例是:

若有烟处,彼定有火,如灶等处,　(同喻)

今于此处,现见彼烟,　(因)

(彼定有火。)　(宗)

异喻和因、宗组成时三支论式称为异法式,法称也分别以不可得比量因、自性因和果性因举例说明异法式。

不可得比量因的异法式,例如:

若物现有，其可得相复具足者，是则彼物决定可得，如彼青色，此白色等，　　（异喻）

然于此处，瓶可得相虽已具足，现有之瓶而不可得，　　（因）

（即可断言此处无瓶。）　　（宗）

用自性因组成的异法式，法称也用“有（存在）”“有生”“所作”三种自性因列式说明，本文恐烦不引。

用果性因组成的异法式如：

若无火处，烟定不有，　　（异喻）

而于此处现见有烟。　　（因）

（即可断言此处有火。）　　（宗）

上例中，法称没有列举异喻依。他实际上认为喻依不是论式的必要成分。

法称将论式分为同法式和异法式是与他改造陈那因三相学说相联系的。在陈那的因明体系中，由于后二相不能缺一，因此光有异喻不能和宗、因组成独立的论式。在法称的因明体系中，由于后二相可互推，亦可以缺一，因此可以用异喻分别与宗、因组成论式。法称认为，同、异法式：

除论式不同外，二者之间，都无少许实质差？

法称又说：

若论式中，具同法喻，即于此式，其异法喻，义准自明。若不尔者，同与所立相随逐义，应非有故。若具异喻，准知有合，亦复如是。若不尔者，所立无处，因必非有，不成就故。

这两段引文是说两种形式虽不同，但实质相同。在一个论式中，同、异二喻不必双陈，单举同喻即知异喻，单举异喻亦知同喻。否则，宗、因不相离的关系（表现为全称命题）就不能成立。

法称还强调在两种式中，宗可以省略不陈，而三支的顺序也与陈那不同，法称是以喻、因、宗为顺序来组织论式的。在论式中喻和因不能省，省了就不具备正因的条件。

在法称的因明体系中，同、异品是不除宗有法的，因此在同、异喻中，喻依不是必要成分。同法式者将喻依省略，相当于三段论的第一格第一式即 AAA。由于异法式包含四个以上的名词，相当于非标准三段论，不能简单地直接判定为第二式 EAE 式。如果化归为三名词，则只有 AAA 式。

二、立宗

关于立宗的规则法称基本上沿袭了陈那的规定，不同之处是特别强调意许（暗含的意义）也应成为所立之宗，强调言陈（语言的表面意义）与意许的一致性。

三、似能立

1. 宗过

关于宗过，法称删去了陈那五相违过（现量相违、比量相违、自教相违、世间相违、自语相违）中的自教相违过。本来对出现自教相违、世间相违的情况，因明有简别一法，作了特别说明便可避免过失。法称以前的因明设此二过是立论辩之规则，而非设立禁锢新思想之防。为了贯彻陈那"不顾论宗"这一主旨，法称将自教相违过删除，对每一宗派发展自己的学说进一步提供了方便。同样的道理，世间相违过亦应删除，却仍被保留下来，似可商讨。

在宗过中，法称还将商羯罗主在《入论》中增补的能别不极成、所别不极成、俱不极成和相符极成删除。前三过都是关于概念的不共许极成问题。删除这三过实际上是进一步贯彻"不顾论宗"的立宗原则。概念本无真假可言。立、敌争论的目标是作为命题的宗，而不是组成宗命题的概念。立宗既要"违他顺自"，宣传本宗观点，那么用不极成的概念来组成宗也应该允许。这样一来，证宗的过程就会更为复杂。法称删除这几种过失，使因明理论更贴近实际。在西方逻辑中，论证这一思维形式就往往是由好几个推理组成的。删除相符极成过，可能是考虑到实际辩论中，很难出现将双方赞成的观点来作为宗的情况。

2. 因过

似因包括两种情况：一是没有把三相完全陈列出来；二是虽然完全陈述了三相但立、敌双方未能共同承认，或者是因本身的真假还未确定，犹豫不决。

（1）不成

不满足第一相或犹豫不决的因称为不成因。共分四种：两俱不成、随一不成、犹豫不成、有法不成。

有法，又称所别。有法不成过即所依不成过。此过与商羯罗主增补的宗过所别不成实质是一过。法称在宗过中已将其删除，所以在此保留为因过。

（2）不定

不满足第三相异品无因或者犹豫不定的称为不定似因。在陈那和商羯罗主的不定因中包括唯一不满足第二相“同品定有性”的不共不定因(同、异品都无因)。此因过的存在标志着“同品定有性”独立于第三相“异品遍无性”,但是法称没有提及此因过,这表明法称取消了不共不定因,进一步说明法称的第二相不同于陈那的第二相,法称的后二相是可以互推的。

(3) 相违

后二相有无颠倒,同品遍无,异品定有,这样的因称为相违因。

本论按照陈那九句因来论述因过,相违因只有第四句“同无异有”和第六句“同无异俱”。这比陈那和商羯罗主说相违因(法自相相违、法差别相违、有法自相相违、有法差别相违)有四种,在逻辑上更为严密。法称强调思维与语言的一致,法差别相违因与法自相相违因实质是一种因过。

似因共分不成、不定和相违三类,违反因的每一相都有不共许和犹豫两种情况。相违因若有疑义,又成了不定因。

对于陈那、商羯罗主关于不定因中的“相违决定”因过,法称认为不是比量推理之对象。按照自性因、果性因和不可得因来组织论式,相违决定必不容有,而不信任经验,但凭言教组织论式,才有此过。

3. 喻过

喻虽然是三支中能立之一,由于因的三相和三种正因的作用已经显示了喻的特征,不用另作解释。法称将陈那提出的十种喻过完全接受下来,还在三种“不成”、三种“不遣”过后分别增加犹豫过,共为六过。此外,还补充“不说合”“不说离”两过。

所谓“不说合”是指仅举同喻依而未说出同喻体的过失。所谓“不说离”是仅举异喻依而未说出异喻体的过失。增补这二过,表明法称强调了同、异喻体在论证中的作用。陈那因明三支常常省略同、异喻体和异喻依,仅保留宗、因和同喻依,强调同喻依在论证中的作用。这是陈那、法称三支作法的一个重要差别。法称允许以异喻与因、宗单独组成论式,实际上宣布同喻依的逻辑功能已经消失。喻依仍保留在论式中,起到的只是举例说明的作用。

第五节　法称对佛家逻辑的贡献

一、完成了新因明从类比到演绎的过渡

法称是因明发展史上第一位具有演绎思想的理论家。他建立的因明三支理

论和实际的运用都已达到了西方逻辑三段论的水平。他对陈那因明的改造是否受到西方逻辑的影响则难于断定。他建立起演绎的因明论式主要以以下几点为根据。

二、取消第五句因和降低同喻依的作用

《正理滴论》在讲完违反第一相的不成因之后,直接讲违反第三相的不定因过。根本不提陈那九句因中的第五句不共不定因。这表明法称取消了第五句不定因。第五句因是陈那因明性质的重要标志,第五句因的存在标志着第二相同品定有性独立于第三相异品遍无性。

在同法式中,喻依仍保留,但它已不是三支作法的必要成分,只是起到举例说明的作用,不再是满足同品定有性的标志。同喻依的作用可从异法式得到佐证。陈那三支省略式不允许省略同喻依,异喻不能单独和宗、因组成论式,因为缺少满足第二相的标志即同喻依。法称建立异法式表明同喻依已不是正确论式的必要成分。

三、同、异品不除宗有法

陈那九句因中第五句因的存在和同喻依作为三支的必要成分标志着同、异品除宗有法。法称取消了第五句因并降低了同喻依的作用,也就实际上表明同、异品不除宗有法。古因明作为类比推理,喻依不能用宗有法来充当,避免了循环论证,但是用喻、因证宗没有必然性。陈那的同、异喻体是除外命题,三支离演绎论证也有一步之差。法称的同、异品不除宗有法,第二、第三相可互推并使得喻体是真正的全称命题。

四、三种正因保证了异品遍无性和喻体为全称命题

同、异品不除宗必然要回答是否循环论证的问题。异品遍无性和同、异喻体作为毫无例外的普遍命题,这样的普遍命题是怎么来的?这是认识论问题。要满足因、宗不相离的遍充关系,其因必须满足一定的条件。法称比陈那进一步思考了三相正因的条件,提出了自性因、果性因和不可得因。这三种因保证了异品遍无性和同、异喻体为毫无例外的全称命题。

第十一章　现代因明研究概况[①]

这里说的现代因明研究是指1919年至1949年30年间的汉传因明研究。现代因明研究是汉传因明承前启后的重要历史时期。在这一时期，既继承了唐代《因明大疏》的优秀成果，也克服了它的某些缺陷和错误，在佛学知识论与因明、逻辑与因明两方面的研究中一新了面目。在今天，我们要推进汉传因明的车轮，就必须了解、必须研究汉传因明在"五四"以后30年的发展轨迹，张扬其成就，洞观其不足。只有这样，才不迷失方向，并且扭转某些方面已经发生的倒退。

第一节　因明研究和传习的一般情况及新高潮的出现

如果说汉传因明的第一个高潮出现在唐代，那么可以说第二个高潮是出现在现代。明清500年间，因明几成绝学，清末杨文会从日本取回唐疏，才使因明重光，司南有轨。在近代中国，因明刚处于复苏阶段，主要特点是恢复、继承唐代玄奘师徒因明研究的成果，逻辑、墨辩、因明三种逻辑体系之比较研究也还刚刚发端。到了现代，才真正开始了理论上的认真探讨和普及工作的广泛开展，以及逻辑与因明研究的深入比较。

"五四"以后，研究和传习因明的人数之多，波及面之广，著译种类之全以及质量之高，都是前所未有的。因明研究新高潮的出现，主要标志有以下三条。

---

① 本章取自中国逻辑史学会集体撰写的国家"六五"重点项目《中国逻辑史》(五卷本)现代卷因明部分，对陈那因明体系的评价有重大修改，并增补了欧阳竟无的因明研究。

一、佛学院和佛教社团成为讲习因明的重要阵地

“五四”以来，除了不少寺庙恢复开讲因明以外，全国有许多佛学院和佛教社团内都纷纷开设因明课。例如，吕澂在南京支那内学院，太虚、慧圆（史一如）在武昌佛学院，王森在中国佛学院，王季同在苏州觉社，慧三在常熟东港净光佛社，清净在北平三时学会，都传授过因明。当时研习因明成效最显著，影响最大的当推欧阳竟无创办的南京支那内学院。该院把因明列为教学主要科目之一。吕澂开设了“因明入正理论研究”“因明讲要及演习”“入论对正理一滴”“理门对集量”等课程，提出论文《陈那以后之因明》。他的大部分讲稿和译作在院刊《内学》上发表，对我国的因明研究起到重大影响。支那内学院成为汉传因明研究的中心，培养了因明研究的人才。

二、因明的传习开始走出庙堂，进入了高等学府

太虚大师于1922年在武昌中华大学讲演了自己撰写的《因明概论》。《因明概论》是现代第一本因明著作。熊十力在北京大学讲授了《因明大疏删注》，周叔迦、熊绍坤也在北京大学讲授过因明。周叔迦还在民国大学讲解过《入论》。此外，王森在清华大学、私立中国大学，陈望道在复旦大学也介绍过此学。

长期以来，因明作为佛家逻辑，是佛学的组成部分。到了现代，它成了高等学校的一门课程，这表明因明学从佛学中相对独立出来，成为一门思维科学，从而变成学术界共同探讨的学术知识。也正由于此，因明传习和研究的队伍结构发生很大变化。历史上因明的研习仅限于少数佛门弟子和少数俗家之人。在现代，则不但有一批法师如太虚、印沧、密林、慧三、常惺等，还有大批居士如周叔迦、慧圆、王季同、清净等，而且还有一些佛教哲学家，如吕澂、熊十力等。此外，还有其他一大批学者，如陈望道、熊绍坤、覃方达、陈大齐、王森等。在高等学校中，对因明学有兴趣的学生也不乏其人。复旦大学就有若干青年学生自发地欲通晓一点此学门径，以为阅读及实习论辩文体之助。

因明研习队伍的变化，明显地促进了研究水平的提高。在一大批学者中，有从事社会科学研究的，如心理学家、逻辑学家陈大齐，语言学家陈望道等，还有自然科学家，如王季同居士是清华大学电机工程学家。在佛教哲学家、心理学家、逻辑学家、语言学家以及个别自然科学家的共同探讨下，联系佛学来研究因明，联系逻辑来研究因明，这两方面都有长足的进步。

三、大量因明著作的翻译、编辑和出版

在“五四”以后的三十年间，翻译和编撰因明著作近三十种。这是唐代以后，因明著作出版最多的时期。大量著译的出版对因明的研究和普及无疑起了极大的推动作用。在这一时期，因明著作的出版和流通都具有多渠道的特点。商务印务馆出版因明著作多种，影响最大。此外佛学书局、世界书局等出版单位也热心因明著作的出版。有的因明著作由书店负责出版和流通，如龚家骅的《逻辑与因明》由开明书店出版并流通。当时有的出版商以“有裨学术，无多读者，书贾不乐印行，为其入选准绳”，使得陈大齐博大精深之力作《因明大疏蠡测》以铅印本流行世上，实在难能可贵。还有一些是由作者自费出版并流通的，如熊绍坤的《因明之研究》、覃方达的《哲学新因明论》、密林的《入正理论易解》等。

尤其值得欣慰的是，这些著作，种类较全，在一定程度上可以弥补唐疏之不足。它们大体上可分为以下八类：

一是典籍的翻译。有吕澂的《因轮决择论》和《集量论释略抄》，前者是迄今为止唯一的汉译本，后者是唐以后所能见到的第一个汉译本和注疏。二轮的翻译，为汉传因明填补了空白。20世纪40年代，王森曾将法称的《正理滴论》由藏译本转译为汉文本，可惜当时未能出版。

二是汉藏对勘研究的论著。有吕澂的《入论十四因过解》，吕澂和释印沧合注的《因明正理门论本证文》。阅读此书，在许多问题上有助于理解原著。

三是注释性著作。有三种：梅光羲的《因明入正理论疏节录集注》，丘檗的《因明正理门论斠疏》，熊十力的《因明大疏删注》。这三种著作作为读懂因明论、疏以及了解各家学说提供了方便。

四是通论性的著作。有太虚的《因明概论》，吕澂的《因明纲要》、周叔迦的《因明新例》、陈望道的《因明学》、虞愚的《因明学》《印度逻辑》、覃方达的《哲学新因明论》等。其中有些书兼有教科书形式和讲经式的特点。这些书对于因明的普及和帮助读者了解因明学科的全貌起到了积极的作用。

五是《入论》的讲解。这类书采用传统的讲经方式，逐条依次解释。慧圆、密林、慧三、清净、王季同等人的著作都属此类，其数有七八种。

六是因明与逻辑的比较著作。陈大齐的《因明大疏蠡测》成绩最为突出。龚家骅的《逻辑与因明》是一本逻辑与因明的比较研究专著，但显得较为粗疏，从生错解。

七是因明理论专题研究。这类的著作唯有陈大齐《因明大疏蠡测》一种。该

书分为 42 个专题，在绝大多数专题研究上提出了创见。

八是因明史方面的专论。有许地山的《陈那以前中观派与瑜伽派之因明》。该论史料丰富且颇具新见解。

以上八类著作反映出现代因明研究既有广度、又有深度，与近代相比，前进了一大步。

第二节　因明研究的三个阶段

一、20 世纪 20 年代

这是现代因明研究的奠基时期。在这一时期，有太虚的《因明概论》(1922 年)、梅光羲的《因明入正理论疏节录集注》(1925 年)、熊十力的《因明大疏删注》(1920 年)以及吕澂的几种译著。其中以吕澂的几种译著质量较高，影响最大。吕澂紧密联系佛学来研究因明，纠正了窥基《大疏》中的一些错误，发表了许多新见解，在佛学逻辑方面做出了贡献。在现代，只有熊十力认为陈那三支形式虽更，实质与五支无异，仍属归纳。这一正确见解十分值得称道。20 年代可以说是汉传因明继往开来的重要时期，一方面全面继承了唐代因明研究的传统，另一方面又为全面深入的研究奠定了基础。

二、20 世纪 30 年代初到 40 年代初

在这一时期因明得到初步的传播。一大批因明著作涌现。全国各地竞相开讲因明。因明与逻辑的比较研究蔚然成风。

在著作方面，开始出现通俗化的著作。陈望道的《因明学》一书是我国第一本白话文的因明著作。这本书借鉴了日本著名文学家大西祝的《论理学》一书。陈著的《因明学》说解简明，通俗易懂，使一般人易于了解。翻译因明论著的玄奘法师及其作疏的弟子，只从“信”和“雅”两方面做功夫，而不从“达”的一方面做功夫，用的是文言文，而且迁就或摹仿梵文形式，写成整齐的四言、五言、八言的句子，甚至做成骈文体，这就使得本来就言简意赅的因明论著显得更加古拗，令人难以卒读。这不能不成为因明传播的一大障碍。陈著的《因明学》最先采用白话文，写成教科书形式。这对因明学的传播是起了积极作用的。

三、20 世纪 40 年代中期

陈大齐的《因明大疏蠡测》问世，标志我国汉传因明研究达到一个新的高度。《蠡测》对 20—30 年代的因明研究成果作了总结和提高，在因明与逻辑比较研究方面下了功夫。如果说吕澂在因明与佛学相结合的研究方面谱写了汉传因明的新篇章，那么可以说陈大齐在因明与逻辑的比较研究方面做出了超越前人的贡献。《蠡测·序》中说："曩治逻辑，思习因明。……余于内典，素未问津，名言义理，皆所未谙，取读此疏，格格难入，屡读屡辍，何止再三。然研习志，迄未有衰。"陈大齐的刻苦钻研精神，百折不懈的努力以及他所取得的成就，为有志于因明研究的逻辑工作者树立了楷模。

第三节　现代时期因明研究的几个特点

一、加强了对论、疏的对勘和校注工作

现代因明研究一开始就十分注意对论、疏的校注，这就使得现代因明研究既深深地植根于唐疏的雄厚基础之中，又不落唐疏之窠臼，基础牢固并且起点高。

南京支那内学院的创始人欧阳竟无虽然没有撰写关于《入论》论著，也没有关于因明研究梵、汉、藏对勘的尝试，但是他倡导因明研究的汉、藏对勘。他高屋建瓴，先立其大，不但为汉传因明的研究接续了唐疏正脉，还为汉传因明研究的深入发展在方法论上指明了方向，可谓厥功至伟。

欧阳竟无（1871—1943），名渐，江西宜黄人。有宜黄大师之称，与梅光羲、桂伯华被称为"江西三杰"。早年博涉经史百家，兼修天文、数学，得风气之先。他从杨文会学习唯识，研究瑜伽。由于学习精进、深受器重。1911 年杨文会临终托以重任。从此，欧阳竟无刻经、办学，呕心沥血，直到谢世。由他主持的金陵刻经处与支那内学院继承杨文会遗风，所刻经典校刊周详，刻印精良，特别重视包括因明在内的法相唯识著作的刻印和流通。三十多年间刻成佛典二千余卷。其中继承杨文会遗志辑印的《藏要》，质量之高，无与伦比。欧阳竟无亲自为许多经论作"叙（序）"，述其源流和要旨，颇有见地。在已出版的《藏要》三辑中，有玄奘译传的因明大、小二论。

欧阳竟无没有撰写因明专著。其因明思想主要体现在《藏要》的《因明正理门论叙》和《成唯识论叙》两序中。从两种序文可知，他强调汉藏文的对勘和对陈那、商羯罗主、法称代表作的钩玄提要。

针对自唐以来《理门论》的疏解和研究较为薄弱的情况，欧阳竟无高度评价陈那新因明代表作《理门论》在因明发展史上的地位，是陈那因明八论中的奠基之作。虽称为“论”而实际起到“经”的作用。

《入论》虽比《理门论》好读，但它只是后者的入门阶梯，二者尤如通俗读物与学术专著。唐代的传统就是《入论》疏远多于《理门论》疏。欧阳竟无认为，《理门论》“大开正理之门，虽称论而实经也”，治学要知其然，更知其所以然。“监其脑而百体唯吾号令，是为学髓”。治学的精髓是掌管好司令部，《理门论》与《入论》的关系犹如脑与全身的关系。

欧阳竟无认为，要读通《理门论》，必须从藏传因明中取来汉传所没有的陈那《集量论》和《因轮》，对照阅读，再参照窥基《大疏》的解释。他深知《理门论》“文幽义博，诵读奇难”，“集量未来，悼无将伯”。慨叹陈那后期代表作《集量论》没有汉译本，使得研习《理门论》缺少了帮助。“自唐后此术无匠久矣”。唐以后汉传因明史上就一直没有治《理门论》的专门人才。

出路在哪里？欧阳竟无指出：“《丹珠藏》中有《集量》《因轮》，取而对诵，并参基疏，斯不亦扣阍有路，而《理门》可读欤。”①陈那因明中晚出的《集量论》是集大成代表作，它充分运用《理门论》的立破之说来成就唯识的认识论。因此，《集量论》又是读通《理门论》的最重要参考书。

九句因是陈那《理门论》的首创。是陈那改造因三相，创建三支作法的理论基础。《因轮论》是关于九句因的专著，与《理门论》中的九句因理论可以相互发明。在取读二论基础上，再参照大量引述《理门论》要旨并详加诠释的窥基《大疏》，难治的《理门论》便有了解读之路。

欧阳竟无的设想被他的得力助手吕澂付诸实践。吕澂从藏文本中翻译了《因轮论图解》（又称《九宗因轮论》）和节译了《集量论》并简略注疏，题为《集量论释略抄》，填补了汉传因明的空白。又对勘藏本《集量论释》，与释印沧合作校订了《理门论》，题为《因明正理门论本证文》，为《理门论》的研习提供重要入门书。

欧阳竟无还对陈那新因明大、小二论与法称因明作了对比。《理门论》关于宗过，共有五相违，《入论》增加了四种：能别不成，所别不成，俱不极成和相符极

① 欧阳竟无：《因明正理门论叙》，载《藏要》，第511页。

成。欧阳竟无解释说:“此其所以异者,《门论》义摄而略,《入论》作法而详也。”①《理门论》重在原理,《入论》重在论式,这是二论的重要区别。欧阳竟无实际上告诫我们,研习《入论》,不要忽略《理门论》阐发的原理。实际上《理门论》所阐发的原理中也是包括了这四种宗过的。《入论》增加了这四种宗过也是本之于《理门论》之义理。欧阳竟无又解释说:“如宗违因,《门论》既破,《入论》无文,非是师资故相矛盾。”②《入论》是《理门论》的简明读本,是研读《理门论》的入门阶梯。《理门论》中的有些原理,《入论》是当作成说接受下来,而未予阐发。例如,《理门论》有九句因,《入论》则只字不提;《理门论》强调因、喻共许极成,《入论》则只说及宗依极成,因此并不能说二论相矛盾。《叙》文把相符极成当作“四不成”之一,这是不正确的。

关于因过,《入论》与《理门论》一致,法称因明有所不同。欧阳竟无说:“然四、六翻因演四相违,共不共外演三分遍与违决不定,《入论》则同,法称独缺。法称独缺者,根本克实之谈也,《入论》所以相同者,作法取详之旨也。……岂是师资故相矛盾?”③法称因明中没有将相违因翻成四相违,也不设不共不定和相违决定因。欧阳竟无认为这是“根本克实之谈”,即照实之谈。对这句话的理解可以参考吕澂 1954 年发表在《现代佛学》上的《佛家逻辑—法称的因明说》。吕澂说:“法称掌握到语言与思维一致的原则,因而解决了为他比量里的一些纠纷的问题,这主要表现在废除‘不共不定’、‘相违决定’的两种因的错误上。……他以为平常思维里并不会有‘不共不定’那样的情形。因为比量思维都从同异比较上着眼,假使当时想到的理由只限于所比的事物才有,自不会进行比量,那又何从表现于语言?……不过,陈那所判也有事实的依据”④。对于相违决定因过,“他以为这在正常的比量中也是不会发现的。只要任何一种因能充分地成立了宗,即使再举得出别种因来,也自会相顺而成,否则原来因的本身就有问题。话虽如此,但胜声两家主张的矛盾事实俱在,又如何解释呢?法称以为,这只是不信任经验,但恁言教演绎比量,以致对于所讨论的问题会构成这样的混乱”。

欧阳竟无的“根本克实之谈”的意思,就是根据思维实际的普遍情形来设过失,取消历史上出现过的特例。这应当是法称对因明理论的发展。该《叙》文结

---

① 欧阳竟无:《因明正理门论叙》,载《藏要》,第 511 页。

② 同上,第 511—512 页。

③ 同上,第 512 页。

④ 吕澂:《佛家逻辑—法称的因明说》,1954 年发表于《现代佛学》。转引自《因明论文集》,兰州:甘肃人民出版社,1982 年版,第 191 页。

尾处提出,“因明学,应祖陈那而宗法称”,充分肯定了法称对陈那的发展。实际上把法称因明当作新因明的最高成就的代表。欧阳竟无认为“此若提婆之续龙树,无著之有世亲”。“然七论不来,正理方隅亦无译籍,挈瓶观井,曾何与沧海潏洋,应有何缘,一济饥渴欤。”①

在法称七论都未有汉译的情况下,欧阳竟无就为汉地学者指明了研究方向,应该说是很有远见卓识的。《叙》文中对三位代表人物的因明著作的比较,还涉及了喻过。总的来说,这种比较还是初步的,没有涉及法称因明在辩论术、逻辑和认识论三方面对陈那因明的根本改造,是为不足,也不能苛求。新因明开山祖陈那的因明著作很多,玄奘仅翻译了大、小二论。奘门弟子为这大、小二论所作疏记有几十部之多,但所传仅寥寥数本。由于《理门论》梵本早佚,现今世界上仅存汉译本,因此对汉译《理门论》的校注工作显得特别重要。

吕澂在佛学研究中,充分利用梵文、藏文、巴利文资料,治梵、汉、藏、巴于一炉,这是佛学研究方法上的创新。他把这种对勘研究的方法也运用到因明研究之中,将藏文因明资料这一世界上保存最丰富的因明资料与汉传因明资料作对勘研究,在因明研究领域别开了新生面。

《理门论》自来号称难解。吕澂和释印沧合编了《因明正理门论本证文》,参证藏本《集量论释》,刊定章句,研寻义理,这对于研习者准确地理解原著很有帮助。吕澂还在《入论十四因过解》中,将藏汉文本加以对比,提出了许多新见解,对深入研究《入论》很有参考价值。

在吕澂藏、汉对勘研究的基础上,丘檗编撰了《因明正理门论斠疏》,成为唐以后汉地学者少有的一本《理门论》注释本。

此外,不少学者把注意力放在对窥基《大疏》的校注上。梅光羲的《因明入正理论疏节录集注》是汉地唯一的《大疏》集注本。该书采录了唐疏各家见解,为现代因明研究提供了资料之便。熊十力的《因明大疏删注》是研习《大疏》的入门之作。它删去了《大疏》中的大量舛词碎义,对许多难解的词句作了注疏,有利于初学。陈大齐的《蠡测》对《大疏》的优劣得失也有详细的讲评。

二、加强系统的理论研究,第一次出版了全面、系统介绍因明理论的著作

因明作为一门学科,有它本身的缺陷。主要有以下几点:

---

① 欧阳竟无:《因明正理门论叙》,载《藏要》,第517页。

第一,因明中的许多基本术语,如"宗""法""能立""有体""无体""自性""差别"等,都不是一义的,因明的论、疏常在不同场合用同一语词不加解释地去表达各不相同的概念。这就很容易引起理解、注疏上的歧义和混乱。拿"宗"这个术语来说,在汉译本《理门论》《入论》中,既表示三支之一宗支,即论题,又表示宗支的组成部分有法,即宗支的主项,如"遍是宗法性"之"宗",还表示为有法之法,又称能别法,即宗支之谓项,如"说因宗所随"之"宗"。在藏文本《入论》中,表达这三个不同概念的语词诸字各异,没有歧义。

第二,概念的出现缺乏顺序性,一些在后半截才加以定义讨论的概念,往往在前半截甚至一开始就出现了。唐代的疏记一律采用讲经式,照章逐条讲解,也不免此弊。

第三,因明是佛家逻辑,与佛学有非常密切的联系。论、疏中解释因明法则的实例都涉及佛家与"外道"各宗各派的观点,由此增加了内容的驳杂性,远非西方逻辑那样纯粹。在某种意义上可以说:不通佛学,难精因明。这给因明的研习带来不少麻烦。

第四,对一些理论问题的解说,唐疏各家不尽一致,在一家中也往往有前后龃龉,不能自圆之处。

把因明当作一门学科来进行系统、全面地研究,加以耙梳整理,这项工作是现代才开始有的。"五四"以后,先后出版了一批通论的著作,这些著作的共同特点是,除了把《入论》的内容作为本论加以译介外,都先有引论或概说,使读者易于把握因明的全貌,例如,吕澂的《因明纲要·引论》中分有"因明名义""古今异说""因明所详""因明必要""研究方法"等五节,对因明的性质、发展、内容、作用、研习途径及研究方法都作了提纲挈领的说明。陈大齐的《蠡测》虽然是专题研究的汇集,但他总是从因明的体系着眼,在宏观研究的指导下进行微观的分析,因而评介中肯,颇具功力。

许多著作对因明术语的不同含义能做出正确的划分。例如,太虚的《因明概论》、吕澂的《因明纲要》、陈大齐的《蠡测》等都正确地解释了《理门论》和《入论》原本中"能立"一词的两种不同含义。又如,陈大齐《蠡测》将最难解的"有体""无体"的三种不同用法一一加以阐述,这对于读者是有很大帮助的。

有许多著作对论、疏中的实例所涉及的背景材料都作了很好的介绍。如吕澂的《因明纲要》、熊十力的《因明大疏删注》,还有周叔迦的《因明新例》等。

总的来说,现代时期的因明研究比起唐代因明研究是更理论化、更系统化了,有所发现,也有所前进。

三、加强了因明与逻辑的比较研究

在世界三大逻辑体系中，西方的逻辑是较为成熟的科学。传统逻辑，尤其是数理逻辑理应成为判断印度因明和中国名辩学的标准。玄奘大师本人在印度求学时达到了印度当时的最高水平。他回国后在对因明弘扬过程中，对因明有许多发挥，他本人述而不作，其口义当表现在弟子们的疏记中。但是玄奘师徒毕竟缺少逻辑武器为借鉴，在他弟子们的疏记中，难免有一些不合逻辑的解释。现代因明家普遍继承了近代学者把因明与逻辑作比较研究的传统，更加自觉地用逻辑工具全面地对因明进行研究和论述。多数学者由于所掌握的逻辑知识不够准确以及对陈那因明理论本身有误解，因而所作的比较研究在总体上不成立。

在太虚的《因明概论》、慧圆的《因明入正理论讲义》、陈望道的《因明学》、虞愚的《因明学》和龚家骅的《因明与逻辑》等著作中都列有专章比较因明与逻辑之异同。例如，陈望道说："其实因明中的所谓'因'，就是逻辑的三段论法中的所谓媒概念。因明云者，简洁地说，就是关于媒概念的学问"①。他认为因明三支与逻辑三段论的主要不同点如下：

1. 三段论法是思维的法式，三支作法是辩论的法式；
2. 三段论法是在演绎断案，三支作法是在证明断案；
3. 三段论法是以思维正当为目的，三支作法是以辩论胜利为目的；
4. 三段论法不像三支作法留心过失论；
5. 三段论法不像三支作法混合归纳法；
6. 三支作法的因，不像三段论法备列命题的全形。

陈望道认为，"这几条之中最重要的是第一条，其余各条几乎都可以看作从第一条权生出来。"②

关于因明、逻辑的同异，陈大齐在《蠡测·序》中有一简明扼要的评论："因明逻辑，二本同理，趋向有别，进展随异。逻辑详密，因明弗如。亦有道理，逻辑未说，如有无体，如自他共。"

尽管在总体上陈大齐也误将陈那逻辑当作演绎论证看待，而在许多专题比

① 陈望道：《因明学》，上海：世界书局，1931 年版，第 2 页。
② 同上，第 26—27 页。

较研究中,要数作为逻辑学家的陈大齐的成就最为突出。他在《蠡测》中,在许多专题将三支作法与三段论式在结构上、在推理规则等重要方面作了深入的比较,提出了一系列新见解。例如,他在"同品非有异品非有""宗同异品除宗有法"两个专题研究中,论述了宗同异品和因的第二、三相除宗有法的逻辑理由,以及九句因中的第五句因存在的合理性,与逻辑的不矛盾性以及因明与逻辑的不同特点;在"因后二相与同异喻体"专题研究中论述了二者的同异,指出因的第二相的逻辑结构为特称命题,并提出了三相不能缺一的重要观点;在"全分一分""宗因宽狭"两个专题研究中,他比较了全分、一分与逻辑命题之全称、特称的同异(他关于因明三支相当于三段论第一格 AAA 式的观点则不正确)。最值得一提的是,他已经尝试用数理逻辑的眼光来衡量因明三支作法的形式结构。这位逻辑学家在《宗因宽狭》专题中指出:"近世符号逻辑,欲令推理轨式,化繁就简,益臻精确,遂改一切判断,先陈后陈相等。否定特称,两皆废弃。此与因明,正相符合。因明二种正量,宗因及同喻体,俱属全称肯定判断,故为逻辑 AAA。"①在数理逻辑中,只有命题的否定而不设否定命题,这一点是与因明三支完全相合的,但数理逻辑既有全称命题又有特称命题即存在命题,而因明只设全称命题不设特称命题,这是二者之不同。陈大齐以为数理逻辑不设特称命题,这是误解,但他正确地指出因明的宗命题不设否定命题和特称命题,是难能可贵的。

与近代相比,因明与逻辑的比较研究中还存在一些明显的缺点,主要是因为研究者的逻辑眼界不高。例如,不少研究者不明白全称肯定命题与前后件主项相同的充分条件假言命题是等值的,因而不适当地强调了二者的差异;又如,由于不懂得在未假定主项存在的情况下,从全称命题推不出特称命题,即从"凡 M 是 P"推不出"有 P 是 M",唐疏以及现代有的因明著作中的另一大缺陷是将同喻体与因的第二相"同品定有性"等同起来。由于把二者等同,又错认同、异喻体可互推,因的第三相与异喻体逻辑结构相同,便导致因后二相可以缺一的不正确结论,等等。

虞愚的《因明学》首创用英文的逻辑概念对照因明术语进行讲述,有的还附上梵文。这有利于初学者了解英译的观点。可以说,对照本身就是一种比较研究。例如,书中有因三相(Three characteristies of the mddliddle term)的解释。"云何谓三相?一遍是宗法性。The whole of the minor term must be connected with the middle term 二同品定有性。All things denoted by the middle term must be homogeneous with things denoted by the major term 三异品遍无性。None of the

① 陈大齐:《蠡测》,第 143 页。

things herogneous from the major term must be a thing denoted by the middle term 是也。夫所谓三相者，即因对于同喻异喻有二种关系，合因对宗之关系凡三也。”①这里介绍了国外关于因三相的传统解释，其中第二相“同品定有性的逻辑形式相当于同喻体”。照搬外国学者的错误理解而未能指误这是缺陷。

四、开拓了因明研究的新领域

表现在两个方面：一是重要因明典籍的翻译，二是出现了因明史专论。

玄奘只译了陈那前期代表作《理门论》以及商羯罗主的《入论》，而没有译陈那的后期代表作《集量论》。对这一情况的评论，今之仁人、智者所见各有不同。陈那的前期代表作《理门论》是以立破为中心，大半篇幅讲立破，一小半讲量论，即知识论，而陈那后期代表作《集量论》是以知识论为中心，集因明、知识论之大成。陈那弟子自在军、商羯罗主等都注重立破之说，加以发挥。玄奘也是沿着这一方面进行翻译介绍的。有的因明家认为，这正好说明玄奘有见地，特意选译陈那的逻辑论而不译他的知识论的东西。有的认为玄奘对陈那知识论不完全赞同，玄奘在印度不可能没有看到《集量论》。吕澂认为玄奘限制了因明的范围，影响学者轻视量论。实际上这几种说法都各有其理由，各自评论的着眼点不同。玄奘着重介绍的是立破之说，所以只选译大、小二论。

鉴于《理门论》简拗，初学者如览天书，而《集量论》对《理门论》有许多发挥，倘若对照阅读，可以互相发明，吕澂补唐译之不足，从藏本中节译了《集量论》并译出《因轮决择论》，还根据《集量论》编注了《因明正理门论本证文》（与释印沧合作），这是对汉传因明的一大贡献。值得一提的是，王森在 1941 年从藏本中转译了陈那之后代表人物法称的《正理滴论》。可惜当时没有公开发表（后来发表于《世界宗教研究》1982 年第 1 期）。

在许多因明著作中，都设有专章介绍因明发展史。许地山的《陈那以前中观派和瑜伽派之因明》则是一篇长达六万多字的因明史专论。

论文介绍说，佛教诸宗派中最重要的是毗婆沙、经量、瑜伽及中观四派。四派中争论最激烈为瑜伽与中观两派。陈那以前的佛教理论家多半是这两派人物。据历史的说法，龙树和圣天属于中观派，弥勒、无著和世亲属于瑜伽派。这两派的论法，在辩护和破斥的方式上都是采用正理派足目的原则。该文依次评介了龙树、圣天（仅有生平）、弥勒、无著、世亲其人其书，理清了陈那以前中观、瑜

① 虞愚：《因明学》，北京：中华书局，1936 年版，第 12 页。

伽派发展因明的线索，同时发掘了不少很有价值的史料，发表了一些新鲜见解。现将该文的主要贡献介绍如下：

1. 提出了佛教逻辑所以特名为因明的猜测。许地山的论文认为，佛教的因明和外道的因论或因明不同之点可以用《瑜伽师地论》（以下简称《地论》）来比较。现存《地论》的五分是否同时成立不能确知，但其主要的部分，五分中的第一分本事分十七地，可断定是佛教论理系统最初的发展形式。那里头在建立了佛教的论说以外还加入外道的说法，尤其是采取尼也耶派所用的一般论理说和材料，把它们扩充起来。《地论》搜集材料的方向与外道论不同，它不为以论辩为中心的五分作法所概括，也不发展得像弥曼差派或胜论派所研究的那种论式，乃是进一步去搜集像在《摩诃波罗达》里的论理家所说的复杂材料。《地论》把这些材料搜集起来，不用“尼也耶”而用“因”为名，大概是因为它是从许多论理家发展出来的论说建立起来的缘故。“如果单独根据尼也耶派底论法或单独采取尼也耶派以后底材料；它就不会用‘因明’来做论理学底名称。佛教论理学所以特名为因明就在它与外道底论理学不同。”①

2. 对《瑜伽师地论》（卷 15）中关于因明的定义“谓于观察义中，诸所有事”作出清楚明确的解释，并纠正了窥基《大疏》中的错误。

上述因明的定义文字过简，内涵却很丰富，令人难解。窥基在《瑜伽略纂》（卷 6）中解“观察义”为“所建立法”，“诸所有事”为“能随顺法”，诸所有事即是因明，为因照明观察义故。许文认为这很费解而且有错误。许地山解释说，所谓“观察义”是指研究或论证等的对象，论者（不分立敌）对于所观察的对象必定要提出一种观点并且要把这一观点组织成为论式，简而言之，因明的论式便称为“所建立法”。如果所观察的事物只被认为一种纯粹的对象，就不会发生因明。因明又是在立敌双方对诤中产生的，没有论辩也不会有因明。立者所主张的意见是“能立”，敌者所持反对的理由称为“能破”。能立应指五分或三支，“能建立法”是立者所主张的意见，而“建立法”就是观察义，就是对象。立者的意见要组织成一种论式，所谓“能随顺法”就是这样一种合于立者之意见的论式，这样的论式是能为一切真知作论证的。“能随顺法”也就是真能立，包括三支或五分，而不是如《大疏》说仅指因喻。许文说，“能随顺法”既包括三支或五分论式，也包括论理上间接的现量和其他基础的知识作用，这就是“能随顺法”被解释为“诸所有事”的理由。由此，也可以解释“诸所有事”为“因明”。许文认为，《大疏》以“因即明”解释因明是注解家将过程与结果混合起来的一种自由的说法，严格说并不

---

① 许地山：《陈那以前中观派和瑜伽派之因明》，《燕京学报》第 9 期，第 1770 页。

是正确的,《大疏》之"为因照明观察义故"也是曲解文句。许文认为,在诸说中只取出"诸所有事"即是"因明"的解释就够了。

最后,许文得出结论说:"《地论》底定义是对于一般所观察的事物建立一种意见,其中关于能立与能破底一切论证底历程便是因明。明(Aidya)在现代的术语上当译为'学',所以'因明'就是关于'因'底学问。'因'底狭义的解释当指五分或三支中底'因'而言;至于因明底'因',意义就较为广泛了。因明命名底主旨在以五分三支中最重要的因来表示及概括一切关于论证底形式和事物,一切事物至终要归到使宗能正确地建立起来底因,所以这种学问称为因明。"①

3. 关于《瑜伽师地论》与《正理经》的比较。许地山认为,"就瑜伽论所述底因明说起来,学者以为它和《正理经》所说底很相近。它没有超出《正理经》所说底范围,但在叙述上比较地单纯一些。因为它所述说底只就论理底纯正方面而言,却不详论那不正或矛盾方面。如将因明看做一种形式的或法则的处置;就不妨单论它底纯正方面;如果看它是辩证底手段,就不得不论到谬误或矛盾方面,不然就得不到因明底效果。《瑜伽论》虽然只论纯正方面,但它底方法并不是形式的。……只是关于因明底全部事情,它底注意并不在因明中心底论理的理论。从因明底进步方面说起来,《瑜伽论》所叙述底可以当因明初期的状态看。它是后来因明论先导,所以成为佛教学术中底重要部分。"②

4. 对最早提出因三相说的《顺中论》作了介绍。

《顺中论》原是龙胜(即龙树)所造,无著所释,是无著随《顺中论》的义理附加自己意见的著作。其中可见到因三相的最早提法,所举实例为五分作法,但值得注意的是五分作法的喻由喻体以及喻依组成。这是因明发展史上的珍贵史料。

无著在《顺中论》中借问者(数论师)的口气说:

> 朋中之法,相对朋无,复自朋成。如声无常,以造作故,因缘坏故,作已生故,如是等故,若法造作皆是无常,譬如瓶等,声亦如是,作故无常,一切诸法,作故无常。③

《顺中论》中有因三相说是日本学者宇井伯寿的发现。宇井博士在《印度哲学研究》里有详细论述。许地山在论文中作了介绍。《顺中论》梵藏本均佚,

① 许地山:《陈那以前中观派和瑜伽派之因明》,《燕京学报》第9期,第1771页。

② 同上,第1798页。

③ 同上,第1811页。

仅存汉译，其中因三相说不仅在中国为初见，就是印度在无著以前也没有说到因三相的，所以《顺中论》为因明史提供重要资料。宇井认为，“朋中之法”便是第一相“遍是宗法性”的异译。“相对朋”是异品之异译，“相对朋无”即第三相“异品遍无性”。“复自朋成”与第二相“同品定有性”相当。一、三相中的“遍”字是玄奘翻译《入论》时依文意而增补的。《顺中论》在举出因三相之后，复将实例用问者的口气举出来。指示立量所具的因三相。若删去混入的注释，整理成下式：

宗　声无常。

因　以造作故。

喻　若法造作，皆是无常，譬如瓶等。

合　声亦如是。

结　作故无常。①

许文介绍说，宇井博士常说因三相说的比量是演绎法的论证，通常的五分作法是与这个性质相异的比论法（类比法）的论证，所以知道因三相不能仅用通常的五分作法。就是说不重第三喻支，却以喻体为主，若不把这个当做全称命题来说，来想，就不能与因三相的思想一致。最早采用含有三相意义的论法，当归于数论。但又认为从因三相说起来，遍充关系（作为全称肯定命题的同喻体）不外是第二相的同品定有性，同时也含有第三相的异品遍无性的意思。

第四节　在因明基本理论研究中所探讨的主要问题

如同西方逻辑在中国传播过程中研究者在理解和阐述方面产生许多分歧一样，因明学科在我国现代时期的弘扬过程中，它的许多主要理论和观点也受到不同的理解和不同的阐述。这是正常的，有益的。探讨、争鸣的结果，因明研究的水平得到了相应的提高。现将当时学者在十个主要理论问题上的不同观点简述如下：

① 许地山：《陈那以前中观派和瑜伽派之因明》，《燕京学报》第9期，第1811页。

一、关于《入论》“宗等多言名为能立”的解释

对《入论》“宗等多言名为能立”之“宗”和“能立”有四种不同理解：

1. 认为这里的宗是所立，因、喻才是能立，因循《大疏》《庄严疏》“文不乖古”“义别先师”之说。古因明师以宗之有法、能别二宗依为所立，宗体为能立。新因明师说，“宗等多言为能立”，是为了不在文字上乖古，但实际上这里的宗的意义是所立，而不是能立。例如，熊十力的《删注》说：“论文于宗字下，置于等言，即目因喻。虽则标举其宗，而意实正取因喻为宗之能立体。即明宗为此能立之所立也。”①又说：“盖由论主本意，其文应云，此中因喻多言，名为能立。然以不欲显乖古文，致成诤竞之故。遂顺古为言，举其宗等。而于等字之中，特含微意，借伸己义已耳。自来新义之立，恒恐被哗于泥古者之口。立说之所以难也。然而何以征论主之意耶。曰释家盖于论主余处之文，推寻得此。……即此中举宗，非是能立。貌顺古而实非也。”②

2. 认为能立有二义。在一个论式内部，宗是所立，因喻是能立。八义（八门）相对而言时，宗、因、喻三支均为能立。例如，太虚《因明概论》认为：“须用宗因喻三支总成为一能立性。若阙一支，便有阙支之过，于能立性即不圆满。故此总以宗因喻多言名为能立。不单指因喻为能立，以宗为所立也。盖三支自为相对时，宗为所立，因喻乃名能立，是对所立之能立也。能立之名虽同，名为能立之义不同。”③

吕澂也认为，“然从立破总谈，宗固同为能立。”④

陈大齐也主张能立有二义。陈大齐在《蠡测》中指出，《大疏》对“宗等多言名为能立”一句作了两种解释。《大疏》第一释为：

> 宗是所立，因等能立。若不举宗，以显能立，不知因喻，谁之能立。……今标其宗，显是所立，能立因喻，是此所立宗之能立。虽举其宗，意仅所等一因二喻为能立体。若不尔者，即有所立滥于古释。能立亦滥彼能立过。为简彼失，故举宗等。⑤

① 熊十力：《删注》，上海：商务印书馆，1926年版，页八左。

② 同上，页八右。

③ 太虚：《因明概论》，武昌中华大学讲义，1922年版，第3页。

④ 吕澂：《因明纲要》，上海：商务印书馆，1926年版，第6页。

⑤ 窥基：《大疏》卷一，页二十二左。

《蠡测》把这一解释概括为“显所立而简滥”。如果说在“宗等多言名为能立”一句中“举宗”是为了“简滥”,那么会“适得其反”。《蠡测》认为有两点不妥。第一,“盖误以此能立之立解同成立”①,意思是,《大疏》误作此“能立”为证宗之理由。即宗是所立,而因、喻为能立。实际上此能立别有意义。第二,“既言宗等能立,宗益滥于能立,其所立义,更无由显。简滥益滥,应非论旨。”②意思是,照《大疏》说,《入论》的本意是要把宗与能立(因、喻)区分开来,如果是这样的话,那就不应该说“宗等能立”的话。既然说“宗等能立”,把宗放到能立中去了,又怎么来显示它是所立呢?如此非但不能简滥,反而违背初衷,陷入自相矛盾的境地。陈大齐认为这种自相矛盾之说不会是《入论》的本意。

《大疏》之第二释:

> 陈那等意,先古皆以宗为能立,自性差别二为所立。陈那遂以二为宗依。非所显诤,说非所立。所立即宗,有许不许,所诤义故。……因及二喻,成此宗故,而为能立。今论若言因喻多言名为能立,不但义旨见乖古师,文亦相违,遂成乖竞。陈那天主,二意皆同。既禀先贤而为后论。文不乖古,举宗为能等,义别先师,取所等因喻为能立性。故能立中,举其宗等。③

《大疏》的意思是,“宗等多言名为能立”从字面上说顺古,实际所表达的意义却不同。《蠡测》认为《大疏》“曲为解释,于理亦有未顺”。其一,有自教相违过。“文以显义,应与义符,今文谓此,义则指彼,文与义违,何以悟人。自教相违,诚为过失”。其二,《大疏》“文不乖古”之释未能一以贯之。疏释宗为乐所成立时,说过“又宗违古,言所成立以别古今”④与“文不乖古”相抵触。其三,“夫惟别创新义,尤应阐述明显,庶令墨守之徒,知新是而旧非。隐约其词,且不足以阐扬新义,暗违明顺,徒为旧说张目而已。”⑤

《蠡测》还将《入论》中15处涉及能立的说法逐一考察,指出“并摄宗者有九”,“指因法者有六”。并进一步提出能立二义的观点:“其一与所立相对望,能者对所而言,立者谓成立义。此云成立,意即成宗,亦即今语所谓证明。……若约此义,因喻所以征宗,自是能立,宗为因喻所成,应是所立。亦可释言,宗与因喻对望,宗是所立,不得亦称能立。能立之第二义,与似立相对望,能者谓其非

---

① 陈大齐:《蠡测》,第6页。

② 同上,第6—7页。

③ 窥基:《大疏》卷一,页二十二左。

④ 窥基:《大疏》卷二,页十四右。

⑤ 陈大齐:《蠡测》,第7页。

似,立者谓申自宗。如疏言:‘立谓能申自’故此能立之立。意即立破之立,亦即立敌之立。……由此言之,宗是所立,亦是能立,貌似抵触,义各有当。”①

3. 清净主张以宗言宗义来区分能立所立。宗既是能立,又是所立。能立亦复有二义。他说:“因喻及宗能诠之言,皆名能立;唯彼宗义,名为所立。世亲以前,宗为能立,约宗言说。陈那以后,宗是所立,约宗义说。天主此论,亦约宗言为能立体;故言宗等多言。”②宗言即用言语表示出来的宗体,与用言语表示出来的因喻一并称为能立。宗义即用言语所表示的宗之意义,是争论的对象,是靠因喻成就的所立。他在解释《入论》“已说宗等如是多言,开悟他时,说名能立。如说声无常,是立宗言。……唯此三分,说名能立”时,认为“声无常者,通能所立。言,为能立;义,为所立故。今唯能立,简非所立;故此中说是立宗言。”③

以上三种解释中,熊十力的说法因循了《大疏》之误。第二种说法主张能立二义完全符合《入论》的本意。清净的解释与此说异曲同工,是从不同的角度解释了宗与能立均有二义。

4. 也以宗言、宗义来区分能立、所立,但又认为“宗等多言名为能立”不过顺古师说,“多言”不包括宗,而是指因、同喻、异喻这三数。例如,王季同在《因明入正理论摸象》(以下简称《摸象》)中提出,“古师皆以宗因喻并为能立。陈那始以因及同异喻三为能立,宗为三之所立。然以言对义,则宗所诠之义正是所立;其能诠言亦得说为能立。故此处顺古师说宗等多言名为能立。云多言者,文字或声音能诠一切法(即意识对象)者,谓之言。言之所诠者,谓之义。……陈那虽以宗为所立,然因及同异喻为能立,仍有三数。”④这虽是一种折衷之说,承认宗“其能诠言亦得说为能立”,但总的说,还是因循了《大疏》之误解。按因明惯例,同、异喻只能算一支或一分,《摸象》作者把因和同、异喻解释为三数失之牵强。

二、关于九句因是否为古因明所有

九句因与新因明因三相关系甚为密切。大多数因明著作认为,九句因是古因明所创,甚至是正理派创始人足目就已提出,但是多为猜测,而缺乏考证。唯吕澂考定九句因为陈那首创。

---

① 窥基:《大疏》卷一,页十七左。

② 清净:《因明入正理论释》,上海:光明书局,1934 年版,页七右。

③ 同上,页三十二右。

④ 王季同:《因明入正理论摸象》,上海:商务印书馆,1936 年版,第 5 页。

在现代因明著作中，太虚在《因明概论》中最早提出："旧因明之概要即九句因与五分作法也。"①

密林认为："此九句因，相传为足目所造。但九句因中，除二八为正因外，四六属法自相相违，余五皆不定过摄，其四不成后三相违，及决定相违等过，皆九句因所不摄。故新因明之立因三相，较之古因明九句因为完整也。"②

陈望道认为："检别因的正不正，在古因明中曾有所谓九句因。把因对于同品和异品的关系一一网罗了来，而把它们分为九个范畴。"③又说："因的三相实际是从古因明的九句因中脱化出来。不过九句因网罗了同品和异品之间所可有的各式情境，而断定其中的第2、第8两句为正因；新因明却排除了九句因中不正的各因，单从正因抽出必须具备的性质来，规定为这里的第二相和第三相。说法上实际进步了许多。而且增加了第一相，规定因和宗前陈的关系，使因为逻辑上的媒概念的性质，格外地明白，也未尝不是新因明比古因明进步的一端。"④

吕澂认为："旧传九句因足目所说，然今寻正理经文无此，惟陈那因轮、理门，广辨其相，以理推征，应创自彼。"⑤

三、关于表诠、遮诠之理解

表诠、遮诠是佛学中的重要概念，也是因明学中的重要概念。按照吕澂的说法，"遮诠"这是陈那对于"概念纯以否定其余为本质"的创说，并未涉及命题的性质。但是在有的现代因明著作中，却误解为否定命题。表诠、遮诠是指命题的肯定、否定呢，还是指概念的正、负，这直接关系到三支作法具有怎样的推理形式。在这一问题上，如果发生误解，那么对因明三支中喻依的理解会出现疑问。

1. 主张表诠即肯定命题，遮诠即否定命题。陈望道认为："言语形式上有表示前后两端相合的，也有表示前后两端相离的。表示相合的，因明上叫做表诠，即逻辑上的肯定命题；表示相离的，因明上叫做遮诠，即逻辑上的否定命题。不过逻辑上论命题的肯定和否定，不限于断案，因明上说的表诠和遮诠，平常都指宗而言。"⑥

---

① 太虚：《因明概论》，武昌中华大学讲义，1922年版，第27页右。
② 密林：《因明入正理论易解》，上海：佛学书局，1940年版，第28—29页。
③ 陈望道：《因明学》，上海：世界书局，1931年版，第14页。
④ 同上，第26页。
⑤ 吕澂：《因明纲要》，上海：商务印书馆，1926年版，第13页右。
⑥ 陈望道：《因明学》，第42页。

陈著还举了一个遮诠论法的实例以作说明：

宗　草木不是有情识的，

因　不是动物故，

喻　如石瓦等。

陈著显然是以上例为真能立，即正确的论式。但是按照陈著的说法，则上例中同喻依有问题，犯有喻过。这是因为既然宗、因二支都是遮诠即否定命题，则宗之能别法为“有情识的”，而因法为“动物”。大家知道，同喻依“石瓦”必须既是宗同品，即有“有情识的”性质，又须具有因的性质（为因同品），即具有因法“动物”的性质，但是“石瓦”显然不具有这两个条件。这一矛盾正好说明宗、因二支不能是否定命题，而是肯定命题，只有这样，才无过失。我们可将上例改写成下面的等值式：

宗　草木是没有情识的，

因　是非动物故，

喻　如石瓦等。

准此，则同喻依“石瓦”既同宗法“没有情识的”，又同因法“非动物”，完全合乎同喻依必须宗、因双同的条件。由此观之，说“遮诠是否定命题”是不能自圆其说的。相反，只有把遮诠理解为负概念（指命题的谓项），上例才能是真能立。类似的例子在唐疏中还不少，都可作上述处理，否则便要发生误解。

2. 认为表诠、遮诠属于概念论范畴。遮诠近似于逻辑之负概念，与此相对表诠则近似于逻辑之肯定概念。陈大齐之《蠡测》广集论、疏众说，求其意义，认为“遮”或“遮诠”都是就概念而言的，“故此遮义，与逻辑中所云负名，约略相当。”① “遮诠云者，不仅谓其不尔，且亦非有所目，非有所诠之体。如曰无有，但遮其有，不必世间别有无有之体，指而目之然后始得言无。……表诠返此，必有所目，其所诠者必有其体。如曰常住，表有常体，如曰无常，表有无常。准因明理，遮诠不兼表，表诠必兼遮。”②

吕澂的《纲要》等以及熊十力的《删注》虽未直接解释表诠、遮诠之含义，但从他们对遮诠、表诠二词的用法来看，也是就概念而言的，并未涉及命题的质。例如，《纲要》在论宗体有无时说，“视能别言，遮、表、遣、立，宗中有法随应有无。

① 陈大齐：《蠡测》，第 206 页。

② 同上，第 202 页。

总宗从别，遂成四式。”①这是说能别有遮、表之分，能别相当于论题的谓项，是一个概念。显然，遮、表不是指命题的质。又如，熊十力的《删注》说：“以无为宗者，谓无体宗者，有法无体，能别复遣。如佛家立神我是无宗。有法神我，本无是物，能别曰无，即对于神我而遮遣。”②熊十力举的例“神我是无”在《大疏》里就是“我无”。熊十力说得很明确，“能别曰无”，“无”是遮诠，而整个宗支为肯定命题。这是毋庸赘言的。

四、关于全分、一分是否为全称、特称

1. 认为全分、一分就是逻辑上的全称、特称。陈望道认为：“言语的分量上，有表示后端遍通于前端的全分的，也有表示后端遍通于前端的一分的。后端遍通于前端的全分的，如说‘凡甲是乙’，这是宗，就称为全分的宗；后端遍通于前端的一分，如说‘有甲是乙’，这是宗，就称为一分的宗。不过也是逻辑上的所谓全称特称，不限于断案，而因明上说的所谓全分一分，主就宗而言的。”③

2. 认为因明全分与逻辑全称有同有异，一分不同于逻辑之特称，这一说法比较合乎因明的本意。这一说法的提出者为陈大齐。他认为，“疏云全分，可有二义，一就一名说其所指事物全体，他则联系多名总说其为全分”④。陈大齐举例说，如所别的极成全分四句中之“我是无常”，“神我实有”，如自语相违全分四句中“一切言皆是妄”。陈大齐认为，“就我名与言名，说其全分，此与逻辑全称，最相切合。”这是一名之全的例子。多名之全，实际是指复合主项的联言命题，这种联言命题可拆成若干个全称的简单命题。《蠡测》举例说，其现量相违全分四句中，“同异大有，非五根得”，“觉乐欲，非我现境”，前例之有法成自二名，后之有法成自四名。此之多名，非必关带，……第一例可析为二种全称命题，第二例可析为四种全称命题。陈大齐认为，“联系多名，以说全分，此与全称，义已稍异，第其所联本属全称，多全说全，亦尚我违。”⑤

《蠡测》认为，“至若一分，异于特称”⑥。接着，陈著引《大疏》说，比量相违一

① 吕澂：《纲要》，上海：商务印书馆，1926年版，页九右。
② 熊十力：《删注》，上海：商务印书馆，1926年版，页三十七左。
③ 陈望道：《因明学》，上海：世界书局，1931年版，第44页。
④ 陈大齐：《蠡测》，第110页。
⑤ 同上，第111页。
⑥ 同上。

分四句之说,“有违共一分比,如明论师对佛法者,立一切声是常。彼宗自说明论声常,可成宗义。除此余声,彼此皆说体是无常,故成一分。或是他全自宗一分。”①《大疏》说两俱不成曰:“三有体一分两俱不成。如立一切声皆常宗,勤勇无间所发性因。立敌皆许此因于彼外声无故。”②《蠡测》指出,“以上二例,虽标一分,察其宗旨,皆是全称。”另外一种情况是复合主项的联言命题,亦可拆成若干个全称的简单命题。如,所别不成一分四句,“有自一分所别不成非他。如佛弟子对数论言,我及色等皆性是空。色等许有,我自无故。”③又如,相符极成一分四句,“有符他一分非自,如萨婆多对数论立我意实有。说意为实,两不相符,立我实有,符他一分。”④《蠡测》认为,“此二亦是联系判断,其宗有法,曰我曰色,曰我曰意,且皆全分,分别立之,各得二宗,皆属全称而非特称,其所以标一分言者,谓多名中之一名耳。”同时还指出,“疏于宗因二法,亦说全分一分。”⑤逻辑的量项,只涉及主项的范围。这又是二者之不同。《蠡测》还认为,“逻辑全称特称,偏重形式,因明全分一分,偏重实质。其言全分,或谓一名之全,或谓多名之全,一分亦尔,或谓一名之分,或谓多名之分,皆属内义,无关外形。”⑥

五、关于有体、无体之不同理解

1. 有体、无体之分限于命题,与命题的内容有关,与命题的肯定否定形式无关。陈望道认为:“这有体无体是一种内容: 意义上的区分,与形式上的肯定否定无关。凡是内容上意义上为肯定的,不问形式上是肯定(表诠)是否定(遮诠)都是有体;凡是内容上、意义上为否定的,不问形式上肯定(表诠)是否定(遮诠),都是无体。故表诠也有无体命题,遮诠也有有体命题。如说,‘真理是空想’,就是形式上为表诠而内容上为否定真理的,是无体;倘说‘真理不是空想’则又是形式上为遮诠,而内容上为肯定真理的,是有体。”⑦

2. 吕澂《因明纲要》认为宗、因、喻都有有体、无体之分。认为有体宗与无体宗各有二式:

---

① 窥基:《大疏》卷四,页二十三右。
② 窥基:《大疏》卷六,页二左。
③ 窥基:《大疏》卷五,页十左。
④ 同上,页十五左。
⑤ 陈大齐:《蠡测》,第 112 页。
⑥ 同上。
⑦ 陈望道:《因明学》,上海: 世界书局,1931 年版,第 46 页。

第一,有法有体,能别表立,此有体宗。
第二,有法有体,能别遮立,此有体宗。
第三,有法无体,能别表立,此无体宗(除破,皆有过)。
第四,有法无体,能别遮立,此无体宗。①

该书未专门给有体、无体下定义,但从下列四式来看,作者主张区别有体宗与无体宗之标准是看有法是有体还是无体。有法有体则为有体宗,有法无体则无体宗。由此也可以看出,《因明纲要》与陈著《因明学》观点不同。吕澂认为有、无体问题不光涉及命题,并且涉及概念,而且首先是有法、能别等概念有有体、无体之分,才引起宗体等的有、无体之分。这一见解是正确的。

吕澂在书中还讨论了宗、喻间有体、无体之关系,但未分自比量、他比量和共比量。这是不足之处。此外,他还赞成有通二之因,例如,所知性因既通有体宗,又通无体宗。② 这在逻辑上是不能自圆其说的。

3. 熊十力的《删注》与《纲要》基本相同,但宗之有、无体只立三种:"无体宗者,有法无体,能别复遣,如佛家立神我是无宗。"③又说:"以有为宗者,谓有体宗,此复为二。有法有体,能别别遮,如立心心所非质碍宗。……其次有法有体,能别复表,如立声是无常宗。"④《删注》也误以为有通二之因。

4. 陈大齐的《蠡测》是唯一详论有体、无体的著作。该书给无体、有体下定义说,"立敌不共许其事物为实有者,是名无体","有体者谓立敌共许其事物为实有"⑤。书中还指出有法、能别、因法、喻依等概念均有有、无体之分。《蠡测》详细探讨了有无体与表诠、遮诠以及有义、无义之关系,并且认为《纲要》和《删注》关于有体宗、无体宗之论述,未分自、他、共。该书还指出《大疏》关于宗、因、喻间有体无体之关系的三种说法未能先后符顺,原因是"泛说有无,未分自他及共"。

陈大齐在《有体无体表诠遮诠》一节中指出,对于《大疏》所说有体、无体之判别,"后世解者,说本纷坛"。

陈著将散见各处之无体实例加以归纳。"大疏说无体之理由,不外二义。曰无,曰非实有,即谓无此法体,亦即无此事物。曰不许,曰不立,谓立敌不共许。曰不成,则双举二义。……立敌不共许其事物为实有者,是名无体。云不共许,

---

① 吕澂:《因明纲要》,页九右至十左。
② 同上,页二十左。
③ 熊十力:《删注》,页三十七左。
④ 同上。
⑤ 陈大齐:《蠡测》,第185页。

非共不许，故若立敌随一不许，亦是无体。”①

陈著从无体的定义出发，又提出了有体的定义。“有体为无体之矛盾概念，若非无体，便是有体。是故有体之义，可从无体推衍而得，有体者谓立敌共许其事物为实有。”②

陈著还指出，有、无体这两概念与极成、不极成两概念是完全一致的。“是则疏云有体无体，以法体有无及共不共许为分别之标准。真极共许合为极成。故亦可简言曰，有体者谓极成之体，无体者不极成之体。”③

陈著又进一步指出极成所包括之二义真极和共许的关系：“然自立敌言之，共许者必共信真极，共信真极亦必共许，故极成言，尤重共许。”这样，又可以说，“立敌共许者是有体，不共许者即是无体。”

该书根据以上对有、无体的理解，作为衡量标准对照检查《大疏》中明确说到宗（宗之有法）、因（因法）和喻依有体、无体的大量实例，结果是“殆无有不相切合者”④。

陈著认为，在《大疏》中明文有无体者除一例外，皆相切合。这一例外是指有体喻依之例：“如空”——外道对佛法中无空论——立许敌不许，而在无体喻依之例中“如空”——声论对无空论——立许敌不许。同此无空喻，同对无空论，且同是立许敌不许，一作有体，一作无体，岂不自相矛盾？《蠡测》认为，根据《义纂》关于有无体宜分自、他、共的说法，这个矛盾是由于《大疏》没有分自、他、共比量而造成的。

《蠡测》根据上述标准考察了宗之谓项能别的有、无体问题。“能别与因同为宗法，因法既分有体无体，能别义准亦可有二。

有义、无义，表诠、遮诠，有体、无体这三组概念有密切的联系，《大疏》中没有有义、无义的说法，但在其他疏记中常常出现。《蠡测》汇集文轨、义纂、篠山（日僧善珠）三家之说，加以探讨。“是故有义无义同于表诠、遮诠。”⑤

文轨和篠山二家在有义无义之外，别立第三种通二法，既通有义，又通无义。文轨和篠山二家提出通二法，是另立标准。因为有义无义之判别，在于本身是表还是遮，而通二法判别之由在于有法，无关表、遮。陈著认为，“大疏不

---

① 陈大齐：《蠡测》，第 184—185 页。

② 同上，第 185 页。

③ 同上。

④ 同上。

⑤ 同上，第 198 页。

设,独具灼见"①。

一个概念是有义,还是无义,并不是固定不变的。例如,在"我常宗,非作故因"中,此"非作故因"便是有义因,而在"我无宗,非作故因"中,"非作故因"又成了无义因。此外,还可细分为自他共。"立敌共许有遮有表者,是两俱有义,立敌共许唯遮不表者,是两俱无义,立敌有表敌但许遮者,是自有他无义,立但许遮敌许有表者,是他有自无义。"

在说明有义、无义同表诠、遮诠之后,《蠡测》又解释了表诠、遮诠的含义。如前所述,作者认为,遮诠与逻辑中所云负名(负概念),约略相当。遮诠不兼表,表诠必兼遮。

《蠡测》认为:"有体无体,有义无义,表诠遮诠、三虽异名名,义实相通。有无言其体,表遮述其用,此其别耳。"②

《蠡测》提出了区分宗支有体、无体的标准,又根据自、他、共三种比量详论各概念间有、无体之相互关系。这样,对有、无体的解释就完全了。

六、关于有无因同品、因异品

1. 一种观点是以《大疏》为根据,认为同、异品有二种:一是宗同品、宗异品,二是因同品、因异品。陈大齐《蠡测》从五个方面充分论证了因同、异品一说存在之理由。

第一,《入论》之中,可资以助因同品之说者,于"显因同品"外,复有二处。一者说同品一分转异品遍转曰:"此因以电瓶等为同品故,亦是不定。"金陵刻经处版《因明入正理论疏》,商务印书馆《因明论疏瑞源记》皆作同品,他本亦有作同法者。二者说同法喻曰:"若是所作见彼无常如瓶等者,是随同品言。"同法喻者,谓宗随因,宗是能随,因是所随,今言随同品,同品是所随,故应是因同品。且如是释,与理门"说因宗所随"正相符顺。是故此文,可为一助。③

第二,《庄严疏》释"显因同品决定有性",亦云"因者,谓即遍是宗法因。同品谓与此因相似,非谓宗同名同品也。"④又曰:"谓若所作,即前显因同品也。"⑤

① 陈大齐:《蠡测》,第199页。

② 同上,第205页。

③ 同上,第63—64页。

④ 文轨:《庄严疏》卷一,页二十二右。

⑤ 同上,页二十三左。

然则《大疏》说因同品，必有所本，非其始创。纵或《大疏》误读，遂以别创为名，然有此名目，于阐述义理，益增方便，亦复可取。

第三，指出《大疏》关于因同异品定义有二。“惟疏说因同异二品，义涉歧异，不作一解，为可惜耳。”①《大疏》一方面说“因者即是有法之上共许之法，若处有此名因同品。”②又言：“有此宗处，决定有因，名因同品。”③是则因同兼及宗同，与同法喻一而不二。其言因异品，亦作如是二解。同异品同异宗因，即因同品既同宗，又同因，因异品亦既异宗又异因，有名实乖离之嫌。

第四，《大疏》因循《入论》之说，“疏谓论多说因之同品为同法，其因之异品为异法，而论之说同异二法，兼作二解，疏遂因之。”④陈大齐认为，如果因同异品是同异二法别称，何必增设新名，以益烦琐，而且说因。

第五，陈大齐认为，所贵乎别创新名者，意义确定，不可游移，庶足资阐述之方便。《大疏》曾言：“又因宗二同异名法，别同异名品。……次下二因同异，及上宗同异，并别同异，故皆名品。”⑤这里，《大疏》规定了宗、因双同为同法、宗因单同为同品。别即单。陈大齐认为诚能守此界说，以解因同异品庶几义无混淆，而有助于阐述。

2. 另一种观点认为《大疏》误解了《入论》，杜撰了因同品、因异品二名词，带来了矛盾。此说以吕澂为代表。吕澂《因明纲要》说：“大疏谓同喻显相正显因同品处宗法随有，异喻显相兼显因异品处宗亦随无。窥师所据，在小论解同喻处‘显因同品决定有性’一句，以‘显因同品’为读，遂立名目。解作因同品处决定有宗。于是广衍其说，释喻释因，触处葛藤，莫由拔豁。其实勘彼理门，一则曰，‘能显示因同品定有异品遍无’；再则曰‘以具显示同品有异品遍无，能正对治相违不定’；三则曰，‘然此因言唯为显了是宗法性，非为显了同品异品有性无性，故须别说同异喻言’。是喻所显，因后二相，毫无可疑，小论之文，自是同品属下，而谓显因之‘同品定有性’，此则同品决定有因谓因有宗适成矛盾。立因同异，法相淆然。故彼解非，应知简别。”⑥

吕澂所引的《理门论》三处说法，都不过是说明同、异喻显示因之后二相同品定有异品遍无，但据此得不出无因同品一说之必要的结论。同、异喻的陈述是对

① 陈大齐：《蠡测》，第 64 页。
② 窥基：《大疏》卷四，页二右。
③ 窥基：《大疏》卷三，页六右。
④ 陈大齐：《蠡测》，第 65 页。
⑤ 窥基：《大疏》卷四，页二左。
⑥ 吕澂：《因明纲要》，页二五右。

象语言，而因三相规则是用元语言陈述的规则，二者本来就是有区别的。

吕澂在《入论十四因过解》中，比较了《入论》的藏、汉译本。吕澂指出，按照藏本，同喻体的逻辑形式应是“因与同品有性”，的确没有因同品一说。此外，吕澂在他后来参照梵、藏本作了精密校勘的支那内学院藏要本《入论》中也为汉译本“若于是处显因同品决定有性”一句作注说，“二本此句意云，显因之同品定有”①。准此，梵本在此处亦无“因同品”一词。但梵本有无因同品一词是一回事，唐疏有因同品一说是否支离又是另一回事。吕澂的结论仍然是值得商榷的。

3. 主张宗同异品即兼显因同异品，设因同异品是多余的。这种观点实际就是《大疏》关于因同品的第二种定义，如前所述，陈大齐认为“义涉歧义”，有“名实乖离之嫌”。例如，熊十力的《删注》说：“吾以为论说同异品，唯就所立有无为言，足征精意。盖言所立者，正目宗法，即兼显其能立之因法。若处有所立法，说名同品。即此同品，正取宗同，兼显亦不离因。若处无此所立，说名异品，即此异品，正取宗无，兼显亦无其因。以故但言同品异品，义极周到。更析为宗同异，因同异，便若支离。盖于宗因各立同异，则必无常宗，唯取常无常法，为同异品。所作因，唯取作、非作法为同异品。若此，则何以见无常与所作之定相属著而不离乎。”②

七、关于同品定有性是否等同同喻体

1. 绝大多数著作都主张二者是等同的。这些著作都认为因的第二相“同品定有性”的“同品”是同于宗之能别法，即同于宗之谓项，但都未注意到“同品定有性”与同喻体“说因宗所随”的主谓项是不同的。例如，太虚认为，“因有三相，谓有三方面也。以因对宗上前陈之有法，一面及对宗上后陈法同品异品之正反二面；或对喻中同喻异喻二面，成为三面，故云三相。……兹先作图示之。”

对宗上有法—遍是宗法性

同品定有性—对宗法同品……同喻

异品遍无性—对宗法异品……异喻③

熊十力《删注》说，“陈那显同喻体云，若是所作，便见无常。即此同喻，是因

① 转引自吕澂：《讲解》，第15页。

② 熊十力：《删注》，上海：商务印书馆，1926年版，页三十一右。

③ 太虚：《因明概论》，武昌中华大学讲义，1922年版，第4页。

之第二相同品定有性。”①

2. 虽未直接对同品定有性与同喻体作明确区分，但由于对同品和同品定有性作了正确解释，使人一看就知道同品定有性与同喻体是不同的。陈望道《因明学》说，“第二相的同品定有性，是说因对于宗的同品关系。——所谓同品，就是同类；凡和宗依的后陈即前条所谓法者同类的物件，都称为同品”，“所谓定有性者，就是说宗的同品中必定具有该因的性质的意思。但不须同品全都具有该性质。所以只说‘定有’不说‘遍有’，也不说‘悉有’。……第二相为同品定有性，正和因明的九句因中，正因必如第二句同品为有，或如第八句同品为有非有。——就是同品至少须为有非有的意思相当。”②作者明确指出同品指宗依后陈，即宗之谓项，而同品定有性与九句因里第二句中的同品有、第八句中的同品有非有一样，同品都是命题的主项。从上述论述中实际上可以得出这样的结论：以同品为主项的同品定有性与以因作为主项的同喻体是不同的。

3. 直接指出同品定有性与同喻体的主谓项适成颠倒，同品定有性不等于或不能单独证明同喻体。陈大齐在《蠡测·因后二相与同异喻体》中认为：“二相既具，随可证明，同异喻体确定无误。然若谓同喻体为第二相单独所能证明，或竟谓同喻体不过第二相之显诸言陈，此违事理，定非确论。”③理由如下：其一，“同品定有，出九句因。理门论曰‘宗法于同品，谓有非有俱。’大疏释云，‘于同品者，宗同品也’。故同品定有者，谓宗同品有因。同法喻体，先因后宗，其所显示，说因宗随。是故论云‘若于是处显因同品决定有性’，谓因有宗，非宗有因。前者自果求因，后者自因求果，其在言陈，主谓位置适相颠倒。”④其二，主张从同喻体“一切乙是甲”可换位成“若干甲是乙”，即同品定有，但从同品定有所包括的两种情况，一切甲是乙或若干甲是乙，换位后，但得若干乙是甲，不同于同喻体“一切乙是甲”。故《蠡测》认为，“同法喻体，必摄同品定有，同品定有非必能证同法喻体。”⑤其三，“同品定有性既无力单独证明同法喻体，故必合异品遍无性，积极消极双为之证，而后始收能证之功。……至若异法喻体第三相得独立证明，不烦第二为之协助。”并且认为“第三相双证同异二喻体，故于因明，

---

① 熊十力：《删注》，上海：商务印书馆，1926 年版，页四左。

② 陈望道：《因明学》，第 59—60 页。

③ 陈大齐：《蠡测》，第 81 页。

④ 同上。

⑤ 同上，第 82 页。

尤关重要”。①

《蠡测》认为,由于同品定有性与同喻体主谓项适成颠倒,从前者推不出后者,是正确的。说同品定有性不等于同喻体也是正确的。但认为可从同喻体推出同品定有性则是错误的。因为同喻体的命题形式即便是全称命题,在未假定主项存在的条件下,也不能推出特称命题的同品定有性。传统逻辑假定了主项存在,因此,从全称命题可以推出主项存在的特称命题。但是现代逻辑考虑到有空类,不能从全称命题推出特称命题。由于同喻依一身二任,集宗、因同品于一身,因此举得出同喻依,就表明同品定有性得到满足。一个论式,若举不出同喻依,则缺第二相,该论式之因为非正因。

八、关于因的第二、三相能否缺一

1. 绝大多数著作虽未直接说后二相可以缺一,但由于误把因后二相等同于同、异喻体,而又认为同、异喻体可互推,因此,绝大多数著作实际上隐含了因后二相可以缺一的观点。

2. 正面论述了因三相是正因的三个必要条件,因而实际上承认三相不能缺一。陈望道说:“正因所必须具备的三个条件——三相。凡要宗能成立,其所用的因,都须具备上节所说的三相;就是,(1) 于宗(前陈)须遍为宗法;(2) 于同品须有;(3) 于异品须遍无。”②陈著认为,因三相之所以是正因的必要条件,是因为因的二、三相是从“九句因中脱化而来”,“不过九句因网罗了同品和异品之间所可有的各式情境,而断定其中的第二、第八两句为正因;新因明却排除了九句因中不正的各因,单从正因抽出必须具备的性质来,规定为这里的第二相和第三相。”③陈著的理解是完全正确的。第二、三相是二、八正因所具有的共同特点,二、八正因包括了同品、异品两方面与因的关系,缺一不可。

3. 直接论述了因之后二相不可缺一。陈大齐认为:“同品定有,异品遍无,二者之间,可相通否,亦即据其同品定有,可否推知异品遍无,或返据其异品遍无,可否推知同品定有。……同品定有,其异品之或有或无,至不一定,无可推知,故必遍集异品,个别为检察,以定第三相之能否完成。复据异品遍无言之,同品亦三,非有一定。……衡于常理,同异二品,不得两俱同时遍无,应可据异品遍

① 陈大齐:《蠡测》,第 82 页。
② 陈望道:《因明学》,第 62 页。
③ 同上。

无,以推定同品定有。然因明法,同异除宗,如声无常,所闻性故,常无常品皆离此因。故异品虽遍无,同品亦遍非有。异品遍无,无以推知,同品定有,故必别就同品检察,始足确定第二相之能否完成。此之二相,各别建立,故须并存,不可偏废。”①

九、关于因明三支的论证种类

论证是推理的应用。在论及因明的论证种类的现代因明著作中,绝大多数都误认为新因明是演绎和归纳的结合,只有熊十力的《删注》认为因明三支仍是类比推理。

1. 有的著作认为,因明的喻在喻体之外设喻依,这喻依作为例证,是归纳的标志,喻体是由喻依归纳而得到的。陈望道说:“三支作法是言语上的辩论,要使敌者信服,不但需要提出喻体,还应提出所以提出那样的喻体来的事实上的根据。所以在因明中,通例在喻体之外,还要列出喻依来作为证明用的例证。喻体与逻辑的大前提相当,喻依是涉及逻辑上归纳的范围的。”②

2. 主张因明归纳作用,表现在后二相中。陈大齐《蠡测》认为:“因明三支作法,于演绎中兼寓归纳。此之不同,世所公认。因明归纳作用,存于后二相中。后二相以宗同异品为推理之资料,同有异无为推理之准则。推理所得,即二喻体。故后二相,归纳之用,用异喻体,归纳之果。……在三支作法中,同异二种喻体,即为归纳推理之结论,又为演绎推理之前提,……因后二相与同异喻,各有特殊功用,非以隐显为别,既不重复,故应并存。”③

3. 认为三支与五分实质差不多,属于“内籀之术”即归纳推理。熊十力《删注》说:“此五分义,颇合挽世名学内籀之术。今俗有诋因明为无足与于逻辑者,无知妄说,何足选也。五分,始见正理经,其源盖莫得而详。至陈那改作三支。以喻摄因,特对胜论及自宗古师,有所规正。语其凭借,则在五分。形式虽更,实质未甚异也。”④这一说法虽然恰当地判定了三支作法的推理种类,但对未达到演绎性质的陈那因明评价又不免过高。

4. 主张三支相当于穆勒五法,但又认为穆勒五法是演绎法,并据此得出三支

① 陈大齐:《蠡测》,第 79 页。
② 陈望道:《因明学》,第 31 页。
③ 陈大齐:《蠡测》,第 77 页。
④ 熊十力:《删注》,页三十五左。

比量异于三段论、优于三段论的结论。王季同不赞成把三支比量看作由喻依归纳而得喻体的归纳推理。他认为,这种简单枚举的归纳推理使读者"怀疑"因明之"真价值"。"今三支比量之依喻依而立喻体,纵可谓为归纳法;不过为原始人类感知应用,培根以前浑囵粗糙之通俗归纳法。其断案不尽可恃。"①他主张因明的"真价值"在于三支比量相当于穆勒五法,但他又认为穆勒五法不是归纳法,而是复式三段论,这种复式三段论不同于培根所批判的推不出新知识的三段论。"其小提案必为研究此现象者观察或试验之所得;故其断案亦为发前人之所未发。……因明之所以异于论理学,优于论理学者,亦以此。"②

以上各种说法,大多不妥。有一点是必须肯定的,绝大多数因明论著都认为由因、喻到宗的过程属于演绎证明。新因明三支由古因明五分发展而来,五分是从个别到个别的类比推理,而不是从个别到一般的不完全或完全归纳推理。

把"同品定有性"和"异品遍无性"说成归纳推理,很不科学。同品定有性的逻辑含义是至少有一个同品有因,与归纳无涉。同品定有性与异品遍无性都是作为规则提出来的,它们是正因必须遵守的条件。它们规定了正因要怎样,至于异品遍无性是怎样归纳出来的,其归纳的形式结构如何,因明从未涉及。因的后二相的提出,也不涉及归纳,它们是对九句因中二、八正因的进一步概括,比二、八正因更简明而已。

三支作法的同、异喻和因的后二相本身并不具有归纳的性质,并不是说同、异喻体不是由归纳得来。亚里士多德细致地研究了三段论理论,也初步研究了归纳推理。他的三段论第一格的大前提当然是由归纳得来,但总不能说大前提本身、三段论规则本身就是归纳吧。三支作法的同、异喻体要由归纳得来,但那属于另外一个思维过程,这一归纳过程在三支作法及因三相规则中是没有的。归纳解决知识的获得问题,而因的三相说则提供标准,什么样的知识可以充正确的理由。这是两回事,不能混为一谈。

十、关于三支作法相当于三段论第几格第几式

1. 主张三支比量本非三段论十九个有效式中之任何式,其改成三段论第一式,只是今因明师之所为,通过修改可改成十九式中不含特称命题的五个式。王季同说:"三支比量本非十九式中之任何式。其改成三段论之第一式,只是今因

---

① 王季同:《因明入正理论摸象》,第 14 页。

② 同上,第 12 页。

明师之所为。如前述,以同喻体为大提案,无常为大语,声为小语,所作为中语,固可改成三段论之第一式。然若认常为大语,即成第一式。又若同异喻体,若是其常见非所作,改为大提案,常为大语,声为小语,所作为中语,则可成:

凡常者皆非所作,　大提案
声是所作,　　　　小提案
故声无常。　　　　断案

是乃第五式。若更认非所作为中语,且将所作性故因改成声非非所作小提案,则为第六式。又若改成非所作者非声小提案,即为第 16 式。按三段式十九式中不含特称命题者只此五式。而三支比量可改成其中任何一式,非仅第一式也。至于特称命题,在推理上本无价值;有之,不过有丙为甲为凡丙非甲之驳论;有丙非甲为凡丙为甲之驳论而已。此在因明为能破而非能立。故能立比量不及特称命题,不为缺陷。能破即出似能立过失。……凡立者一分有过,敌者出过破之者,皆以特称命题破全称似能立。然则因明亦非不摄三段论余之十四式也。"①

2. 主张因明三支只有第一格第一式。陈大齐在《蠡测·宗因宽狭》中指出,"逻辑正格,摄有六式,曰 AAA,曰 AAI,曰 AII,曰 EAE,曰 EAO,曰 EIO。因明所许,应唯第一。因明除异喻体,不设否定判断。同喻属着,因是宗法,俱应肯定,不得否定。因喻肯定,宗亦随尔。是故后三量式,应非因明所许。又准疏说,因明判断,应唯全称,不有特称,疏曰:'如胜论师对声生者,立一切声皆是无常宗,勤勇无间所发性因。立敌二宗,唯许内声有勤勇发,外声非有。立敌俱说,此因于宗半有半无,故此过是两俱有体一分不成。'此宗全称,宗法不遍。设许特称,易为一分声是无常,应可无过,而疏未许。疏之不许,理有固然,准逻辑理,特称判断,有法或宽于法,或与一分关涉。此在因明,如前已述,二俱有过,自不应立。是故第二第三,亦非因明所许。……因明二种正量,宗因及同喻体,俱属全称肯定判断,故为逻辑 AAA 式。"②

判定三支的格和式是以预设其为演绎推理为前提的,倘这预设就不成立,则格式问题就无从谈起。退一步说,纵然达到演绎,如法称因明,其异法式三支也是四名词,不能径直判定为 AAA 式或 EAE 式。

以上是现代因明著作对因明理论中十个主要问题的不同见解。其中有些今天已经知晓为何产生歧见,如能立二义等,有些则至今仍有分歧,如陈那因明的

① 王季同:《因明入正理论摸象》,第 14—15 页。
② 陈大齐:《蠡测》,第 142—143 页。

论证性质或种类,如因后二相与同异喻体之关系,如因后二相能否缺一等。这些问题的探讨说明如下几点:

第一,现代因明研究继承发扬了唐代玄奘师徒对因明学的探讨精神,推进了对因明理论的研究。从《因明大疏》中可以看到,唐代因明家不仅注疏了大、小二论,而且在因明的理论和应用两方面都有所阐发,有所丰富,增添了新的内容。如对宗体、宗依的分析,对异喻的看法,对简别宗、因、喻之有体、无体及其相互关系,对自、他、共三种比量的详细讲解,等等。现代因明学者在新的历史条件下,以西方逻辑为武器,整理因明,加强了因明论广正形式的研究,使之在系统化、科学化、通俗化方面有所前进。

第二,有的因明著作对因明论、疏的理解还不是很深透。一方面是由于有些人望文生义,有所误解;另一方面也因为这些论、疏本来就晦涩难懂,同样得着玄奘薪传的唐疏各家也往往说法不一,各有不同的理解,各有不同的发挥。这些分歧也影响到现代学者,仁者见仁,智者见智。

第三,一些学者对唐代的注疏,包括《大疏》在内,已不像过去那样,奉为经典,而是用扬弃的方法,取优弃劣,甚至敢于对《大疏》中的错解进行分析、批评。这标志着对因明的研究已经深入了一大步。

第四,这些问题的讨论,标志着汉传因明研究已经开始走上独立发展的道路。以上讨论的十个问题除表诠、遮诠涉及佛学认识论内容外,其余都是逻辑问题。因明作为佛家逻辑,与佛学有密切的联系,其中的许多实例都涉及佛学与各宗各派的思想,不了解各宗各派学说的背景,就很难搞懂实例,在这一意义上确实是"非研诸论,难通因明"。但因明学作为一门思维科学,有其相对独立性,应当而且有可能对其进行独立的研究,即撇开内容,只研究其形式。以上大多数问题的探讨可以说是纯逻辑的研究。

在"五四"以后,因明学研究方面,新人辈出,文坛壮观。太虚、慧圆、周叔迦、陈望道、虞愚等各有其功绩。其中吕澂,陈大齐各自代表了汉传因明在现代的最高水平。吕澂继承了汉传因明的传统,其研究重心放在佛家知识论逻辑上,开创了新局面。陈大齐则偏重于把因明学作为逻辑思维科学加以研究,回避了佛学知识论方面的理论探讨,在因明与逻辑的比较研究方面独占鳌头。熊十力对因明学科的入门之作窥基《大疏》的删削、疏解颇费精力,这对因明的普及、传播和探讨都有一定影响,因此本书在后面各设专章加以评介。

第十二章　对勘研究　别开生面

——吕澂的因明思想

吕澂(1896—1989)字秋逸、秋一、鹫子。江苏丹阳人。早年于常州高等实业学校农科肄业,随后就读于南京民国大学经济系。在14岁时开始自修内典。18岁(1914年)时,跟随欧阳竟无于南京金刻经处佛学研究部学习佛学。1915年留学日本专攻美术。1916年被刘海粟聘为上海美术专科学校教务长。在22岁那年(1918年)起协助欧阳竟无在南京筹办支那内学院。这是他一生治学的重要转折点。从此成为唯识学大师欧阳竟无本人认可的"超敏缜密"的传人。1922年支那内学院成立,先后出任该院的教务长、院长等职,直到1952年该院停办为止。为近现代中国培养了一大批佛学人才。他通晓英、日、梵、藏、巴利等多种语文,对印度佛学、中国佛学(包括西藏佛学)和佛教因明等都有比较精深的研究。其治学领域不仅广泛地涵盖了印度(包含南传)、中国与西藏的三系佛学的义理大海,而且对梵藏佛典的对勘与版本目录等文献学也极为精审。由于他深谙西方文献学方法,加上其承续欧阳竟无之重视义理的佛学研究态度,又能自成一家之言。论其学术工具之多与研究领域之广,功力之深与成果之丰硕,在我国佛学界无与伦比。

在因明研究方面是开风气之先的启蒙大师。在欧阳竟无的引导下,支那内学院中吕澂对因明理论的研究成绩最为卓著。吕澂开设了"因明入正理论研究""因明讲要及演习""入论对正理一滴""理门对集量"等课程,提出论文《陈那以后之因明》。他的大部分讲稿和译作在院刊《内学》上发表,对我国的因明研究起到重大影响。支那内学院成为汉传因明研究的中心,培养了因明研究的人才。

吕澂的主要因明著作和编译有《因明纲要》(1926年9月)、《入论十四因过解》(1928年)、《因明正理门本证文》(与释印沧合注)。因明译著有《集量论释略抄》(1928年译)、《因轮论图解》(1928年译注)等。

其因明研究,得力于深厚的佛学功底,并且得力于广泛占有梵、汉、藏、日、英文因明资料,冶诸语种文本于一炉。欧阳竟无创议藏汉文献比较研究,吕澂是第一个践行者。他的研究成果，开创了自唐以来汉传因明研究的新局面，在20世纪发生了广泛而深远的影响。

第一节 因明研究的指导思想"宜宗论而简疏"

他对因明的研究起点很高，特别重视研读因明的经典著作。在《因明纲要》一书中提出因明研究的指导思想"宜宗论而简疏"，摆正了研读论、疏之间的主次关系，这就把因明研究的大厦安放在坚实的基础之上。在其他著作中还对奘译提出了质疑。汉传因明历来只依靠奘译进行传习，有局限性。奘译历来被认为是唯一精确直译之文，而其研究表明奘译是忠实之意译，对梵文原典时有增损，这样，阅读原本就很有必要。吕澂的因明研究，既继承了唐代玄奘开创的汉传因明研究成果，又有所开拓，有所前进。

吕澂在《因明纲要·引论》中说："因明译籍不过三数，后人著述乃累百家(日僧风潭瑞源记末列著述名目一百余种)其间或录传闻，或出臆解，禀承莫晓，苦于研寻。将尽信耶，广解繁词，疑似无当。将弗信耶，舍此凭藉，怅若失依。吾尝闻陈那八论，及晚上诸籍(约有二十四家五十五种)蕃藏尽在，法称、宝称、无忧、宝作静、法上各家著书，梵籍犹存。必得其解，以为是非，而后本真，宛然可睹。若言泛学，期于闻持旧文，了然所指，意乐立量，能免过疵，则从审枉，宜宗论而简疏。"

在这段话中说明了为什么"宗论而简疏"的理由：

第一，"因明译籍不过三数"。陈那的因明论著共有八论，八论相互发明，法称诸师亦有详解。玄奘偏重论证，只选译了《因明正理理门论》和商羯罗主的《因明入正理论》，从汉传因明的典籍说，虽有代表作，但很不完全。武周时，义净翻译了《集量论》，然旋即散失，并未发生作用。

第二，所译二论拘于格律，文字比较晦涩，在表面上讲求，有些地方很难得其确解，如加以揣摩，又易流于穿凿。玄奘译经时随闻笔录以成注疏的就有神泰、文轨诸家。因明作为一门新鲜学问，各家理解不一，根据所闻而加以发挥，更多有异说。得着玄奘薪传的窥基总结各家说，著《因明入正理论疏》，成为较为完备的著述。如果与寥若晨星的因明译籍相比，后人的疏记(包括唐疏和日本僧人的疏记)多达一百多种。疏记虽是入门的向导，但尽信疏则可能导致错谬与确解兼收并蓄。吕澂认为，"其间或出传闻，或出臆解、禀承莫晓，苦于研究因明原著"，

“必得直取其解,以为是非。”

第三,如果只求对因明作一般了解,“期于闻持旧文”,那么读唐疏是一捷径,可以说舍此无由。但要超越唐人,发前人所未发,就不能满足于嚼别人嚼过的馍。

此外,吕澂在其他著作中对奘译提出了质疑。汉传因明历来只依靠奘译进行传习,有局限性。奘译历来被认为是唯一精确直译之文,而吕澂的研究表明奘译是意译,对梵文原典时有增损,这样,阅读原本就很有必要。

吕澂通过对奘译《观所缘释论》的研究,提出了三点结论性意见:“一、奘师译文与其谓为忠实之直译,宁谓为忠实之意译。二、奘师意译与其谓为信于原本,宁谓为信于所学。三、奘师所宗与其谓为护法之学,宁谓为晚起变本之说。”“恃其天才,纵横演绎,其短长得失,固有可议”,“奘译喜以晚说改易旧文,谨严实有不足”。从吕澂对《入论》梵藏汉本的比较结果看,以上结论完全适用《入论》之奘译本。

从以上四条理由来看,吕澂提出“宜宗论而简疏”做了两方面的工作。

一、翻译原著

其翻译的《因轮决择论》是唯一的汉译本,而《集量论释略抄》则是唐以后所能见到的第一个汉译本。

《因轮决择论》是陈那因明八论之一,又名《九宗法轮》,内容讲述九句因。九句因最初见于《理门论》。由于文字简略,不好理解。《因轮决择论》是通过详析九句因来建立因三相的专论,不仅用实例详列因喻相关之九式,而且附有因轮图,便于传习。

吕澂在其所著《因轮论图解》(附有《因轮决择论》译文的前言中说明了重翻本颂之目的):“《因轮论》旧传为《因理门论》。陈那八论之一。梵本久佚,西藏藏经丹珠 mdo ce 帙译存一卷系沙和罗班的达菩提萨埵及比丘达磨阿输迦所出。凡十一颂,附图,共二纸,(奈旦本 93 页上下,曲尼本 92 页上下)。颂文简略,颇不易解,费氏印度因明全史(A History of Indian Logic)299 页转译其图,并系分析,以为此论尽列因喻相关之九式,剖解真似,由图而明云云。此于论议犹未罄洽,盖本论具陈三相,不仅九句之异同。又次第推移,乃见因轮之合喻,爰重翻本颂,增图附说,以见陈那明因三相之所要据云尔。”

吕澂认为《印度逻辑史》的说法有片面性。《因轮决择论》不光讲了九句因,还讲了因三相。九句因只是因之第二、第三两相的根据。

吕澂对原文十一颂依次作了注解。第一颂后二句是“因法三相轮,决择今当说”。吕澂解释说:“因三相轮决择,是论异名。可知论文详三相也”。他还解释说,第二颂和第三颂的前半颂“此一颂半是因之初相,是宗法轮”。从第三颂的后半颂到第八颂讲述九句因和后二相。九、十两颂释九句因以及相应的同、异喻依。对藏译本,吕澂作了一点删削和补正。《因轮论图解》对九句因的组成方式做了详细说明,作者转译其图,这对汉地学者研习九句因和因三相无疑是一大方便。

吕澂的《集量论释略抄注》是唐以后汉地学者所能见到的第一个汉译本。这是一个节本。刊登在1928年南京支那内学《内刊》第四辑上。《集量论》梵文亡佚,仅存藏译。由于《集量论》文词简奥,义理艰深,给翻译带来极大困难。吕译文字精当,义理忠实,当然对于初习佛学、因明者来说仍有诸多不便。1980年代初,第二个汉译本《集量论略解》问世,译者法尊法师本人对译文也还未尽满意,可见译事之艰。但吕译略抄本的出现,毕竟为现代因明研究填补了空白,扩大了汉地学者的眼界。丘檗利用吕译来疏解《理门论》,编撰《因明正理理门论評疏》,成为《唐疏》之后汉地难得的一本《理门论》疏记。丘檗在例言中说:“因明大论,简奥难知,唐疏散亡,末由稽古。丹阳吕译集量论释,大符斯论。属词比义,精确无伦。缀辑互观,寻思易入”。

吕澂在翻译《集量论》的基础上,几十年来,对该论作了深入的研究。经他介绍,国内读者了解因明学与佛教认识论之关系。

1. 关于《集量论》的性质

他在《入论十四因过解》中说:“集量开卷云,成立量故摄集一切自论要义。一切论皆释量,集义则集量也。于是有量学而称因明,名乃符实。”本来,瑜伽行学派把因明的重点放在论议上,即谈因明只是为了立破,陈那打破这一局限,把它贯串到佛学的全体,成功了一种佛家的认识论,即“量论”。陈那关于量的学说,散见于的八部代表作中,而最能表示其体系的是最后一部《集量论》。“集”就是总结、合而为一的意思。此论是陈那关于认识论即量论集大成的代表作。

2. 关于《集量论》的结构

吕澂在《入论十四因过解》中说:“集量译量六章。智源现识,故现量章第一。因现推度,为自比量第二。比义悟他,为他比量第三。而斟酌喻言,废立诸量,料简过类,皆因为他而出,复相次为三章。理无不罄,义无不备。理门者,特其第三四六章节本,偏详立破,固不足见因明之全也。”《集量论》计250颂,有陈那自己的注以及另一家的注,所以全书结构,在藏译本中可以具见。论分六品,每品都先明本宗,然后破斥异说。书中破处的分量占的比重很大。明宗部分,大体上是在《理门论》的基础上再作一些补充。各品都有陈那独创的见解及对于本宗说和他宗异义的批判。

3. 关于陈那量论的要点

(1) 陈那将当时印度各派所说的六种量(现、比、声、喻、义准、随生)简别为现、比二量。其余各类,不能独立,只隶属于比量,而比量又出于现量。

(2) 陈那对现、比量的定义,还有独到的看法,认为离开概念的为现量,运用概念的为比量。同时,他对概念的构成也有特殊的说法,认为概念都不是从正面表示意义,而是通过承认另一方的方法,所谓"遮诠"构成的。例如,青色的"青"这一概念是怎样构成的呢?就是表示"青"为非"非青"。由否定一方(遮)来表示另一方(诠)。这种遮诠说,也是陈那量论的一个特点。遮诠说的本来意义,涉及概念而不涉及命题的质,遮诠不是否定命题。这一点对于纠正不少因明著作把遮诠当否定命题的错误非常重要。把遮诠误解为否定命题便不可能正确描述三支作法的逻辑结构,因明与逻辑的比较研究也就不准确。

(3) 陈那对"过类"作了特别的简别。以前的正理学派和佛家中的古因明师都曾经讲到"过类"(有时所指并非真正的过失)。《集量论》作了简别,专门列为一品,名《观类品》。

4. 关于汉传因明的特点

陈那的门下自在军、天主等,都在有关论证的一方面特别的发挥,我国玄奘传译、弘扬的因明理论,也偏重于此。吕澂认为实在不能算是完整的。今人也有与吕澂不同的看法,认为这正是玄奘慧眼卓识之处,只译因明代表作而不译量论。

以上对《集量论》的评介,有助于我们认识因明学科是一种与佛家认识论密切联系的逻辑学说。

二、对勘梵、藏、汉文

对勘梵、藏、汉文是吕澂因明研究的显著特点,是因明研究方法的革新。这种方法有助于准确理解梵文原著的观点。对勘研究之法,为黄树因居士首创于佛学。吕澂深受其影响。

黄树因是南京支那内学院同人中最先研究梵藏典籍之学者。吕澂在树因研究室成立大会上发表的演说中追述了黄树因为其教授梵、藏文及对勘研究的情况。1917 年起,黄树因在山东、北京刻苦学习梵文、藏文,长达七年。"初返,授余梵文,惟举弥陀金刚诸经。再返,乃出蕃本摄论,历历指示唐译有待印证蕃文者,披解豁然，为之称快。三返，则携安慧庄严经论释，谓将异译以补兹文之残缺。”吕澂继承了黄树因之遗志。在演讲中，他还论述了藏汉对勘研究的重要性：“盖我国译经文义不备者极多，旁资蕃藏以印证补订，最为今日之要务。西藏佛学当奘师学成而后乃渐传入，译籍大盛则在唐僖宗时。我国译事已成弩末，西藏继此代兴，故蕃藏所存，有别开生面之观。”①

1. 关于藏文之参考著作

《入论十四因过解》说：“今者梵藏诸籍大出，治学探源，无拘拘于注疏附益，因明之说，抑有甚焉，愚研入论，尝资取蕃藏数种以为参考。”

参考著作共五种：《因明入正理理门论》(奈留旦版)；《因明入正理论》(安土版)；《集量论释》(第二译安土版)；《正理微释疏》(圣彼得堡版)；《翻译名义大集》(京都版)。

2. 关于上述各书之简评

对于藏本奈留旦版的《因明入正理理门论》，吕澂指出“此为梵本入论之翻译”，他还认为蕃藏无《正理门论》，即称此本为《理门》，作者亦题陈那也。早岁印人费氏 S. Ch. Vidya bhusana 据此著述，绎词举例，大同我国《入论》。日人宇井伯寿见而疑之，以为蒙《理门》之名而取《入论》之实，不类也。由于当时《入论》梵本尚未发现，吕澂认为，藏地学者及日人宇井伯寿“但据译名推测，甚无当也，入论梵籍不存(直到 1930 年和 1931 年才有两个梵本重新出版，本文作者注)，得此可当原本读”。在《入论十四因过解》文末附注中，作者又说，“顾犹有憾者，宇井氏不认藏译正理理门论即是入论梵本直译”。吕澂纠正了藏传因明中的一大错误。他认为《入论》与《理门论》相比，“文词愈约，侧重显然”，《入论》不能完全代替《理门论》。长期以来，藏传因明不知有真正的《理门论》，至为遗憾。

吕澂介绍说，安土版的《因明入正理论》是根据奘译本重翻的。“译家知为前书异译，故卷末注云，此本中土名入正理，藏人则通称理门也。……译时盖对照旧本而后著文。”他还指出，对勘这两种《入论》译本，“以知唐译与梵本出入之如何，最为便利。又论之作者，亦依旧本改为方象(即陈那意译)”。

关于安土版的第二译《集量论释》，吕澂认为“此为陈那因明之根本论”。由于因明家解《入论》多据《理门论》，而《理门论》又通《集量论》，因此，“凡理门译文艰涩之处，复按集量皆易知也。”《理门论》难解，历来为因明研习者头痛。吕澂介绍了一条研习《理门论》的途径。

圣彼得堡版的《正理微释疏》是法上解释法称著作的书。法称根据《集量

① 《内学》第三辑，南京：支那内学院，1924 年版，第 18 页。

论》"废立因明,作正理微",法上逐字研寻,详加解释。"自来因明术语无的解者,此释一一详之",并且别有梵本一种可对校。

京都版的《翻译名义大集》是一种辞书。"西藏新译著家,锐意改订前后译籍,集梵藏对翻辞书一种以为准式,即此本也。藏传因明术语原文如何,检此书一九九、二〇〇诸章,大半可得。"

3. 藏汉对勘研究的成效

对勘研究取得了许多成果,例如,纠正了藏地学者把《入论》当《理门论》的错误;在《集量论释略抄》中纠正了印度逻辑史家威提布萨那把法称《正理滴论》中自性因、果性因、不可得因这三种正因按到陈那头上的错误。这是现代汉传因明研究中纠正国外权威因明著作错误的罕见事例。在附注(三)中,吕澂指出:"费氏著书引此二句于破声量一段中,别以果性、自性、不可得,释因三相,勘论无文,殆系误引法称之说以为陈那当尔也。"①

《入论十四因过解》说:"取前诸籍审察名相,辨析言辞,而后入论义解大体刊定,略无遁形,旧疏得失亦可得而言焉。"②作者认为通过词、句的审察辨析,《入论》的本来意义大体可以确定,唐疏的得失也可说得出来。

吕澂列举了几个主要的例子:如汉译本"宗等多言名为能立"一句,藏译本为"宗等多言说名为立",根据藏译,回避了所立、能立的划分的古今异说。吕澂认为《大疏》(卷一第二十二页左)关于这一句中的宗不是能立而是所立的解释是错误的,可删除。本来,在奘译中,"能立"有二义。八门相对而言时,宗、因、喻三支皆为能立;在一个论式内部,宗是所立,而因、喻才是能立。汉译"宗等多言名为能立"是就八门中的能立而言,因此,此能立包括宗、因和喻三支。吕澂的见解是符合《入论》和《理门论》原文的。他从藏译中找到了旁证。

又如汉译本"宗者,极成有法,由极成能别以为差别"。吕澂认为,根据《入论》藏本并参见藏本《集量论》,"有法能别本非相互",而《大疏》(卷二第十页左)说"一切有法及法互相差别",这与藏本说只能由能别去差别有法不合。

关于因的第一、三两相,藏本《入论》和《集量论》以及法称的《正理微》都作"谓是宗法性"和"异品定无性",而汉译本为"遍是宗法性"和"异品遍无性,"吕澂指出"应知增益",就是说奘译增加了两个"遍"字。而藏本中第三相"异品定无性"中的"定"字,是有针对性的,"此相犹豫亦复成过,必致定言以料简也"。汉藏两种译本的不同,反映出汉、藏译者对因的第一、第三两相的理解侧重不同。

---

① 吕澂:《集量论释略抄》,注三,载《内学》第四辑。

② 吕澂:《入论十四因过解》,载《内学》第四辑,页七四四至七四五。

再如藏本同法喻谓说因与同品有性，而《大疏》以因同品为读，别开宗同因同之说，吕澂认为支离。按照藏本，同喻体的逻辑形式应是“因与同品有性”，的确没有因同品一说。此外，吕澂在他参照梵、藏本作了精密校勘的支那内学院藏要本《入论》中，也为汉译本“若于是处显因同品决定有性”一句作注说，“二本此句意云，显因于同品定有”①。准此，梵本在此处亦无“因同品”一词。从对勘梵、汉、藏三种文本关于同喻体的表述，可以看出藏本是直译，而奘译是意译。这一对勘很有必要，它告诉我们汉译和基疏对梵本有所增益。但据此断定窥基《大疏》有“因同品”一说为支离，理由尚欠足。设因同品一说的利弊得失还需要探讨。陈大齐在《因明大疏蠡测》一书中列举种种理由为《大疏》助力，可资参考。

吕澂对《入论》中十四因过用藏本详加刊定，特别值得指出的是，他指出在有法自相相违因中，“唐译已依晚出学说有所改动”，即是说藏译“正用无著世亲以来之胜论古说”，而奘译“依护法清辨时代之胜论说”。这为“奘译喜以晚说改易旧文，谨严实有不足”又提供了一个例证。

吕澂用藏汉对勘研究的又一重要成果是他与释印沧合注的《因明正理门论本证文》。

《因明正理理门论本证文》是为研寻《理门论》义理而作。序言说“证文者，借原本之复按，得章句之刊定，苟欲义解切实，舍是道莫由也。”玄奘组织翻译的《理门论》是新因明奠基作。但是文辞简拗，唐疏散残，有待考证之处，比比可见。吕澂和释印沧对勘藏本《集量论释》，“审其正宗即从理门录出，牒引文段，十同六七。理门原本虽不存，旁资此释以为格量，固绰然有余。因援证文之义比次勘之，庐面渐真，积疑涣解，盖亦研学因明一大快心事矣。”②

这个注释本为汉地因明学者研习《理门论》提供了重要工具。它对汉传因明是有贡献的。

第二节　因明研究之具体方法

前面说过，吕澂广泛利用梵、汉、藏文资料研究因明，是研究方法上的创新。这是就研究手段或者说使用哪些工具而言的。在《因明纲要》中，他还专门谈到

① 转引自吕澂：《讲解》，第15页。

② 吕澂：《因明正理理门论本证文·序》，《内学》，页一〇三九。

因明的研究方法问题。这里说的方法是指要通过哪些途径来把握因明理论。《因明纲要》提出了三种方法：辨别古今、旁考外宗和广研诸论。

一、辨别古今

吕澂认为必须了解因明发展的历史。他把因明的发展概略别为五期：

第一期自佛说法至于马鸣。此迄佛灭后500年。论法初行。散见四阿含诸小乘论。

第二期自龙树至于青目。此迄佛灭后800年。这一时期论法渐详。散见中百十二理门论等。

第三期自弥勒至于世亲德慧。此迄佛灭后千年。这时论轨具备，散见大论、显扬、方便心论和如实论等。

第四期自陈那至于亲光、无性。此迄佛灭后1100年。这是因明大成之期。译籍今存因明二论，又见广百论释般若灯论等。

第五期自法称至于天喜。此迄佛灭后1500年。因明再盛，译籍无专书，但梵蕃本具在。①

《因明纲要》仅仅对因明发展作了划分，指出每一期的特点和代表作，而没有展开评述。惜其过简。

《因明纲要》对因三相之源流和九句因之作者有简略的考证，纠正了当时流行的错误观点。作者在论及"因及似因"时说，"因三相语，原出外宗。无著以降，内渐引用。迨及陈那，复事广说，列因九句，真似大明。其意盖在显后二相"，在这一段话中，《因明纲要》一连作了三个注。第一个注说因三相始见于《顺中论》，其提法是："一朋中之法，二相对朋无，三彼自朋成"，朋即宗之异译。第二个注说在无著的《如实论》中有因三相的说法。第三个注是说九句因的："旧传九句因足目所说，然今寻正理经文无此，惟陈那因轮，理门，广辨其相，以理推征，应创自彼。"这一见解是可信的。

二、旁考外宗

《因明纲要·引论》（简称《引论》）认为，既然"古因明说，多取诸外，正理宗言，尤为关合"，意思是古因明来源于正理学说，甚至《理门论》所说过类，也还保

① 吕澂：《因明纲要》，上海：商务印书馆，1926年版，页四左。

留着正理经的内容。正理是在印度古代的一般逻辑学说，传说为正理学派的学者足目所始创。佛家因明既然源于“外道”，“旁考外宗”就显得很有必要，一可“见渊源”，二可“愈明义蕴”。

三、广研诸论

吕澂在《引论》中认为，因明是佛家辩论的工具，要熟悉因明论式，必须详细掌握实例。佛家因明是为宣传佛家学说服务的。不懂得佛家理论就难以理解因明的论式，而不懂得因明论式也难通诸论。精通因明与精通诸论这是相辅相成的两件事。因此，作者主张“以是恒言不悉因明莫通诸论，今谓非研诸论难晓因明。”从诸论中选了许多实例来讲解因明的法式。特别是《大疏》在解能破和似能破时，义例不详，《因明纲要》补其不足，搜讨颇详。

总观上述，吕澂的研究成果，填补了汉传因明的许多空白，对当代的因明研究仍然起到深刻的影响。当然，吕澂的因明研究也有其不足，这主要表现在忽视了西方逻辑对整理因明的理论指导作用。因明作为佛家认识论的逻辑，既与佛学认识论密切联系，又是关于推理、论证的学说。因此，研究因明理论，应该从佛学和逻辑学两方面着手。在20世纪，逻辑学已经是一门成熟的科学，西方逻辑理应成为整理因明理论的指南针。“五四”以后，因明、逻辑的比较研究在国内蔚然成风，也取得了可喜的成果，在这一方面，吕澂的因明研究显得无力。在一些理论问题上有所失误。例如，不适当的强调了同、异喻体在逻辑形式上是假言命题还是直言命题的差别，不明白西方逻辑充分研究了矛盾律，因明反而相形见绌等。

第十三章　探幽发微　阐发宏富

——陈大齐的因明思想

如果说吕澂的因明研究是得力深通佛典、广研诸论，充分利用梵、汉、藏文资料，从而使汉传因明别开生面的话，那么可以说陈大齐的因明研究是以逻辑为指南，在因明与逻辑的比较研究上作出了超越前人的突出贡献。他们扬己之长，各领风骚，其成果似星月交相辉映，全面地把汉传因明研究的水平提到一个新的高度。

吕澂的因明研究在国内外素享盛誉，而陈大齐则鲜为人知，但是，吕澂的不足又恰恰为陈大齐所弥补。

陈大齐（1886—1983），字百年，是现代因明学者和心理学学者。浙江海盐人。《新青年》杂志的政论作者之一，“五四”运动的赞助人。“五四”时期，在科学与灵学论争时，发表的批评灵学文章，影响很大。与鲁迅过从甚密。

1903年留学日本，入仙台第二高等学校，后入读日本东京帝国大学文科哲学门，专攻心理学，于1912年毕业，获文学士学位。回国后，1912年任浙江高等学校校长，兼浙江私立法政专门学校教授。1913年春任北京政法专门学校预科教授。1914年起任北京大学心理学教授。于1917年在北京大学创建了我国第一个心理学实验室。对我国早期心理学工作具有开创性的影响。他是中国现代心理学先驱者。曾为北大哲学系学生主讲过哲学概论、论理学（逻辑学）等课程。

1921年秋，赴德国柏林大学研究西洋哲学，翌年冬回北大，任哲学系系主任。1927年任北大教务长，1929年任北大代理校长。曾任国民党政府考试院考选委员会委员长。1948年后任台湾大学教授，台湾政治大学（第一任）校长，孔孟学会（第一届）理事长，中华学术院哲学协会（第二届）会长。

他一生好学，除精于心理学外，还谙熟儒学和先秦逻辑，尤长于印度因明。其翻译的逻辑著作有《实用理则学八讲》《大众理则学》《逻辑大意》等。

其《因明大疏蠡测》（以下简称《蠡测》）是现代汉传因明的代表性著作。《蠡测》是窥基《因明大疏》研究的皇皇巨著。本书1938年曾以油印本分赠，后由束士方、沈兼士先生于1945年8月在重庆铅印出版,“有裨学术,无多读者,书贾不乐印行,为其入选准绳”①。

《蠡测》集中地反映了作者的因明思想。该书娴熟地运用传统逻辑的工具,对因明的许多专题作了深入研究,内容博大精深。该书是一本12万余字的论文集。它由42个专题外加序和跋组成。对大多数专题探幽发微,阐发宏富,发前人所未发,处处显示出作者的创见,具有重要的学术价值。可以说,在逻辑与因明的比较研究方面,在半个世纪中没有一本著作可以与之媲美。该书充分揭示和论证了陈那因明的重要特点“同、异品除宗有法”,惜其未能贯彻到底,最终误判陈那因明逻辑体系为演绎论证,因袭了国内外传统的错误观点。

从文字方面看,《蠡测》的不足是仍用文言文,而且完全模仿《大疏》的行文格式,大多以四字一句,不少地方文字过简,不利于初习者入门。为弥补这一不足,他于当代撰写并出版了《印度理则学(因明)》和《因明入正理论悟他门浅释》。

第一节　因明研究的指导原则

陈大齐在《蠡测·序》中概括了该书的写作指导原则以及写作的特点,其实也就是他进行因明研究的指导思想和具体研究的方法。

关于写作的指导原则,他在序言中说:

> 遇有艰疑,深思力索,但遵因明大法,不泥疏文小节,参证其他疏记,间亦旁准逻辑,期得正解,以释其疑。

一、遇有艰疑,深思力索

作者表明了自己的刻苦钻研精神和严谨的写作态度,“遇有艰疑,深思力索,”决不浮光掠影,浅尝辄止。因明论、疏,晦涩艰深,学人视为畏途。心气粗浮之人难于登堂入室,往往半途而废。按照熊十力的经验,须要有大心、深心、静心,沉潜往复,从容含玩。陈大齐对因明的研究就经历了艰苦的旅程。玄奘嫡传

① 陈大齐:《蠡测·后记》。

弟子窥基的《因明入正理论疏》内容富赡，为诸疏之冠。陈大齐“取读此书，格格难入，屡读屡辍，何止再三。然研习志，迄未有衰”。他拿来日籍《因明入正理论方隅录》作为入门工具，“悉心诵读，粗有领悟”，写成《因明入正理论浅释》，但自觉“殊不惬意”，对因明理论尚未彻悟。于是，又细读《大疏》，用数载之功，才写成这本巨著《蠡测》。陈大齐治学因明的成功之路，是有普遍意义的。他的攻坚精神，值得每一位因明研习者学习。没有刻苦严谨的治学态度，是很难得到因明正果的。

二、但遵因明大法

作者恰当地把握了对专题研究和对因明体系研究的关系。“但遵因明大法”，就是要读原著，要准确地理解因明理论的本来意义，从整体上把握因明的理论。“因明大法”的主要依据是奘译之大、小二论。大论是指陈那新因明代表作《因明正理理门论》，小论指陈那弟子商羯罗主的《因明入正理论》。《蠡测》所包含的 42 个专题都是在因明大法的统帅下写成的，对因明体系的整体把握促进了对因明专题的深入研究。

三、不泥疏文小节

并不全盘接受唐疏的解释。玄奘没有自己的因明著述，他的思想当保留在众多弟子的疏记中。要习因明，唐疏便是入门阶梯，舍此无由。作者对《大疏》的成就与不足有恰当的评价。《蠡测・序》中说：“探源穷委，博征繁引。于因明理，阐发尤多，内容富赡，为诸疏冠，……大疏精神，堪为楷式。”同时，作者对《大疏》的不足也揭之甚明，“名言分别，界限不清。后先阐述，不相符顺。义本连贯，散见不聚。理有多端，挂一漏余。积此诸故，益复难解。且令因明体系，失其严谨，损其贯通”，鉴于上述，作者主张“不泥疏文小节”。陈大齐学习前人，又不迷信前人并且敢于纠正前人的错误，这是非常可贵的。

四、参证其他疏记

作者主张在研读《大疏》的同时，还要参阅其他疏记。神泰的《述记》、文轨的《庄严疏》等都成书于《大疏》之前，《大疏》与其一脉相承，又不乏新见，而日籍《瑞源记》又是对《大疏》的集注本，其中引用各家注释有几十家之多，以上各书可资相互发明。陈大齐认为,研读《大疏》,“参证其他疏记”也是十分必要的。

五、间亦旁准逻辑

把因明与逻辑作比较研究。西方逻辑是一门成熟的科学,逻辑理应成为耙梳、整理因明论、疏的思想武器。因明研究有没有逻辑科学作借鉴,是大有差别的。这是今人胜于古人的地方。中国的名辩、印度的因明和西方的逻辑三者之比较发端于“五四”之前,大成于“五四”之后。因明、逻辑比较研究成绩卓著者要算陈大齐,《蠡测》的最主要的贡献也就在于此。作为逻辑学家的陈大齐,时时自觉地运用逻辑眼光来看待因明理论,甚至还尝试用数理逻辑的观点来对照因明的特点,在汉传因明中实属凤毛麟角。他比较了因明与逻辑之短长,指出:“因明逻辑,二本同理,逻辑未说,如有无体,如自他共。因明发扬光大之可期者,与夫足补逻辑所不逮者,其或在斯。故于此二,尤致力焉。”作者对有体、无体两个重要术语的研究,对自、他、共三种比量的研究,详密精审,至今仍有指导意议。

以上几条原则,在研究和写作中往往兼而用之。例如,窥基《大疏》中出现了因同品、因异品概念,有无必要,这是现代因明家十分关注而又分歧较大的一个问题。吕澂、熊十力都认为《大疏》误解了《入论》,杜撰了因同品、因异品二名词,带来矛盾。陈大齐根据上述前四条原则,从五个方面充分论证了因同、异品一说存在之合理性。

第二节　因明研究的具体方法

作者在序言中提出了该书写作的六个特点,也就是研究因明理论的六个方法:

棼者理之,似者正之,晦者显之,缺者足之,散者合之,违者通之。

一、棼者理之

以有体、无体两个语词的解释为例。有体、无体是因明术语中最复杂难解的语词。古今因明家异说纷呈,头绪繁多。《大疏》也未集中论述,而是散见各处,显得紊乱。《蠡测》把它们汇集起来，经过耙梳整理，读来便觉条分缕析。该书剥笋锤钉，层层深入，全面、明确地解释了这两个语词的各种含义。

在该书《有体无体表诠遮诠》一节中解释说："疏言有体无体，其义似有三类。"①这在古今因明著作中，第一次明确指出《大疏》中有体、无体两个语词的多义性。

第一种含义的有体、无体，"指别体之有无。言有体者，谓因言所指，于有法所指之外，别有其体。如烟与火，各为一物。言无体者，谓因所指，附丽有法所指事物，不于其外自成一体。如热与火，热依火存，非于火外别有热体。是故有体云者，意即物体，无体云者，意即物体所具属性。"②《大疏》在解释因三相第一相"遍是宗法性"时，解释了这种含义的有体、无体。只要因法遍及有法，即因法能包含有法，此因法即满足了第一相，而不论此因法与有法是同一物体还是别一物体。此所谓"非无体是，非有体非"③之含义。

第二种含义的有体、无体是："谓言陈之有无。言陈缺减者曰无体，不缺者曰有体。"④《大疏》是在谈及三支的缺过时使用这一含义的。《大疏》说："若谈阙过，阙有二种，一无体阙，二有体阙。无体阙者，谓不陈言，但在三支，非在三相。若陈因言，必有体阙，三相既义，故非无体。"⑤意思是三支是否完整，完整的为有体，不完整的称无体。所谓不完整，不包括以宗、因、同喻依组成的正确的省略式。

第三种含义的有无体是讨论最多的一种。例如，《大疏》说："故此过是两俱有体一分不成，余无体两俱一分一种不成。"⑥此言有体、无体，与上二义又异。古今因明家对第一、二种类有体、无体的理解都一致，而对这第三种的理解大有不同。陈大齐对有、无体之三义加以简别，持取第三，"疏言有无，多属此类"。这就为有、无体的讨论确定了论域。这第三种含义的有、无体是讨论三支内部各概念的，涉及宗之有法、法、因法和喻依，"立敌不共许其事物为实有者，是名无体"，反之为有体。各概念间的有体、无体还须遵循一定的关系，才能无过失，《蠡测》也一一加以讨论。此外作者还讨论了有、无体与有、无义以及表诠、遮诠的关系。

---

① 参见《大疏》卷三，页四左。

② 陈大齐：《蠡测》，第 177 页。

③ 参见《大疏》卷三，页四左。

④ 陈大齐：《蠡测》，第 178 页。

⑤ 窥基：《大疏》卷三，页十六右。

⑥ 同上，页四右。

二、似者正之

《大疏》对《入论》的解释多为真知灼见，但也不乏误解，有的误解甚至在今天仍有回响。例如，《大疏》对宗与能立的关系的解释就引起古今之质疑。《入论》"宗等多言名为能立，"是指宗、因和喻三支为多言合为能立，《大疏》却把宗排除在外，违反《入论》之本意。① 《蠡测》详细分析了《大疏》的解释。又如，《大疏》释同品时，把同品解释成同喻依，熊十力的《因明大疏删注》因循此误，直到今天，有的著作也在此失足。《蠡测》对《大疏》的这一解释就《入论》原意作了详细解析。

三、晦者显之

例如，《大疏》解释了宗同品的数种含义，其中之一是同品同于不相离性。《蠡测》认为"说欠明畅，易滋误解"。《大疏》说：

> 且宗同品，何者名同。若同有法，全不相似，声为有法，瓶为喻故。若法为同，故不许法于有法有，亦非因相遍宗法中，何得取法而以为同。此中义意，不别取二，总取一切有宗法处名宗同品。②

又说：

> 是中意说宗之同品，所立宗者因之所立，自性差别不相离性，同品亦尔，有此所立中法，互差别聚不相离性相似种类，即是同品。③

《蠡测·宗同品》认为《大疏》说宗同品不同有法，这好理解，因为声有可闻性，瓶则可烧可见，二者差异多于相似。说不同能别，同于不相离性，这不好理解。按照《入论》的说法，"谓所立法均等义品，说名同品。"即是说，宗同品者，同所立法。《大疏》解释说："所立谓宗，法谓能别。"宗是所立，是由宗依有法及法（能别）结合而成的。所立法是指能别。所立与所立法是不同的。如果说同品同于有法与能别不相离性"谓法有法属著不离"，那就会把所立与所立法等同起来。

---

① 《大疏》引述陈那《集量论》之新解而未作说明，不合《入论》之本意。

② 窥基：《大疏》卷三，页六右。

③ 同上，页二十右。

它们本来“义各有别,今以合释,自相抵触”①。

再则,《蠡测》认为,声是无常,瓶等无常,此二宗体显有差异。又瓶无常与声无常,离体说义,其义虽一,依体说义,为体所限,即有小异,不复尽同。《大疏》说宗同品既不同于有法,也不同于能别,“总取不相离性”,便有过失,称作“一切同品皆有一分所立不成”②。这是因为同喻瓶等,但成无常,不成声无常。可见,如果《大疏》所说宗同品是“总取不相离性”的话,那么就会导致严重后果:“一切正量,同喻莫不有过”③。陈大齐认为,《大疏》的原意,不应当是上面这种意思。那么,宗同品究竟同于什么呢?《蠡测》引用《纂要》的话说:“即以瓶上无常与声无常法法相似,名为同品”。陈大齐认为,此说“与论相契,且符至理,……疏亦应许,法法相似,是宗同品”④。既然《大疏》认为宗同品同于能别有法,同品但取于义,但《大疏》又把同品之品释为体类,“瓶等之上,亦有无常,故瓶等聚名为同品”⑤,这又作何解释呢?陈大齐认为,这一“矛盾”并不是《大疏》杜撰出来的。

《入论》本身就既把同品释为义类,又把同品释为体类。《入论》说,“此中非勤勇无间所发宗,以电空等为其同品”。陈著认为,并非《入论》自相矛盾,其实是“宗同品者,正取于义,兼取于体”。正如《大疏》所说:“正以所作无常为喻,兼举瓶等喻依。”⑥根据以上解释,《蠡测》得出结论说:“因明设宗同品,……欲以证实所作无常属著不离。然无常性散在瓶盆,依体以存,不能离体。……是故同品举瓶,意本不在于瓶,借此所依之体,以显能依之法。是故疏云‘不相离性’,殆谓他处有法及法不相离性,非谓宗中有法及法。”⑦意思是说,宗同品指宗以外的法与有法不相离性,如声无常宗,同品为瓶,瓶体是有法,无常是瓶之法(属性),属性是依物体而存的,此所谓“不相离性”也。

四、缺者足之

作者在《蠡测》“三十三过与自他共”中指出:“论说三十三过,但以共比为

① 陈大齐:《蠡测》,第48页。
② 凤潭:《瑞源记》卷三,页三右。
③ 转引自凤潭:《瑞源记》卷三,页一右。
④ 陈大齐:《蠡测》,第49页。
⑤ 窥基:《大疏》卷三,页二十一左。
⑥ 窥基:《大疏》卷四,页四左。
⑦ 陈大齐:《蠡测》,第50页。

例,未及自他。《大疏》说过,条析益明。然举过类,犹有未尽,判别正似,间有未当,且说有体无体,未分自他与共。用是不揣简陋,妄作续貂之计。"①

例如,《大疏》在讲解"共不定"因过时,分共比量、自比量、他比量依次解释,但在解释共比量时,又只说及"共共"一种。举个例子说,声论师对佛弟子立声常宗,所量性因,立、敌双方对声、常、所量等概念都共许极成,因此是共比量。其共同品瓶有所量因,其共异品空亦有所量因,立、敌俱许常无常品皆共此因,故曰共共。"共共"意为立、敌双方共同承认所量性因为共不定因。为如瓶等,所量性故,声是无常,为如空等,所量性故,声是其常。令宗不决,故名不定。②

陈大齐指出,共比量中的自共不定、他共不定的情况:"疏略未说,今试足之。二元论者谓世间一切可别为精神、物质,两不相同。唯物论者但许物质总摄一切,不许精神违此有别。今唯物论者立量云,电波得以数理计算,是物质现象故。风力热力,是共同品,文学艺术,是共异品,敌论于物质现象外,尚许精神文化现象,其共异品文学艺术,是共异品,非物质摄,故非有因。立者物质,总摄一切,其共异品,随亦有因。将如风力热力,是物质现象故,得以数理计算耶,将如文学艺术,是物质现象故,不得以数理计耶。是故此因,自共非他。"③意思是说,这是自共不定,而非他共不定。

《蠡测》还补充说,如果把上例看作是二元论者对唯物论者所立之量,则成为"他共非自",即他共不定而非自共不定。还指出,《大疏》明言共共、自共为不定过。但"他共何收,疏未及说",便使得后世释者遂多异解,有说是过的,有说非过的。陈大齐认为"今此他共,异品他有,其第三相,未臻极成,若谓非过,有违理门。是故他共,与自共同,应是共比中过。"④意思是,在他共不定中,异品有因,虽然是"异品他有",也没满足异品遍无性,如不算作过失因,便与《理门论》相违。因此,《蠡测》认为他共与自共、共共一样,是共不定中共比量里的一种过失因。

五、散者合之

这是《蠡测》常用的一种研究方法。关于有、无体之解释,关于能立之解释等

---

① 陈大齐:《蠡测》,第261—262页。

② 参阅窥基:《大疏》卷六,页十一左。

③ 陈大齐:《蠡测》,第294页。

④ 同上,第295页。

等,都具有“散者合之”的特点,“散者合之”的研究方法体现了作者对论和疏所做的整体研究,避免了一孔之见。

六、违者通之

例如,在《同品非有异品非有》一节中,陈大齐指出,九句因中第五句同品非有异品非有,衡以逻辑直接推理,应非可能。同品若果非有,异品必有或有非有,定不同为非有。……异品非有,同品必有或有非有,不能同时亦为非有。① 但是“因明设此,盖别有故,且亦不与逻辑相违”②。例如,声论派对佛弟子立“声常,所闻性故”,世间一切,其可闻者,除声以外,更无别物,因此,常无常品,皆离此因。作者指出:“立宗之始,声常无常悬而未决,故自常宗言之,声是自同品而非共同品,亦是他异品而非共异品,同异未臻共许,是故因明通例,言同异品,除宗有法……故此云同品非有,在形式上虽曰一切甲皆非乙,立者实质上之意义不尔,仅曰若干甲非乙。至于敌论,未谓声为常品,故其实质形式两义相符。异品非有,亦复如是。声为他异品而非共异品,立言异品非有,本无可除,故于立论,形式实质,同为一切非甲者皆非乙。敌说异品,定除其声,故于异品非有,其实质意义仅为若干非甲者非乙。立者同品非有之实质意义既为若干甲非乙,而一部分甲非乙者,其余分之甲必为乙无疑,是故若干甲非乙,亦必若干甲是乙,……敌之异品非有,曰若干非甲者非乙,准诸前说义理,必若干非甲者是乙。……综上所述,其第五句同品非有异品非有,分析言之,在立为同品有非有异品非有,在敌为同品非有,异品有非有,与逻辑理亦复相符。”③

又如,在《宗因喻间有无体之关系》专题中,陈大齐指出,《大疏》论宗因喻间有体无体之关系,计有三则,“第一、第二两则之间,显有不相符顺之处,在第一、第三两则之间,虽无明显的自相矛盾之处,但作详细探讨后,也可见不尽符顺之处。”作者认为,“推其原故,则以泛说有无,未分自他及共,且于随一有无,或说为有,或说为无,不尽一致。又于无宗,或说其总,或但一分,不兼其余,名实不一,遂滋混淆。有体无体,有义无义,……应各分四。”④

---

① 陈大齐:《蠡测》,第 67—68 页。

② 同上,第 69 页。

③ 同上,第 69—70 页。

④ 同上,第 224 页。

第三节　因明基本理论研究方面的主要贡献

由于《蠡测》的写作是以上述五条指导原则为准绳，又具有上述六个特点，这本文集称得上是一部全面、系统研究《大疏》的具有很高理论水平的力作。陈大齐的因明研究指导思想及研究方法在今天仍值得借鉴，他在因明基本理论研究方面的许多突破和贡献都亟待发掘和研究。下面我们择其要者加以评介：

一、关于能立二义

最全面地论述了“宗等多言名为能立”的含义，纠正了《大疏》关于宗只能是所立而不属能立的错误。

《蠡测》指出《大疏》对《入论》“宗等多言名为能立”作两种解释。第一释为：“宗是所立，因等能立。若不举宗，以显能立，不知因喻，谁之能立。……今标其宗，显是所立。能立因喻，是此所立宗之能立。虽举其宗，意仅所等一因二喻为能立体。若不尔者，即有所立滥于古释。能立亦滥彼能立过。为简彼失，故举宗等。”①

《蠡测》把这一解释概括为“显所立而简滥”。如果说在“宗等多言名为能立”一句中“举宗”是为了“简滥”，那么会“适得其反”。《蠡测》认为有两点不妥。第一，“盖误以此能立之立解同成立”，意思是，《大疏》误作此“能立”为证宗之理由，即宗是所立，而因、喻为能立。实际上此能立别有意义。第二，“既言宗等能立，宗益滥于能立，其所立义，更无由显，简滥益滥，应非论旨。”②意思是，照《大疏》说，《入论》的本意是要把宗与能立（因、喻）区分开来，如果是这样，那就不应该说“宗等能立”的话。既然说“宗等能立”，把宗放到能立中去了，又怎么来显示它是所立呢？如此非但不能简滥，反而违背初衷，陷入自相矛盾的境地。《蠡测》认为这种自相矛盾之说不会是《入论》的本意。

《大疏》之第二释：“陈那等意，先古皆以宗为能立，自性差别二为所立。陈那遂以二为宗依。非所乖诤，说非所立。所立即宗，有许不许，所诤义故。……因

① 陈大齐：《蠡测》，第5—6页。

② 同上，第6—7页。

及二喻,成此宗故,而为能立。今论若言因喻多言名为能立,不但义旨见乖古师,文亦相违,遂成乖竞。陈那天主,二意皆同。既禀先贤而为后论。文不乖古,举宗为能等。义别先师,取所等因喻为能立性。故能立中,举其宗等。"①《大疏》的意思是,"宗等多言名为能立"从字面上说顺古,实际所表达的意义却不同。

《蠡测》认为《大疏》"曲为解释,于理亦有未顺"。其一,有自教相违过。"文以显义,应与义符,今文谓此,义则指彼,文与义违,何以悟人。自教相违,诚为过失"。其二,《大疏》"文不乖古"之释未能一以贯之。疏释宗为乐所成立时,说过"又宗违古,言所成立以别古今"②,与"文不乖古"相抵触。其三,"夫惟别创新义,尤应阐述明显,庶令墨守之徒,知新是而旧非。隐约其词,且不足以阐扬新义,暗违明顺,徒为旧说张目而已。"③

《蠡测》将《入论》中十五处涉及能立的说法逐一考察,指出"并摄宗者有九","指因法者有六",又进一步提出能立二义的观点。"其一与所立相对望,能者对所而言,立者谓成立义。此云成立,意即成宗,亦即今语所谓证明。……若约此义,因喻所以证宗,自是能立,宗为因喻所成,应是所立。亦可释言,宗与因喻对望,宗是所立,不得亦称能立。能立之第二义,与似立相对望,能者谓其非似,立者谓申自宗。如疏言:'立谓能申自',故此能立之立,意即立破之立,亦即立敌之立。……由此言之,宗是所立,亦是能立,貌似抵触,义各有当。"④

二、关于表诠、遮诠

第一次直接对新因明中的表诠、遮诠作出正确的解释,指出因明中的遮诠近似于逻辑之负概念,纠正了遮诠相当于逻辑否定命题的观点。

因明中表诠、遮诠是就概念而言还是相当于肯定、否定命题,能否正确回答这个问题,事关重大,倘若发生误解,则因明、逻辑比较研究的大厦便失去基础。

《蠡测》广集论、疏众说,求其意义,认为"遮"或"遮诠"都是就概念而言的在唐疏中,以下三组的语词,每组的前一语词表达同一个概念,每组的后一语词又表达另外同一概念:表诠与遮诠,表与遮,遮诠与遮。当用表遮与遮诠相对时,遮诠即是遮,唯遮不表;当用遮诠与遮相对时,遮诠实际是"遮、诠"。"故此遮义,与

① 窥基:《大疏》卷一,页二十二左至右。

② 窥基:《大疏》卷二,页十四右。

③ 陈大齐:《蠡测》,第7页。

④ 同上,第9—11页。

逻辑中所云负名，约略相当。”①“遮诠云者，不仅谓其不尔，且亦非有所目，非有所诠之体。如曰无有，但遮其有，不必世间别有无有之体，指而目之而后始得言无。……表诠返此，必有所目，其所诠者必有其体。如曰常住，表有常体，如曰无常，表有灭体。准因明理，遮诠不兼表，表诠必兼遮。”②

《蠡测》引用了《庄严疏》的一段话：

> 若诠青共相，要遮黄等方显此青，谓非非青，故名之为青。若不遮非青，唤青应目黄等。故一切名欲取诸法，要遮余诠此，无有不遮而显法也。然有言但遮余法，无别所诠，如言无青，无别所显无青体也。③

《庄严疏》把一切名即概念分为两类，一类相当于逻辑上正概念，如青，另一类相当于负概念，如非青。诠释、阐明“青”这一概念的含义，必须亦遮亦诠（表），而要诠释、阐明负概念“非表”，只须遮去青，其本身却“无别所显”，“非有所诠之体”。

《蠡测》还指出，神泰的《述记》的说法与《庄严疏》的观点是一致的。《蠡测》还引用了《大疏》的说法，宗法有二，一者但遮非表，二者亦遮亦表。所谓宗法，指宗之后陈法，即命题的谓项，也是指概念，而不涉及整个命题。陈大齐又特别指出，“名言表诠之分，不以著非无语与否为断”④。意思是，一个名言（概念）是表是遮，不能以有无否定词“非”“无”等来判定，不同于逻辑负概念，要“依立敌所许而异”⑤。

三、关于全分、一分

把因明之全分、一分与逻辑之全称、特称作比较，提出因明全分与逻辑全称有同有异，而一分不同于逻辑之特称，纠正了全分等于逻辑之全称，一分等于逻辑之特称的错误。

陈大齐认为：“疏云全分，可有二义，一就一名说其所指事物全体，他则联系多名总说其为全分。”⑥他举例说，如《大疏》所别的极成全分四句之中“我是无

① 陈大齐：《蠡测》，第206页。
② 同上，第202页。
③ 文轨：《庄严疏》卷一，页二十七右。
④ 陈大齐：《蠡测》，第202页。
⑤ 同上，第203页。
⑥ 同上，第110页。

常”,“神我实有”[①],如《大疏》自语相违全分四句中“一切言皆是妄”[②]。陈大齐认为:“就我名与言名,说其全分,此与逻辑全称,最相切合。”这是一句之全的例子。多名之全,实际是指复合主项的联言命题,这种联言命题可析成若干个全称的简单命题。《蠡测》举例说,其现量相违全分四句中,“同异大有,非五根得”,“觉乐欲瞋,非我现境”[③],前例之有法成自二名,后之有法成自四名。此之多名,非必关带,……第一例可析为二种全称命题,第二例可析为四种全称命题。陈大齐认为:“联系多名,以说全分,此与全称,义已稍异,第其所联本属全称,多全说全,亦尚无违。”[④]

《蠡测》认为:“至若一分,异于特称。”[⑤]该书引《大疏》说比量相违一分四句之说,“有违共一分比,如明论师对佛法者,立一切声是常。彼宗自说明论声常,可成宗义。除此余声,彼此皆说体是无常,故成一分。或是他全自宗一分。”[⑥]《大疏》说两俱不成曰:“三有体一分两俱不成。如立一切声皆常宗,勤勇无间所发性因。立敌皆许此因于彼外声无故。”[⑦]《蠡测》指出:“以上二例,虽标一分,察其宗言,皆是全称。”[⑧]另外一种情况是复合主项的联言命题,亦可析成若干个全称的简单命题。如所别不成一分四句,“有自一分所别不成非他。如佛弟子对数论言,我及色等皆性是空。色等许有,我自无故。”[⑨]又如相符极成一分四句,“有符他一分非自,如萨婆多对数论立我意实有。说意为实,两不相符,立我实有,符他一分。”[⑩]《蠡测》认为:“此二亦是联系判断,其宗有法,曰我曰色,曰我曰意,且皆全分,分别立之,各得二宗,皆属全称而非特称,其所以标一分言者,谓多名中之一名耳。”同时还指出:“疏于宗因二法,亦说全分一分。”[⑪]逻辑的量项,只涉及谓项的范围。这又是二者的不同。《蠡测》还认为:“逻辑全称特称,偏重形式,因明全分一分,偏重实质。其言全分,或谓一名之全,或谓多名之全,一分亦尔,或

---

① 窥基:《大疏》卷五,页十左。
② 同上,页六左。
③ 窥基:《大疏》卷四,页二十一右。
④ 陈大齐:《蠡测》,第 111 页。
⑤ 同上。
⑥ 窥基:《大疏》卷四,页二十三右。
⑦ 窥基:《大疏》卷六,页二左。
⑧ 陈大齐:《蠡测》,第 111 页。
⑨ 窥基:《大疏》卷五,页十左。
⑩ 同上,页十五左。
⑪ 陈大齐:《蠡测》,第 112 页。

谓一名之分,或谓多名之分,皆属内义,无关外形。”

四、关于有体、无体

第一次清楚地解释了有体、无体语词的多义性,对使用最多的第三种含义的有、无体作出正确的定义,并阐明了有体、无体与有义、无义和表诠、遮诠的联系,同时也阐明了宗、因、喻间在有、无体关系上所应遵守的规则。

陈大齐《有体无体表诠遮诠》专题中指出,对于《大疏》所说有体、无体之判别,“后世解者,说本纷纭”。日本的《因明入正理论疏方隅录》加以综结,凡有四种,一以共言为有体,以不共言为无体。二约法体有无,以判有体无体。三以表诠为有体,以遮诠为无体。四以有义为有体,以无义为无体。有义者有可表之义,如声无常,即是表诠,无义者无可表之义,如立我无,亦即遮诠。故第四种可摄于第三之表遮,无烦别立。此三有体无体,就宗因喻三支分别言之,非定一种。宗之有体无体,意取表诠遮诠。因之有体无体,取共言不共言,共言有体之中,复分有无二种,以表诠为有体,以遮诠为无体。喻体之有、无体,亦取第三表遮,喻依之有无体,谓物体之有无,有物者是有体,无物者是无体。① 陈著认为《方隅录》的缺点是“不依一义,且依宗因喻三,分别判定”②。

陈著将散见各处之无体实例九则,加以归纳,“大疏说无体之理由,不外二义。曰无,曰非实有,即谓无此法体,亦即无此事物。曰不许,曰不立,谓立敌不共许。曰不成,则双举二义。……立敌不共许其事物为实有者,是名无体。云不共许,非共不许,故若立敌随一不许,亦是无体。”③

陈著从无体的定义出发,又提出了有体的定义。“有体为无体之矛盾概念,若非无体,便是有体。是故有体之义,可从无体推衍而得,有体者谓立敌共许其事物为实有。”④

作者还指出,有、无体这两概念与极成、不极成两概念是完全一致的。“是则疏云有体无体,以法体有无及共不共许为分别之标准。真极共许合为极成。故亦可简言曰,有体者谓极成之体,无体者不极成之体。”⑤

---

① 陈大齐:《蠡测》,第178页。
② 同上,第179页。
③ 同上,第184—185页。
④ 同上,第185页。
⑤ 同上。

陈大齐又进一步指出极成所包括之二义即真极和共许的关系："然自立敌言之，共许者必共信真极，共信真极亦必共许，故极成言，尤重共许。"①这样，又可以说："立敌共许者是有体，不共许者即是无体。"

该书根据以上对有、无体的理解，作为衡量标准对照检查《大疏》中明确说到宗(宗之有法)、因(因法)和喻依有体、无体的大量实例，结果是"殆无有不相切合者"。

为便于理解，这里分别略录几例：

有体有法之例：

"声无常"——胜论对声论——有法声，立敌俱许。

"声常"——声论对佛弟子——有法声，立敌俱许。

无体有法之例：

"虚空实有"——胜论对无空论——有法虚空，立许敌不许。

"我常住"——萨婆多对大乘——有法我，立敌俱不许。

有体因之例：

"是眼所见性故"——胜论对声论——立敌俱许。

"勤勇无间所发性"——声论对佛弟子——立敌俱许。

无体因之例：

"实句摄故"——声论对佛弟子——立许敌俱不许。

"以是神我故"——数论对佛弟子——立许敌不许。

有体喻依之例：

"如瓶"——声论对胜论——立敌俱许。

"如空"——外道对佛法中无空论——立许敌不许。

无体喻依之例：

"如空"——声论对无空论——立许敌不许。

"如前五句"——佛法对胜论——立不许敌许。

陈大齐认为在《大疏》中明确论述有无体者除一例外，皆相切合。这一例外是指有体喻依之例："如空"——外道对佛法中无空论——立许敌不许，而在无体

① 陈大齐：《蠡测》，第185页。

喻依之例中“如空”——声论对无空论——立许敌不许。同此无空喻,同对无空论,且同是立许敌不许,一作有体,一作无体,岂不自相矛盾?《蠡测》认为,根据《义纂》关于有无体宜分自、他、共的说法,这个矛盾是由于《大疏》没有分自、他、共比量而造成的。“按诸实际,亦非必尔。盖无体中,有立敌俱不许者,亦有随一不许者。凡属随一不许,同时必随一许,或立许敌不许,或敌许立不许。是故同此事物,立敌分别言之,有无适正相反,在许者为有体,不许者为无体。就前例言,许者许空为有,是自随一有体。敌者不许空有,是他随一无体。故随一有与随一无,文虽相反,义实相通。泛言有体无体,既已含混不清,宜以自他共言分别合说,庶几眉目疏朗而免含混。”①

陈大齐根据上述标准考察了宗之谓项即能别(宗上有法之法)的有、无体问题。“能别与因同为宗法,因法既分有体无体,能别义准亦可有二。且若以极成为有体,而以不极成为无体,能别有极成与不成,应亦可作有无之分。”②准此,疏中各例,除个别实例之解释偶有失误外,大多数都符合。

有义、无义,表诠、遮诠,有体、无体这三组概念有密切的联系。《大疏》中没有有义、无义的说法,但在其他疏记中常常出现。《蠡测》汇集文轨、义纂、篠山(日僧善珠)三家之说,加以探讨。“三家之说,义相一致,有义云者,亦遮亦表,无义云者,唯遮不表。是故有义无义,同于表诠、遮诠。”③

文轨和篠山二家在有义无义之外,别立第三种通二法,既通有义,又通无义。例如,《庄严疏》说:“三通二法,如言诸法皆是所知,若有若无皆所知故”。《蠡测》认为,这是不能自圆其说的,“有义无义,本属矛盾概念,既入于有,不得复归于无,有无不共,岂得通二。”④并且指出,文轨、篠山二家提出通二法,是另立标准。因为有义无义之判别,在于本身是表还是遮,而通二法判别之由在于有法,无关表、遮。陈大齐认为,“大疏不设,独具灼见”⑤。

在《有体无体表诠遮诠》专题的最后,作者研讨了表、遮诠与有、无体之关系,“有体亦表亦遮,无体唯遮不表,与有、无义相同。是故有体无体,有义无义,表诠遮诠,三虽异名,义实相通。有无言其体,表遮述其用,此其别耳”。

《蠡测》在《有体宗无体宗》这个专题中讨论了区分宗支有体、无体的标准,

① 陈大齐:《蠡测》,第190—191页。

② 同上,第192页。

③ 同上,第198页。

④ 同上,第199页。

⑤ 同上。

在《宗因喻间有体无体之关系》专题中又根据自、他、共三种比量详论了各概念间有、无体之相互关系。这样，对有、无体的解释就完全了。

五、关于因同品、因异品

充分论证了《大疏》增设因同品、因异品两术语的合理性。因同、异品是现代因明家吕澂、熊十力主张清除的术语。

作者专设《因同品因异品》专题从五个方面加以论证。

第一，《入论》之中，可资以助因同品之说者，于"显因同品"外，复有二处。一者说同品一分转异品遍转曰："此因以电瓶等为同品故，亦是不定。"窥基的《因明入正理论疏》（金陵刻经处版）、《因明论疏瑞源记》（商务印书馆版）"皆作同品，他本亦有作同法者"。二者说同法喻曰："若是所作见彼无常，如瓶等者，是随同品言。"①同法喻者，谓宗随因，宗是能随，因是所随。今言随同品，同品是所随，故应是因同品。且如是释，与《理门论》"说因宗所随"正相符顺。是故此文，可为一助。

第二，《庄严疏》释"显因同品决定有性"，亦云："因者，谓即遍是宗法因。同品谓与此因相似，非谓宗同名同品也。"又曰："谓若所作，即前显因同品也。"②可见，"然则《大疏》说因同品必有所本，非其始创。纵或《大疏》误读，遂以别创新名，然有此名目，于阐述义理，益增方便，亦复可取。"③

第三，指出《大疏》关于因同异品定义有二。"惟疏说因同异二品，义涉歧异，不作一解，为可惜耳。"④《大疏》一方面说"因者即是有法之上共许之法，若处有此名因同品。"⑤又言："有此宗处，决定有因，名因同品。"⑥是则因同兼及宗同，与同法喻一而不二。其言因异品，亦作如是二解。

第四，《大疏》因循《入论》之说，"疏谓论多说因之同品为同法，其因之异品为异法，而论之说同异二法，兼作二解，疏遂因之"⑦。陈大齐认为如果因同异品是同异二法别称，何必增设新名，以益繁琐，而且说因同异品同异宗因，即因同品

---

① 陈大齐：《蠡测》，第63页。
② 文轨：《庄严疏》卷一，页二十三左。
③ 陈大齐：《蠡测》，第64页。
④ 同上。
⑤ 《大疏》卷四，页二右。
⑥ 《大疏》卷三，页六右。
⑦ 陈大齐：《蠡测》，第65页。

既同宗又同因，因异品亦既异宗又异因，有名实乖离之嫌。

第五，陈大齐认为，所贵乎别创新名者，意义确定，不可游移，庶足资阐述之方便。《大疏》尝言："又因宗二同异名法，别同异名品。……次下二因同异，及上宗同异，并别同异，故皆名品。"①这里《大疏》规定了宗因双同、异为法，宗因单同、异为品。陈大齐认为，诚能守此界说，以解因同异品庶几义无混淆，而有助于阐述。

六、关于同品定有性与同喻体

陈大齐在汉传因明史上第一次明确指出同品定有性不同于同喻体，指出同品定有性是逻辑上的特称命题，而同喻体是全称肯定命题。

在《因后二相与同异喻体》专题中认为："二相既具，随可证明，同异喻体确定无误。然若谓同喻体为第二相单独所能证明，或竟谓同喻体不过第二相之显诸言陈，此违事理，定非确论。"②理由如次，其一，"同品定有，出九句因。理门论曰'宗法于同品，谓有非有俱'。大疏释云：'于同品者，宗同品也。'故同品定有者，谓宗同品有因。同法喻体，先因后宗，其所显示，说因宗随。是故论云'若于是处显因同品决定有性'，谓因有宗，非宗有因。前者自果求因，后者自因求果，其在言陈，主谓位置适相颠倒。"③其二，主张从同喻体"一切乙是甲"可换位成"若干甲是乙"，即同品定有，但从同品定有所包括的两种情况"一切甲是乙"或"若干甲是乙"，换位后，但得若干乙是甲，不同于同喻体"一切乙是甲"。因此《蠡测》认为"同法喻体，必摄同品定有，同品定有非必能证同法喻体。"④其三，"同品定有性既无力单独证明同法喻体，故必合异品遍无性，积极消极双为之证，而后始收能证之功。……至若异法喻体第三相得独立证明，不烦第二为之协助。"并且认为"第三相双证同异二喻体，故于因明，尤关重要"。⑤

七、关于因的后二相可否缺一

明确提出因的后二相不可缺一。

---

① 《大疏》卷四，页二左。

② 陈大齐：《蠡测》，第 81 页。

③ 同上。

④ 同上，第 82 页。

⑤ 同上，第 83 页。

现代许多因明著作把同品定有性等同于同喻体，又认为同异喻体可以互推，因此势必得出因后二相可以缺一的结论。陈大齐根据他自己提出的关于同品定有性不同于同喻体的独到见解，认为因后二相不可缺一。再从九句因来看，“同品定有，其异品之或有或无，至不一定，无可推知，故必遍集异品，别为检察，以定第三相之能否完成。复据异品遍无言之，同品亦三，非有一定。……衡于常理，同异二品，不得两俱同时遍无，应可据异品遍无，以推定同品定有。然因明法，同异除宗，如声无常，所闻性故，常无常品皆离此因。故异品虽遍无，同品亦遍非有。异品遍无，无以推知同品定有，故必别就同品检察，始足确定第二相之能否完成。此之二相，各别建立，故须并存，不可偏废。”①

八、关于三十三过中的三种比量

最完整地阐述了因明三十三过中自、他、共三种比量的不同情况，弥补了论、疏的不足。

作者在《三十三过与自他共》专题中指出：“论说三十三过，但以共比为例，未及自他”。② 而《大疏》说过，条析益明。然举过类，犹有未尽，判别正似，间有未当，且说有体无体，未分自他与共。《蠡测》根据自、他、共三种比量详细分析了三十三过。

例如，《大疏》在讲解“共不定”因过时，分共比量、自比量、他比量依次解释，但在讲解共比量时，又只说及“共共”一种。《蠡测》补足了自共不定和他共不定的情况。

以上八条是陈大齐因明理论中最主要的贡献。

第四节　因明基本理论研究的不足

一、关于陈那三支作法的论证性质

陈大齐教授对同、异品除宗进行了深入的研究，发表了许多精到的见解，可

---

① 陈大齐：《蠡测》，第80—81页。

② 同上，第261页。

惜他未能将这一观点贯彻到底，因而在整体上对三支作法的性质作了错误评价。他在论同、异品除宗有法时谈到其利弊，利在无循环论证之嫌，弊在未能跳出"比论"即类比推理之窠臼。他说："同品除宗，既未尽举，自同品定有性而言之，三支作法，仅知特殊以推知特殊，非自普遍以推知特殊，亦即但有比论之力，应无演绎论证之功。"①但在《宗因宽狭》这一专题研究中又说："因明二种正量，宗因及同喻体，俱属全称肯定判断，故为逻辑 AAA 式。"②既说同品除宗但有类比之力，又说相当于三段论第一格第一式 AAA，岂不自相矛盾？统观《蠡测》全书，讲到异品遍无性和异喻体、同喻体时都没有贯彻同、异品除宗的观点，对陈那三支的论证类型未能作出正确评价，这是《蠡测》的最大缺陷。

二、关于因的后二相与同、异喻体之关系

陈大齐教授认为要由因的后二相共证同喻体，又主张单由因的第三相便可双证同异二喻体，这在逻辑上是不成立的。承认后者必然否定前者。由此可见，陈大齐对同、异品除宗有法和因三相理论的理解有其合理性，但并未把这种合理性贯彻到底。我们在前面已经论述过，因的第二、第三两相不能互推，同、异二喻体也不等值，因此，唐疏说"二喻即因"，但并不等值。

三、关于因的后二相与归纳推理

他把因的后二相说成是归纳推理，这是没有根据的。因的后二相只是作为正因的条件提出来的，至于这两个条件是怎样来的，特别是异品遍无性这个除外命题怎样得到，陈那的因明理论中没有回答，正如不能把三段论第一格的规则"大前提必全须全称"本身当成归纳推理一样，也不能把因后二相说成归纳推理。从认识论角度来说，要得到一个除外命题，当然要通过归纳。但是，在三支论式之外，陈那并没有任何关于归纳推理的论述。

陈大齐的《因明大疏蠡测》称得上是一座丰富的宝藏，可惜，几十年来湮没无闻。笔者不揣愚陋，僭谈妙义，倘抛砖引得美玉，"不独作者之幸，抑亦因明之福"。

---

① 陈大齐：《蠡测》，第 72 页。

② 同上，第 143 页。

第十四章　为利始学　亦删亦注

——熊十力的因明思想

汉传因明研习在19世纪末于中国复苏,“五四”以后逐步形成唐代之后的又一个高潮。太虚的《因明概论》是“五四”以后出版的第一本因明著作,只是写得简略。吕澂的《因明纲要》出版于1926年9月,这本书对我国因明研究发生深刻影响。熊十力的《因明大疏删注》(以下简称《删注》)写作于《因明纲要》之后,出版略早于吕著。书中常有对《因明纲要》的评述。《删注》作为一本不乏我见的《大疏》入门之作,它的问世对因明研习起到了积极的推动作用,在现代因明史上还是值得一书的。

熊十力(1884—1968),湖北黄冈人,曾参加武昌起义,辛亥革命后入南京支那内学院潜心研究佛学。几年后任教于北京大学。本书原为讲稿,写成于1925年岁末。熊十力因明思想集中地反映在《删注》中,有成功也有不足。

《删注》的主要内容有以下四个方面。一是对《因明大疏》的评价,同时也就说明了《删注》的写作缘由;二是对《大疏》作了大量删削;三是调整原文;四是注疏。以下就此四方面加以评价。

第一节　对《因明大疏》的评价

一、《大疏》的三大优点

熊十力为什么要选择窥基的《大疏》来删注呢?这是由《大疏》在汉传因明中的重要地位来决定的。熊著认为玄奘翻译因明著作,“独取陈那师徒大小二论,其间抉择,谅有权衡”,“陈那精要,汇归正理,入论者,则又正理之要删,简明博大,肯綮总揽”。[1] 印度佛家新因明的开山祖陈那写了四十多部因明著作,而《理门论》是最有代表性的一本。但是这部书“旨微词奥”“后学难穷”,因此陈那弟子商羯罗主对《理门论》加以整理、补充而成为《因明入正理论》。《理门论》又称为《大论》,《入论》又称为《小论》。《小论》虽比《大论》好读得多,但也有“义繁文约”的毛病,如果孤译无疏的话,还是难以钻研。“唐贤疏述,虽累十家,独有基文,世称大疏。”后人研习因明,玄奘弟子窥基所作《大疏》的确比其他疏记要好。熊十力概括了三大优点。

其一,“提控纪纲,妙得论旨。征文选义,虽有繁芜,经纬堪寻,仍殊滥漫。”

其二,“详征古义,环列洋洒,今古沿革,略可推原。”

其二,“理门奥旨,抉择无遗,法户枢机,舍此莫属。”

前人为什么尊窥基之疏为《大疏》呢?熊十力根据自己的研究概括其三大优点,我以为是颇为恰当的。熊著认为从陈那到天主,又从玄奘到窥基,一脉相承,“薪火无间”,因此披读《大疏》,是取“胜范鸿徽”之捷径,并且舍此无由入门。以上作者说明了选取《大疏》来删注的缘由。

二、删注的理由

《大疏》既有三善,为何要删注?熊十力认为,“大疏虽备三善,然舛词碎义,时复错见,学者病焉。若豁神思,必应删削”。他还认为《大疏》不及窥基其他译著那样“译笔宏整,韵语沉雄”,“独有疏记,乃多凌乱无序,不易解了。”他推想其原因,认为窥基终年五十,作疏百部,“但取材纂类,未及刊定也欤”。

作者在对《大疏》删注过程中,还改动了原文。为此被其友林志钧批评为“非董理故籍所宜”,作者承认这一批评是对的,并对此作了解释。他改易原文是为求得语意的贯穿易晓,“为利始学计,宜当从权”。由此可见,作者删注的目的,主要是为初学者提供阅读之便。这个删注本尽管有作者不少研究心得,但总的说来,还是注解《大疏》的一种普及性著作。

第二节　关于删削

作者主张披读佛家法相典籍的一个原则是“当理大端,捐其苛节”。所谓“苛

① 熊十力:《删注·揭旨》,上海:商务印书馆,1926年版。

节”,指悬空或琐碎之推析。从他对《大疏》的删削来看,确有一种“阔斧大刀,纵横破阵”之魄力气势。经他删节的内容,总括起来有以下几个方面。首先删去了不涉及因明本身的基本理论方面的内容;在有关因明理论的内容方面,又删去了不少重复之说;还删去了因明古今沿革;删去许多舛词碎义以及大量对问难之解答。

一、删去非因明基本理论的内容

这又可分为四个方面:一是删去科文和明濬所写的后序;二是删去人物传说故事;三是删去各派学说背景材料;四是删去古因明中包括的论辩规则和要求。

1. 关于科文和明濬所写的后序

“内典有科判名句章段者,此名科文”,删注本首先把科文略去,因为删注本内《入论》之名句章段都已按科文一一加以刊定。明濬所作后序解释了《入论》的书名,对天主所作之《入论》作了简略评价,追述了玄奘求学、奉诏译经和译场分工以及奘门弟子竞相作疏的情况。

2. 关于人物传说故事

删去了新因明代表人物陈那作《理门论》缘起的内容。这是一个传说故事,和《入论》的内容关系不大。另外,《大疏》在讲有法自相相违因处,有胜论派祖师鸺鹠寻找传人的传说故事。故事叙述了传人须具备的七个条件,鸺鹠找到五顶这个人,经九千年才将其化导。这个故事为理解有法自相相违因的实例提供了背景材料,但究竟不是理论本身,熊本还是把它删去了。

3. 关于各派学说的背景材料

例如,《大疏》在讲到世间相违过失时,有关于玄奘所立真唯识量,为何不会有世间相违之过的解释,就涉及大、小乘和外道的不同观点的问题。熊本把它全部删去。又如,《大疏》在解释“俱不极成”过失时有胜论派学说的详细介绍,也一概删去。

4. 关于论辩的要求

例如,《大疏》在解释“由宗因喻多言开示诸有问者未了义故”一句时,解释了许多论辩的要求,如关于论辩之“六处所”,关于证人的要求,关于为何而开示,关于诸问者包括哪些对象等。

以上内容对于进一步的研究来说有必要了解,但对初习因明者来说,的确可以暂置不问。

二、删去重复繁琐之说

1.《大疏》卷七页二在释四相违因时,有自性、差别之解释,与前面解释宗依时重复,熊本删去。

2.《大疏》在解释能立之宗、因、喻时,就提出了后面似能立即过失论的许多内容,既有重复之病,对新出现的概念又未加解释,熊本把它们删去,就显得简洁好读。

三、删去古今沿革

例如,删去新古因明关于所立、能立划分之演变。又如,《大疏》在卷三页二一左释"如立无常,瓶等无常,是名同品"一句时,征引古因明师关于同品的解释,古师列举与宗之能别法相似的五个方面的性质,熊本予以删削。

四、删去大量答难的内容

例如,《大疏》卷二有关于宗、因、喻顺序之问答:卷一页七至页八一大段中共有七问七答。一问,何故不名宗明、喻明,但称因明,二问真因真明可说因明,似因似明,应非因明,三问量立量破,可名因明,过破似破,应非因明,等等,熊本目为"碎义"而统统删去,读来痛快。

《大疏》对因同品、因异品两概念有详细解释,熊本全删,认为不应该有这两个概念。熊本这一观点是需要商榷的。此外,熊本将《大疏》卷四页十七"谓若有所作因,见有无常宗,犹如瓶等,是无常宗随因所作同品之言"一句中"因所作"三字删去,成为"无常宗随同品之言",这一删从内容上反倒讲不通了。《大疏》原意为"因所作同品",即因同品,熊本一删,"同品"成为宗同品,全句变成宗同品随宗同品,同语反复,毫无意义。

第三节　调整原文

一、梳理顺序

《大疏》卷一释"极成有法,极成能别"句,先释"极成",再释"有法""能别",

不合逻辑顺序。熊本改为先释“有法”“能别”二概念,再释极成。“极成”是对“有法”“能别”二概念组成宗体时的要求,理应先释对象概念,再释使用这些概念时有什么要求。

《大疏》在对“自性”“差别”二概念的解释中,有三问三答,行文是先提出三问,后作三答。熊本拆成三个一问一答,“使问者语气,较易清楚”①。

通常整理古籍,调动原文顺序是不可取的。但从这两例来看,在完全不影响原文思想内容的情况下,调整《大疏》的行文顺序,是有利于初习者阅读的。

二、改易原文

按照自己的理解改动原文,更不合古籍整理之惯例。熊本改易原文大致有两种情况:一是改例,二是增补。先说改例,例如,在解释疏文中关于因法与宗之有法可以是同体,也可以是别体(异体)时说:“原文举萨婆多对大乘立命根实量,初学难解,故易之如次。”②原例对不熟悉佛学的人来说确实不好理解。改成下例,一看就明白:

> 此山谷处有火宗,
> 有烟故因,
> 犹如余有烟处喻。

烟和山谷不同体,但不能说“有烟”不是正因。不管有别体和无别体,只要该因法能遍(包含)宗之有法,就满足了因之第一相。这一改例可以说是很成功的。

再说增补,有的增补得恰当。例如,《大疏》卷四页十右释《入论》“此中常言表非无常,非所作言表无所作”一句说:“下释成义,显得无体,亦成三相”。熊本将“亦成三相”改为“成第三相”,并加注说:“原本无第字,今依后记补之,谓成因之第三相也。”这样改动,显然是正确的,因为异喻不能满足因三相,只能满足其中的第三相。

有的则增补得大谬不然。疏文就在稍后,又讨论了宗、因、喻间有、无体之关系。《大疏》说:“以无为宗,无能成立,有无皆异。”熊本解释说:“原本,无以有为宗,有能成立二语,似脱落也。……此下云,有无皆异,若单承上文以无为宗,无

① 熊十力:《删注》,页十三。
② 同上,页二十二左。

能成立二语,似不可通,细玩下文,亦以有无对照”①。熊本对“有无皆异”加注说:“有法以无法为异法,无法以有法为异法,故言皆异也。”其实,“有无皆异”并不是像熊本所指有法(有体)与无法(无体)互为矛盾概念的情况,此“异”是指异喻依。陈大齐《蠡测》对“以无为宗,……有无皆异”解释说:“总说有体无体皆可为异喻依”②。可见,并非疏义有语脱落,而是《删注》作者误解所致。这一增补是属于牵强附会之说。

第四节 关于注疏

一、为例证和疏文作注

作者在《揭指》中说明,主要在两方面作了注,并慨叹其中的艰苦。这两方面是:

1. “触及例证,义涉各宗。征引繁博,固嫌支蔓。训释过简,又惧奄味。综练显了,其事已难。”

2. “疏文质直,绝少虚字。属辞比事,复务周纳。体制违俗,以故难了。援笔为注,词义斟酌,几经往返,恒难畅意。间遇险涩,不过数字,一发全身,竟日短趣。注之为事,不便驰骤。此复干枯,又且增苦。是则删非得已,注亦愈艰。”

二、提纲挈领、清楚明确

关于例证方面的注释,往往涉及各宗学说,这对不谙佛学的人来说,确是一大困难。而熊本围绕例证介绍各宗学说,确实做到“综练显了”,即提纲挈领、清楚明确。

例如,《入论》中关于“法差别相违因”过的实例,自来号称难解,古今异解纷呈。疏文之释,独有创发。但若不加注疏,也不好理解。基疏文中有些句子晦涩得令人难以卒读。熊本对疏文之字、句详加诠解。最后加以总评,极便初学者了然疏文之意。这是《删注》中注得较好的一例。由于熊本有字注和句注,过于零

---

① 熊十力:《删注》,页三十七。

② 陈大齐:《蠡测》,第223页。

碎，为求语意贯穿，我们先将疏文和熊注糅合起来，向读者介绍如下。

《入论》原文是："法差别相违因者，如说眼等必为他用，积聚性故，如卧具等。此因如能成立眼等必为他用，如是亦能成立所立法差别相违积聚他用。"这是数论派对佛弟子立的量。如果数论是想成立实我为受用者，受用眼等，如果实我是宗之有法，实我受用眼等，而佛家不许有实我，有法又名所别，便有宗中他所别不成，再从积聚性因来说，也有过失。如果"我"是有法，数论说实我是常，因此不允许有积聚性因，佛法根本就不承认有实我，更谈不上有积聚性因，这样，此因便有两俱不成的过失。

如果说眼等必为实我用，实我为能别，便有能别不成之过，并且缺无同喻，这积聚性因与能别法的自相（语词直接表达的意思）相违，喻依卧具便有所立不成之过失。

如果说数论立眼等为假我用，就会有相符极成的宗过，因为佛法也承认假我。

面临左右为难的局面，数论便调弄方术，立宗不用"实我"，也不用"假我"，而代之以"他"，即立宗为"眼等必为他用"。这里的"他"，就是数论"实我"之代名词。按照数论的观点，"我"有二种，一者实我，即数论派二十五谛中神我谛，即永恒不变的实体，体既常往，故非积聚。二者假我，即眼等根积聚成身，假名为我，包括在数论二十三谛中。数论神我（实我）是非积聚性的，而假我则是积聚性的。佛法承认假我而不许实我。数论宗中若立实我，便有上述种种过失。于是数论便故意含糊其词。

按照数论的观点，由于神我受用声、触、色、味、香等五唯境时须亲用眼等，所立神我用眼等，其用殊胜，相反，假我用眼等劣，但是假我亲用卧具，故胜，而神我要通过眼等来用卧具，故劣。

既然这样，如果积聚性因能成立数论所立法自相，那么也能成立法差别相违宗。数论所立宗为眼等必为他用宗，其法自相是为他用，此"为他用"未分神我、假我，故不与积聚性因相违，不会出现过失。数论本来要成立的是不积聚性他，但与积聚性因相违，陈那就用了这因来成立与作为法差别的不积聚他相违的聚积性他。这宗就叫"眼等必为积聚他用胜"。如果这宗不加胜字，就会犯相符极成的过失。

熊十力总评说："以假我于眼等用胜，而难数论，论无明文，疏主创发。清干诸家，颇于疏义有所翻违，吾谓过矣。……推详数论所计，积聚他假我，用卧具胜，用眼等劣；不积聚他实我，用眼等胜，用卧具劣。彼之本计如是。今检彼对佛弟子，立眼等必为他用宗，积聚性因，如卧具等喻。彼宗，意许法差别，是不积聚他用。以此是对敌所诤故。然彼积聚性因,则于法差别不积聚他上无。于法差别之相违法积聚他上有。故此因,是法差别相违因也。但彼因虽有过,而敌者违量亦不易成。设陈那不约假我用眼等胜,以难。而直申量云,眼等必为积聚他用,因喻同前,此虽以彼因喻,返成相违,而陈那量,亦犯相符过。……原数论亦许假我用眼等,陈那答复立之,即有相符之失也。今疏主设为陈那难数论量云,眼等必为积聚他用胜。因喻仍数论之旧。意说,卧具等是积聚性故,既为假我用胜,眼等亦是积聚性故,应如卧具亦为假我用胜。由是,此量无相符过。方与数论而作相违。"①可以说,熊注把这一因过讲清楚了。

对于因明所设"世间相违""自教相违"等过,熊注力排众议,发表了独到的见解。他批评说:"今人每谓佛家因明,说世间相违、自教相违诸过,为束缚思想之道。此妄谈也。因明所标宗因诸过,本斟酌乎立敌对辩之情而立,用是为辩论之则,非所以立思想之防,文义甚明,可复按也。浮浅之徒,援思想自由之新名词,妄行攻诘,不思与所攻诘者渺不相干。"②熊注是正确的。因明所设"世间相违""自教相违"诸过是论辩规则,也是逻辑规则。世间常识一般来说是立、敌双方都承认的。如果一方提出相违背的观点,那么在辩论中便处于不利的形势。如果提出一种观点与自己信奉的学说相违,那就陷入自相矛盾的境地,二者必有一假,不能服人。因此,从论辩和逻辑两方面看,都应当避免这些过失。这是不是"束缚思想之道"呢?不是。因为如果辩论的一方提出了与世间、与自教不同的新见解,那么可以采取简别的方式,从语言上特别加以标举,以示区别。这样就不会犯世间相违、自教相违诸过,从而避免了"束缚思想"的弊病。

第五节 《删注》的成就与不足

一、为初学者提供阅读之便

总的来说,这个删注本正如因明家虞愚先生所评论的那样,"删去所当删,注其所当注"。

当然在删、注过程中不可避免地存在错误。《删注》的成就反映了作者深厚

① 熊十力:《删注》,页七十九右至页八十左。

② 同上,页四十七右。

的佛学功底,其不足又显示出作者在因明与逻辑之比较方面有所欠缺。因明是佛家逻辑。要想准确地把握因明理论,既要有一定的佛学知识,特别是佛教认识论知识,而且必须以逻辑为指导,两者缺一不可。这便是熊十力的《删注》给我们留下的有益启示。

二、对基本理论的解释存在失误

《删注》的不足表现在对因明基本理论的理解上有不少失误。这些理论问题主要是关于能立、宗同品、因的第二相、因明的推理种类等的解释。

熊十力不了解"能立"有二义。在一个论式内部,宗是所立,因喻是能立。能立、能破、似能立、似能破、比量、现量、似比量和似现量这八门相对而言时,宗、因、喻三支均为能立。熊注却因循窥基《大疏》、文轨《庄严疏》"文不乖古""义别先师"之说,将《入论》"宗等多言名为能立"中的"宗"当作所立而排除在能立之外熊十力:《删注》页八右,这是误解。实际上这里的"能立"是八门之一,"宗"是组成能立的一支。

对同品(宗同品)的解释,熊注误将同喻依当作了同品。他说:"盖言同者,非取法之自体,但取法体上所有之义。如瓶上有是所作与无常义,声上亦有所作与无常义,义类相似,故言同品,实非取瓶与声名同品"①。熊注因循《大疏》之误,把同品和同喻依混为一谈,同品只须同宗之后陈法,而同喻依却须宗、因双同。熊注的这一观点影响至今。

关于因的第二相"同品定有性",熊注说:"陈那显同喻体云,若是所作,便见无常。即此同喻,是因之第二相同品定有性。"②其实,同喻体和同品定有性的逻辑形式是不同的。同喻体的逻辑形式是除外命题,而同品定有性的逻辑形式是特称命题。同喻体主项是因,同品定有性主项是同品。

关于因明论式的论证种类,熊注说:"此五分义,颇合挽世名学内籀之术。……至陈那改作三支,以喻摄因,……语其凭借,则在五分。形式虽更,实质未甚异也。""五分"指古因明五支作法,"内籀"是归纳之旧译。熊十力对陈那三支的评论"形式虽更,实质未甚异也"是正确的。这一见解直至今天还属凤毛麟角,不可多得。可惜的是缺乏论证,也未能将这种观点发挥。当有人批评因明水平不及西方逻辑时,他还颇不以为然,表明其逻辑眼界还是有局限性的。

---

① 熊十力:《删注》,页二十二右。

② 熊十力:《删注·揭恉》。

【下　篇】

第一章 《因明入正理论》讲解

《因明入正理论》今存梵、汉、藏三种文本。吕澂的《因明入正理论讲解》简述了三种文本的源流。

因明在中国的发展,有汉传和藏传之分。汉传因明和藏传因明各有师承、别具特色,为世界逻辑宝库共添了异彩。

梵文原本书名题为《入正理论》,因明二字是玄奘翻译时特加的。这使得当时视因明为新鲜学问的汉地学者对其书性质能一目了然。

藏译本书名为《量论入正理论》,藏译大约完成于12世纪末的宋代。当时藏译者误以为此书就是陈那的《正理门论》。

印度因明与西方逻辑有同有异。因明包括论辩术、逻辑和认识论三部分内容。

因明有新古之分。陈那创建的新因明又有前、后期之别。前期以论辩逻辑即立破为中心,认识论即量论为附庸,代表作是《因明正理门论》;后期则以量论为框架,立破逻辑为组成部分,代表作是《集量论》。

《入论》与《理门论》一脉相承,论述了陈那前期因明学说。

藏本书名加上量论二字,反映了藏译者的观点。印度佛家在陈那之后盛传法称的量论,因明立破之说则从属其中。藏地所传因明主要是法称一系。

汉藏译本书名的不同,反映了汉、藏译者因明观点的差异。藏译者虽然将《入论》误当陈那的《理门论》而加以传播,但是为后人留下了可资对勘研究的宝贵典籍,仍不失为可以庆幸之事。

因明是佛家讲逻辑的一个特定术语,因明所建立的规则又是论辩双方都必须共同遵守的。

因明服务于内明,好比逻辑服务于哲学。因明作为内明的一种工具,“可以权衡立破,可以楷定正邪,可以褒贬是非,可以鉴照现、比(感性知识和推理知识)”,“求因明者,为破邪论,安立正道”。

因明虽是佛家讲逻辑的特定术语,但它的理论来源则为外学。印度佛教以外的一般学者讲逻辑都不用因明而用正理。玄奘弟子窥基的《因明入正理论疏》说:“因明论者,源唯佛说。……劫初足目,创标真似。”前一句指出因明是佛家的用语,是佛家的逻辑,后一句标明佛家逻辑的理论来源。

因明发端于正理。正理派的根本经典是《尼夜耶经》,又译为《正理经》。相传《正理经》的作者是足目,又译为乔达摩。他是公元50—150年前后的人。

足目其名,相传有两种解释。第一种解释为,足者,多;目者,慧。以多慧故名足目。第二种解释是,脚下好像有目名为足目。玄奘的三传弟子智周解释“足目”说:“足下有文,其如于目,因此名焉。”《正理经》的编纂时间又有一说,认为是在公元250—350年前后,如果此说成立,那么《正理经》就非一人一时之作。

尼夜耶的梵文本义是引导的意思。凡是引导一论题或结论为一理论,就称为尼夜耶。理论有真似之分,尼夜耶虽然本指理论,但通常是指正确的道理,因此,尼夜耶又意译为正理。

正理派深入研究了逻辑问题,以五支作法为中心,初步归纳出正确推理的基本规则和错误推理的原因、类型。佛教内部对待正理的观点有分歧。小乘说一切有部率先肯定了正理派逻辑。大乘佛教中观派创始人龙树则著文批判正理派学说。由于辩论的需要,大乘瑜伽行派逐渐吸取并发展了正理派的逻辑思想,建立了古因明。5至6世纪,大乘瑜伽行代表人物陈那对因明作重大改革,变五支为三支,提高了推理的可靠程度,因明面貌为之一新。7世纪的法称承袭陈那后期《集量论》精义,发展了量论学说,并使三支论式向逻辑三段论靠拢。

《入正理论》中的“入”,有两层含义。其一,了解正理这门学问的门径,正如窥基所说,“作因明之阶渐,为正理之源由”。其二,此论是了解《理门论》的入门阶梯,是初步读物。

《理门论》是陈那新因明的奠基作。其书义理赅博,文字简奥,读来晦涩艰深。《入论》对其耙梳整理,增补删削,“考核前哲,规模后颖,总括纲纪”,条理较为清楚,解释更为明晰,因而此书比《理门论》较为好读。

《理门论》世称《大论》,《入论》世称《小论》。

《入论》作者是商羯罗主。他是陈那的弟子。商羯罗是梵语的音译,翻为骨锁,指人的骨架。印度人信仰大自在天。相传自在天为了教化众生,从天上降到凡间,苦行时形销骨立。当时印度人仰慕他,图画其形而祈祷之。商羯罗遂成为自在天的别名。《入论》作者出生之前,双亲无子,祈祷自在天而生子。作者的诞生,被认为是自在天作的主。作者便以自在天为号,因此取名为商羯罗主,简称天主。根据这一传说,推知作者父母事天,当属婆罗门种姓,商羯罗主生平不可考。有一说为,根据《入论》对陈那晚期因明观点并无反映,推测商羯罗主也许是陈那早期学生。但是玄奘弟子文轨在《庄严疏》中谈到《入论》概括了陈那晚期著作《集量论》中的要义，如果此说成立，那么商羯罗主就不仅仅是陈那早期的学生了。

本论署名为商羯罗主造，而不是商羯罗主述。“造者制作义，叙理为述，先来有故，作论名造，今新起故”，日僧善珠《因明论疏明灯抄》还说，“今此论者，杂构要文，前择精义，制作之功，冠于始终，是故言造，而不言述”。《入论》对於《理门论》，在继承的基础上有所发展。

《入论》为唐三藏法师玄奘奉诏译。三藏，佛教典籍的总称。“藏”的原意是盛放东西的竹箧。佛教用以概括全部佛教典籍。三藏为经藏、律藏、论藏。凡非记载释迦牟纪所亲说教义的菩萨论说，都称为论。在佛教史上，通晓三藏的僧人称三藏法师。玄奘法师被称为唐三藏。

玄奘，俗姓陈，本名祎，河南洛州缑氏县（今河南省偃师县南镜）人。关于他的生平，没有确凿记载可查。他大约生于隋文帝开皇二十年，即公元600年，圆寂于公元664年。他的曾祖、祖父都是官僚，父亲陈惠，远离官场，潜心儒学，家境中落。玄奘随从其兄长捷法师于洛阳净土寺学习佛经，11岁就熟悉《法华》《维摩》，13岁时洛阳度僧，被破格录取。

玄奘在净土寺从景法师学《涅槃经》，又从严法师学《摄大乘论》，听后便能升座复所述，作详尽分析。他“爱好愈剧，一闻将尽，再览之后，无复所遗”。21岁在成都受具足戒。随后在海内游学，一面讲经弘法，一面访师问道，仍是一遍而尽其旨，经目而记于心，被称为“释门之千里驹”。他声名日隆，誉满京师。

但是奘师精进不息，学而后知不足。他发觉多年来各地讲筵所闻，异说不一，特别是对流行的《摄论》《地论》有关法相之说不能统一，“经有不周，义有所缺”，遂萌发赴印求法之志。

《入论》总共两千多字。全文由两大部分组成。第一部分包括一个颂和长行。这个颂称为初颂。长行之后又有一个颂叫后颂，第二部分仅此后颂。

初颂开宗明义，总标纲要，长行依标逐条解释，长行即此论正文。后颂作结。

为便于阅读，依照窥基《大疏》，本讲解也分为六个部分：一、总述要义；二、能立；三、似能立；四、现量、比量、似现量、似比量；五、能破、似能破；六、总结。

第一节 总述要义

能立与能破　及似唯悟他

现量与比量　及似唯自悟

根据吕澂先生对勘,梵藏二本在“唯悟他”“唯自悟”之后均有“故”字①。

初颂以五言为一句,按五言为一句的读法,初颂的含义不易明了。文轨《庄严疏》有两句解释:“及似二字该上立破”,“及似二字该上现比”,意思是说要读作“能立与能破及似,唯悟他,现量与比量及似,唯自悟”。

初颂标举了因明研究的范围,其范围大分为二:一悟他,二自悟。这二悟又各开四门,合称八门。悟他门包括能立、能破、似能立、似能破(能立与能破及似),自悟门包括现量、比量、似现量、似比量(现量与比量及似)。

八门又称八义。八门从功用上讲分为二悟,因此,二悟又称二益。“八门二益”概括了因明的全部内容。这些内容在陈那的《理门论》中全都有了。《入论》用颂文的形式作了概括。

长行是对八门的详细解释,在讲解长行之前先对初颂中的八门二益作一个简略介绍,以便读者对因明全貌有个初步的了解。

悟他与自悟中的悟,意为了悟,或者说引发正智。悟他是使他人了悟,或者说使他人得到正智。自悟是使自己了悟,或者说使自己得到正智。

因明是论辩逻辑,每提出一个论证,一定要有对立面,否则便有过失。在每一论证中,立论者一方,因明称之为自,立论者以外的人,称为他。自和他,是相对而言的。当甲对乙提出一论证,或者甲要破斥乙方的论证时,甲为自,乙为他;当乙方对甲方提出一论证,或乙方要破斥甲方的论证时,乙为自,甲为他。

他,包括敌者与证者,并非包括立论者以外的一切人。敌,指论敌。论敌的范围既可包括别宗别派的人,也可包括本宗本派的人。在本宗本派内,当创建新说或破除旧说时,立论者之外的本宗本派的人也成了敌论者。总之,凡与立论者观点不一致的,都在敌论者之列。

证者,又称证义者,指为立敌双方证义从而判定胜负的中立者,公证人,相当于体育比赛时的裁判员。

八门中有四真四似。似,是似是而非的意思。“似”,其外延比“假”要大,似包含着假而不等于假。甲对乙立量为真,甲对丙立同一量可能为似;甲对乙立量为似,对丙立同一量又可能非似。能立与能破,现量与比量,都有真似之分。

悟他的方法,包括能立和能破,还包括似能立和似能破。真似立破用语言表示出来是为了让别人了悟,从而引发正智的,因此是悟他。“唯悟他”,是说这四

---

① 吕澂:《讲解》,北京:中华书局,1983年版。以下凡有对勘之处,均同此。

种方法只是用来悟他。

自悟的方法,包括现量与比量,还包括似现量与似比量。现量与比量,是个人的认识活动,这种活动存在于思维之中,还没有用语言表示出来,只是供自己了解身内外情况的,所以称为自悟。“唯自悟”,是说这四种方法只是用来自悟的。

以下简略解说八门。

一、能立

与似能立相对,即真能立。能立就是说立论者自己的观点能成立。一个观点要能成立,因明有许多规定。首先,立论者观点的提出即论题的提出,要符合种种规定,否则便有过失。其次,支持论题的论据不但要为立、敌双方所赞同,而且还有固定不变的命题形式。因明的正确论式只有一种。由于命题的形式决定推理的形式,因此命题的推理形式就不是随便可以选择的。因明的论式大致相当于逻辑的论证。因明的论题的提出比逻辑论证中的论题要复杂,因明只有一种论证方式,逻辑论证的论证方式却有许许多多,这是二者的不同。

能立这个词,在因明中有两种含义。第一种含义是八门中的能立,指整个的论证式,包括论题和论据。第二种含义是,在一个论证式内部,论题称所立,论据称能立。能立二义的问题在长行中还要详细讲解。

二、似能立

与真能立相对。似能立是有缺失或有过失的能立。缺论题或缺论据的能立叫缺减过。缺减过之外的似能立或者过失包括内容和形式两个方面。似能立起不到使敌了悟,启发正智的目的。似能立亦简称似立。

三、能破

与似能破相对,即真能破。能破就是能够破斥他人观点的言论。破,与立相对,指破斥他人的观点。真能破能真正起到破斥他人言论的作用。能破包括两种情形:一是立量破,二是显过破。立量破指论者建立一个正确的论式,以己之真能立破对方似能立,相当于逻辑中的间接反驳。显过破是自己不建立论式,直接指出他人似能立中的过失所在。或者指出其有缺失,或者指出其有过失。由于能破的目的是使敌、证了悟原立论之不能成立，因此属于悟他之门。

四、似能破

与真能破相对。似能破是指要破斥他人但又起不到破斥作用的言论。亦简称似破。似破应该包括两种情况。一种是他人本无过，破者横加之。对方本无过，你破不了。另一种是找错了目标。对方确是似能立，你却没有发现症结所在，反而弹诘了无过之处。《入论》只论述了前一种似能破，而遗漏了后一种，这是片面的。

五、现量

量，有多种含义。第一，在印度早期的认识学说中，量是分辨知识真伪的标准。量来源于生活和生产中的计量活动。人们用尺来量物之长度，用秤来称物的重量。尺、秤等度量工具称为能量，而布、米等被计量物称为所量。计量之后便有量果产生。人们把量的尺度、标准等意义，引进到认识论中来，量就成了分辨知识真伪的标准。第二，在研究论证的正理、因明学说中，知识本身也成为量。第三，量又指获得知识的认识过程以及获得知识的认识活动形式。陈那新因明把量分为现量、比量两种。所谓现量，一般指人的感觉。由感觉而得到知识是从现量得来的，由感觉而得到的知识本身也叫现量。现量是明显的，现前的，如眼观色，耳听声。现量又称为真现量。

六、似现量

指错误的现量，亦即错误的感觉知识。它包括错觉和幻觉两种。错觉以有为有，幻觉以无为有。由错误的感觉而获得的知识当然是不可靠的，因此是似现量。

七、比量

比量相当于逻辑推理。现量是比量的基础，比量是现量的进一步发展。以感觉为基础，推及未曾感觉到的知识，叫比量，又叫真比量。比即比度、比较。现量与比量都是个人的认识活动，是为了使自己了悟，所以都是自悟。

八、似比量

与量相对，是似是而非的比量。似比量有过失，其过失情况与用语言表达出来的似比量（似能立）相同。

以上简略地解释了八门二益。颂中所说现量与比量属于自悟。这里说的比量是特指未用语言表达出来的推理。真、似能破和真、似能立都是比量，都是用了语言来表达。

> 如是总摄诸论要义。

“如是”：如颂所说二悟八门。

“诸论”：梵、藏二本无“诸”字。汉译本有“诸”字，反映了玄奘的一种观点。后人对“诸论”可以有不同理解。有人解作古来有关因明的著作，这含义不够明确，包不包括陈那晚期的因明著作《集量论》呢？窥基《大疏》说：“诸论者，今古所制一切因明。”倘若天主知道陈那有《集量论》等，那么是包括在内，倘若不知道，则不在其中。从《大疏》后面的举例来看，只举了陈那以前的古因明著作。但是，文轨的《庄严疏》却说得很明确：

> 古制因明文义繁杂，纂成此颂括要已周，显此胜能故云如是总等。此则指前一颂八义两悟，总摄《集量》《理门》等论诸要义也。

文轨是把《集量论》在“诸论”中的。另外，神泰的《因明正理门论述记》（简称《述记》）在解释《因明正理门论》书名中的“正理”二字时说：“言正理者，陈那菩萨所造《集量》等辨诸法正理。”

但是，笔者认为，从《入论》把宗算在多言能立之一来看，没有反映唐疏据《集量论》以释能立之新解，说明“诸论”不包括《集量论》。商羯罗主可能是陈那早年的学生。

“要义”：此论的中心意义，即八门二益，八门二益也是一切因明论著的中心意义。在悟他和自悟各四门中，又以悟他四门为重点。《入论》偏详立破之说与《理门论》一脉相承。《理门论》开宗明义说：“为欲简持能立能破义中真实，故造斯论。”

“如是总摄诸论要义”，全句说明初颂的功用，意思是初颂所说的八门二益总括了新古一切因明所说的中心意义，特别是关于立正破邪的道理。

玄奘在印度游学期间对商羯罗主的情况应当是了解的，他对《集量论》的研习也非止一次。文轨在译场中的身份不明,至少是译场的旁听生。他在自己的疏中特别提到还没有汉译本的《集量论》。吕澂《讲解》说梵、藏二本没有"诸论"的"诸"字。汉译本的"诸"为玄奘所加也许是有一番深意的。玄奘在译讲《入论》时把《集量论》中宗不是能立三支之一的新见解搬到《入论》中,但唐疏未加说明,这很可能就是玄奘译讲时的口义。以至引发唐代和现代因明家之异义。玄奘将《集量论》的新解代替了《入论》旧说,这成为当代因明学者的最新研究成果。本修订本特作此一说明。

第二节 能 立

一、宗

此中宗等多言名为能立,由宗因喻多言开示诸有问者未了义故。

"此中":有两义。《大疏》说:"一起论端义,二简持义。"所谓起论端义者,凡发论端,先以泛词标举,如古汉语中的"且夫",古小说中的"话说""却说"。"此中"意为这八个问题之中。所谓简持义者,初颂已明有八义,现先解释能立,在八义中简除其七,持取其一(能立),故称"此中"。

"宗等":包括宗、因、喻三者,下文补充说明。

"多言":文字或声音能诠一切法(意识对象)者称为言。能立是为了悟他,必须通过语言来表达。宗用语言表达出来就叫宗言,因用语言表示叫因言,喻用语言表示叫喻言。印度梵文的名词有数的变化,一数为一言,二数为二言,三数以上为多言。宗、因、喻是三数,所以称为多言。

"此中宗等多言名为能立",意思是说这八个问题中,先说能立,由宗、因、喻多言组成论式,就称为能立。换句话说,能立是由宗、因、喻三者组成的。宗、因、喻各由判断组成。宗、因各为一个简单判断,而喻为复合判断。宗、因、喻称为三支,能立都由三支构成,又叫三支比量,或三支作法。

"诸有问者":包括论敌和中间证义之人,特别是指敌者。敌者或因其无知,或因其疑惑,或因各宗各派观点不同而有所问。

"未了义":敌论者尚未了悟的立论者的主张。

"由宗因喻多言开示诸有问者未了义故",全句意为,立论者用宗、因、喻多言来启发敌者和证者所未了悟的道理。

“此中宗等多言名为能立”是说能立是什么,能立由哪些成分构成。“由宗因喻多言开示诸有问者未了义故”是说能立得名的由来。

敌者发问,毋庸置疑,证者早就知道立、敌两方的观点,为什么也包括在“诸有问者”之中呢?这可能是由于种种原因,《大疏》说:“一年迈久忘,二宾主纷纭,三理有百途,问依何辙,四初闻未审,次更审知,五为破疑心,除涉朋意,故审问宗之未了义。”其中“为破疑心”是指证者恐怕众人说自己有偏党之心。“除涉朋意”在金陵刻经处本中为“除涉明意”。据日僧善珠《明灯抄》所改,是表明自己无朋党之心。

> 此中宗者,谓极成有法,极成能别,差别性故,随自乐为所成立性,是名为宗。如有成立声是无常。

“此中”:亦有起论端和简持二义。在宗、因、喻组成的能立之中,先简去因、喻,而持取宗。

“宗”:立论者所推崇的,所主张的观点。宗是立、敌双方论争的标的,是敌方所不赞成的论旨。但因明从立者一方着想,为宗下定义。《大疏》说,所谓宗者,“所尊、所崇、所主、所立之义”。意为宗是立论者所尊重的、所推崇的、所主张的、所建立的论旨。宗的表达方式是命题。宗是为立者所断定了的命题,因此,宗是一个判断。判断是由概念组成的。

“谓极成有法,极成能别,差别性故”,是阐述宗是怎么组成的。什么是宗依,宗依应具备什么条件。下面先解释什么是宗依。

宗依就是组成宗的成分。宗是一个判断,这整个判断又称宗体。判断由概念组成,宗体由宗依组成。一般来说,一个宗体由两个宗依组成。

因明的宗多为主谓词式的直言(定言)判断。例如,“声是无常”,“声”与“无常”便是两个宗依。“声是无常”在梵文里便是“声无常”,没有联系词“是”。联系词“是”在因明中没有专名。

“声”与“无常”作为宗体的组成部分,都是宗依,由于它们各自分处宗体的两端,所处位置不同,所起作用便不同。宗体中,前端一般指称事物(也指称精神),后端对所指称的事物有所述说。

为了表明两宗依由于所处位置不同而有不同的作用,因明从不同的角度对宗依设立了不同的名称。

首先,根据两宗依所处位置不同设立了前陈与后陈两名词。

所谓前陈,是指处于宗之前端的宗依,前陈是先说出来的,相当于逻辑学上判断的主词。

所谓后陈，是指处在宗之后端的宗依。后陈是后说出来的，相当于判断的谓词。

其次，根据两宗依所起的作用以及根据两宗依之间的关系又设立了体和义两名称。

体是前陈。为什么前陈称体呢？因为前陈是立、敌双方论争的主体。

义是后陈。为什么后陈是称义呢？因为后陈是立、敌双方所争关于主体的义理。

体和义的关系，即是逻辑上所说事物和属性的关系。凡事物都有属性，属性总是依附事物而存在。因明立宗，就是用谓词反映的属性来陈述主词反映的事物，从而使所陈述的事物与别的事物区别开来。

一个名词或概念为体、为义不是固定不变的。佛教性相门规定，体者，谓万有之自体自质。义者，谓万有各个之属性。故体决定为体，不可为义，义决定为义，不可为体。因明则大异其趣，体义可以互换，体时变义，义时变体。所以《大疏》说："此之二种，不定属一门。"例如，"声是无常"宗，声为体，无常为义，而在"耳闻者是声"宗中，声成了义。无常在"无常是众多事物的属性"中又成了体。孤立的名词、概念无体义之分，只有组织成判断才判以体义之别。一个名词或概念，只要它是判断中的前陈即主词，就是体，只要它处于判断后陈的位置，那么它就是义。

因明对于宗的结构的研究，非限于此，它还进一步研究了体与义间的三重关系。

体有三名：自性、有法、所别。

义亦有三名：差别、法、能别。

体三名与义三名结成三个对子。它们是：自性与差别、有法与法、所别与能别。

下面依次解释这三个对子。

什么是自性？什么是差别？《大疏》提出了区分二者之异的三个标准：一局通，二先后，三言许。《大疏》说：

> 今凭因明，总有三重。一者局通，局体名自性，狭故；通他名差别，宽故。二者先后，先陈名自性，前未有法可分别故；后说名差法，以前有法可分别故。三者言许，言中所带名自性；意中所许名差别，言中所申之别义故。

1. 局通

这是以局、通为自性与差别的分别标准。

局,狭小,这里是局限一处的意思。通,穿过,贯通于他处。

自性是局,局限于一处。差别是通,贯通于他处。例如,在“月清”“花美”“山青”“水冷”诸宗之中,“月”“花”“山”“水”为前陈,只称自体之名,局于自体,尚未彰显其有何属性,它们只涉及本宗之月、花、山、水,不能贯通到本宗所不涉及的事物上去。但是后陈“清”“美”“青”“冷”则不然,它们不仅各自成为“月”“花”“山”“水”之属性,并且还能贯通到其他事物上去。“月清”之“清”还可以成为“水清”之“清”,“花美”之“美”亦可以为“景美”之“美”。世间称得上清的事物不限于月,还有许许多多,称得上美的事物也不止于花,还有千千万万。所以说后陈所反映的属性可以贯通到本宗所未曾涉及的其他事物上去。《大疏》说:“诸法自相,唯局自体,不通他上,名为自性。如缕贯华,贯通他上诸法差别义,名为差别。”所谓如缕贯华,是一个比喻,如同用线把花串起来一样,从此类事物贯通到彼类事物,这就是宗后陈之差别义。自性局限于自身,故范围狭,差别贯通宗外别处,故范围宽。总之,体狭义宽。自性与差别按局、通标准,反映了体狭义宽之关系并因此而得名。

2. 先后

这是以宗依在宗的位置的前后作为自性与差别的标准。

前陈名自性,这是因为前陈之前并无什么对象需要前陈去分别或述说。体处于宗之前端,是陈述的主体,义处于宗之后端,在它之前有前陈体,正需要它去陈述属性。万物毕同毕异。事物的同异在于属性的同屏。属性相同的事物组成同类,属性不同的事物组成异类。差别一方面把前陈的体归入其应属的种类,另一方面也把它与不同属性的异类区别开来。因此,根据先后对的标准得名的自性与差别反映了体与义间的归类作用。

3. 言许

言是言陈的简称,许是意许的简称。言陈是语言表示出来的意思,意许是语言所没有表示出来的意义,即意中所许。用语言表达出来的叫自性。意中所许的是言外之意,叫差别。言许是以语言表达与被表达对象一致不一致作为区别的标准。

以上解释了自性与差别在三重关系上的区别。

自性的性字在佛学中有三种不同的含义。一是体义,质义,例如称呼宇宙实体为法性,称呼事物之本质为自性。二是德性义,性类义,例如,说善性、不善性等。三是性相二字互训,如说自相(自身的状态)亦可说自性。因明中的自性是指体、质的规定性或自身的状态。

上面解释完了体三名与义三名中的第一个对子自性与差别,接下来解释第二个对子有法与法。

前陈又称为有法,后陈又称为法。

什么是法呢?法,按梵文的音译为"达摩""达磨"。《成唯识论》卷一说:"法谓轨持。"《成唯识论述记》卷一解释:"'轨'谓轨范,可生他解;'持'谓任持,不舍自相。"这是说,法字有二义。一是"轨"义,二是"持"义。轨是轨范,有自己的轨范,可生他解,换句话说,人可以认识。持是任持,能任持其自相而不失,也即能保持自身的状态或有质的规定性。例如,书有书的轨范,可以使人认识而知其为书,另一方面书就是书,而不是别的什么,书不失自己的轨范,不失书之所以为书的质的规定性。

在佛教文献中"法"大致有三种用法:一、指佛的教法,或称佛法;二、泛指一切事物和现象,包括物质的和精神的,存在的和不存在的,过去的、现在的和未来的,如说"一切法""三世诸法"等等;三、特指某一事物和现象,如说"色法""心法"等。

从法这个词的第二种用法来看,无论是前陈还是后陈,作为名词本身,孤立地看都有轨生他解和任持自性二义,都应称为法。为什么因明称后陈为法而前陈不为法呢?例如,"声无常"宗,"声"有自己的规定性,而不与别物混同,声可以用来说明"耳所闻的",因此"声"作为名词也具有法的意义。因明之宗规定前陈不为法,而后陈为法,这是由前后陈组成宗的位置来决定的。前陈虽然能保持自相而不失,但是前陈在宗判断中处于主词的地位,在主词之前并无其他名词的新的认识,因而前陈在宗判断中不具有轨义。例如,敌方本来主张"声常",立方说"声无常",这就引起了敌、证新的认识,但是立方只说"声",还没有说出"无常"的时候,就不能生起异解,无法引起他人新的认识,因此前陈"声"不具有轨生他解之义,也就不成其法。非得在前陈声之后说出后陈法,才能引起异于常的无常新解,所以只有后陈如无常称为法。由于前陈具有后法,所以前陈名为有法。《大疏》卷二说:

> 初之所陈,前未有说,迳廷自体,未有屈曲生他异解。后之所陈,前已有说,可以后说分别前陈,方有屈曲生他异解。其异解生,唯待后说。故初所陈。唯具一义,……不得法名。后之所陈,具足两义,独得法名。前之所陈,能有后法,复名有法。

这段话的大意就是前面所解释的。

体和义的第三个对子是所别与能别。前陈叫所别,后陈叫能别。

为什么前陈叫所别,后陈叫能别?

《大疏》卷二说：

立敌所许，不诤先陈，诤先陈上有后所说。以后所说别彼先陈，不以先陈别于后，故先自性名为所别，后陈差别名为能别。

意思是，立、敌双方争论的不是前陈，例如“声无常”宗，立敌双方对“声”并无异议，但是对“声”是不是“无常”有分歧。由于前陈为后陈所差别，所以称为所别；后陈是用来差别前陈的，所以是能别。

既然有法与法相对，所别与能别相对，为什么《入论》不说“极成有法，极成法”或“极成所别，极成能别”，而说“极成有法，极成能别”呢？

有法与能别，交错对举，一是为了照顾到揭示宗依的内容和范围两个方面，二是欲令文约而义繁。从内容上来说，前陈既说有法，即显后陈，亦可名法；从范围上来说，能别法为共相，所别持自体为自相，后陈既举能别，前陈即显示为能别的对象所别。这样对举可以用较少的文字同时显示出宗的别名，文约而义丰，不失为优点。

以上把什么是宗依讲解完了，虽然文字较为冗长，但为阅读后面的有关内容扫清了障碍。以下当解说宗依应具的条件。

“极成有法，极成能别”中的“极成”二字，就是宗依所应具备的条件。

何谓极成？文轨的《庄严疏》说得比较简略：

言极成者，主宾俱许名为极成。

意思是立敌双方共同承认的就叫极成。

《大疏》对极成有较为详细的解释。《大疏》卷二说：

极者，至也，成者，就也，到极成就，故名极成。……所依若无，能依何立。由此宗依，必须共许。共许名为至极成就，至理有故，法本真故。

又说：

自性差别，乃是诸法至极成理。由彼不悟，能立立之。若言共成，非显真极。……又显宗依，先须至于理极究竟，能依宗性方是所诤，故言极成而不言共。

极成，就是至极的成就。这是字面的解释。窥基弟子慧沼解释说：“成者实也，至实理故，名为极成。”慧沼的门人智周又解释说：“虽两共许若非至实道理有者亦不名极。”他还举胜论祖师对五顶所立宗为例，虽然双方共许但非实有，从佛家的观点看仍不得名极。胜论师所立量后文有详释。

可见，极成有二义，一者共许，二者真极。共许就是双方共同承认的，真极是指真正有此事物。

所谓极成，就是立、敌双方同许某事物为实有。

立、敌同许某事物但实际上某事物非实有，不叫极成；某事物实有，而双方却不同许某事物，亦不叫极成。例如，立、敌双方虽共同承认美人鱼，但是世上实际不存在美人鱼，因此“美人鱼是海洋动物”宗中，有法“美人鱼”不极成。按理，对实有之物立、敌双方必共许，但事实上对不少实有之物双方不共许，如佛教之神通，今人谓之特异功能者，至今还有许多人竟然不信其为实有。因此，虽实有而不共许者亦非极成。

从原则上来说，宗依的极成必须符合共许和实有两个条件。但是从因明的实际应用来看，则没有那样严格。双方对一个事物共许不共许，这按各宗学说容易判别，但对一个事物是否实有的判别却复杂得多。立、敌双方只要共同承认某事物为实有，就算是极成，而不管其是否真正实有。立、敌双方只要有一方不承认其为实有，即使其为真正的实有，也不能算极成。因明家在掌握极成的标准时，事实上是偏重共许而不计实有的。这样就避免了立、敌关于极成的异议。回过头来看，文轨释极成为共许无可非议。

以上讲解了什么叫极成，那么，为什么宗依必须极成呢？

这是因为作为宗依的前陈、后陈，不过是组成宗（宗体）的材料，它们各自都不是立、敌双方争论的对象。如果对于组成宗体的成分，立、敌双方发生了一方认可而另一方不认可的争论，那就需要先行组织一个论式，以解决前陈或后陈究竟认可不认可的问题，这样，争论的对象也就发生明显的转移，违背了立宗者的原意。《大疏》所说“所依若非先两共许，便更须立，此不成依，乃则能立成于异义，非成本宗”就是上述意思。“能立成于异义”即逻辑论证中的转移论题。

“差别性故”：按照吕澂的讲解，这四个字与梵文不尽同。玄奘所以要这样译，是为了凑四字一句的格式。如按梵文原原本本地译出来，应是：“宗是极成有法由极成能别加以差别……尔后才构成为宗的。”梵文的“差别性故”本来是“由”的意思，玄奘给改为“所以”的意思，因而译成“故”。为了凑足四个字，又多加了个“性”字，此“性”字并无特殊意义，仅指实有其事。郭良鋆教授认为：“其实，梵语第三格也有说明原因的意思，译成汉语也可用‘故’字，奘译未必是将第三格改为第五格。而重要的是，‘差别性故’中的‘性’字并不是玄奘擅自加上的，是梵文原文中就有的。抽象名词语尾 ta，译成汉语通常用‘性’字。这里玄奘采用字字对译的方法，符合原文，并不是为了凑数才加上这个

‘性’字。”

“差别性故”是说宗体即宗支的形成。宗体是由后陈宗依差别前陈宗依而构成的,也即是用法差别有法而构成的。有法与法相对,有法又是体,表示要被陈述、被说明的事物,法是义,是用来说明事物的属性。宗之所以能成为宗,是表示属性的能别法差别了表示事物的有法的结果。例如,“声无常”宗,“声”,“无常”只是构成宗体的材料,只有“声”具有“无常”性,归入“无常”类而不同于“常”类时,才构成了立、敌争论的对象宗体(宗支)。《大疏》称有法与能别的结合为“不相离性”。笔者认为,差别和不相离,是一而二,二而一的事,不相离就是差别的结果,不是两个条件,而是一个条件。

《入论》用“差别性故”一句,表示了陈那新因明之宗与古因明之宗的不同。古因明家有三种不同的异说,以“声无常”宗为例:

一、但以能别“无常”为宗,因为敌不许声有无常;

二、但以有法“声”为宗,因为成立声为无常;

三、以有法、能别二宗依“声”“无常”为宗,因分别开来非宗。

它们的共同点是以宗依为宗,而不是以宗体为宗。新因明开山祖陈那改革古因明,其中之一就是以宗体为所立,即以宗体为立、敌对诤的标的。宗依“声”及“无常”本来就是共许的,不是立、敌对诤的对象。衡以逻辑论证,论题是一个判断,而不是名词、概念,这很好理解,但是古因明家却不明此理。

《述记》《庄严疏》和《大疏》都以“互相差别不相离性”解释宗体,“互相”二字实乃蛇足。前面说过,宗依的体与义之分,其标准是看其在宗体中之位置,处于宗体之前端的是体,处于后端的是义。体是差别的对象,义是用来差别对象的属性。在同一个宗体里,只能用义来差别体,而没有倒过来用体差别义的道理。例如,在“商品就是用来交换的劳动产品”宗中,只可以说“用来交换的劳动产品”差别了“商品”,而不能说“商品”差别了“用来交换的劳动产品”。在一个判断之中,总是谓词差别主词。当然,在另外一个不同的宗“用来交换的劳动产品就是商品”中,倒是“商品”差别了“用来交换的劳动产品”,但这已经不是同一个宗里的有法与法互相差别了。

“声是无常”宗,按照梵文的习惯,应表述成“声无常”,在“声”与“无常”之间不必加联结词“是”。

至此,讲解完了宗体的构成成分宗依,两个宗依的不同作用,宗依的条件,以及宗体是怎么构成的,为清眉目起见,且按石村先生《因明述要》所列表格,把上述术语之间的联系和区别大致整理如下:

宗依	以位置言	从体义言	以相互关系言			举例
			通他与否	属性依归	功能不同	
	前陈	体(有三名)	自性	有法	所别	声
	后陈	义(有三名)	差别	法	能别	无常
宗体	把前陈和后陈联结起来,成为立、敌双方论诤的标的					声是无常

因明不但对宗体的构成作了规定,而且进一步对宗体的内容提出要求。请看下文。

“随自乐为所成立性”:意为宗是立论者随自己乐意所成立的对象,“所成立性”简称为所立,是立论者要用理由去论证的观点,是立论者要建立的道理。那么,立论者所要成立的对象,在内容上又有什么要求呢?因明用“随自乐为”四个字来回答。

“随自乐为”包含两层意思。第一层意思是违他顺自。因明是论辩逻辑。因明立宗的目的是为引发敌方正智,使其了悟自己的主张,也即是说,立宗的目的在于成立违背敌论的自己的主张。假如立论者提出的主张,敌论者也赞同,那就用不着多此一举,立、敌双方既然意见一致,还有什么对诤的必要呢?第二层意思是立论者随自己乐意立什么,就立什么。立论者乐意立的,总是自认为正确的主张,倘若自认为是邪论的主张,立论者定不乐建立,除非精神不正常。立者所乐的,一定是敌者所不乐的。敌者不乐的倒不见得一定是反对的,有时是有疑问,有时是暂不理解。

“随自乐为所成立性”的大致意思已如上述。《庄严疏》和《大疏》对此句还有更详细的解释,二疏都说此句中之“随自”和“乐为所成立性”都有针对性,都简别滥失。《大疏》卷二说:“随自者,简别于宗。”“简别于宗”是什么意思呢?立宗有四种类型:(1)遍所许宗;(2)先禀承宗;(3)傍准义宗;(4)不顾论宗。陈那的《理门论》说:“随自意显不顾论宗。”意为按照立论者意愿简去前三种类型的宗,唯持取第四种不顾论宗。

为什么前三种宗不能立呢?“遍所许宗”是两方共许的宗,例如,“眼见色”,这是除了天生的盲人都承认的。两方共许的宗没有必要建立。

“先禀承宗”是指立敌双方共承先师,作为同党同派的人,以所共许之事件为宗。例如,立、敌双方均为佛弟子,一说“真如者实在也”,一说“无明者轮回之根本也”,二宗皆为佛家教义,不能成为争论的问题。所以《大疏》说:“对诤本宗,亦空无果,已成立故。”

“傍准义宗”是指立论者言中所陈为此宗，意中所许为彼宗。例如佛弟子对外道欲立佛之三十二圆满相，但在宗言上只说“佛，觉者也”。立者的主观愿望是其意中所许之宗随言中所陈之宗的成立而成立，但是这种傍准之义即使能令敌者于言中所陈中得知，由于没有直接诉诸言论，也不能算是完全之宗。因此，《大疏》说：“非言所诤，此复何用。本诤由言，望他解起，谓显别义，非为本成，故亦不可立为正论。”作为正论，就应用言语直接表达出来。《大疏》还指出，傍准义宗，虽然不是正论，但在因明当中，不作为一种过失，这和遍所许宗、先禀承宗作为过失宗是有区别的。因此在后文说到似能立“法差别相违”因过时，所举之宗就是傍准义宗，不作为宗过，“可成宗义，然非正立”。

《大疏》说：“唯有第四不顾论宗，可以为宗。”“不顾论宗”有两方面的意义，一是指立论者自己所乐为而不顾敌论之主张，即违他顺己，二是指立者有时顺敌之教理，不顾自己之持论，以达到破敌之目的。这是在能破时对他比量的运用。他比量是概念或判断只为敌方所承认的比量。关于他比量，后文再详述。

《大疏》解释说，“随自乐为所成立性”中的“乐为”二字“贯通上下”，意思是“乐为”起到两种不同的简别作用。一是简别宗，简去非随自乐的前三宗，唯取自意所乐的不顾论宗。二是简别因喻。因喻包括真因喻和似因喻。古习因明者就曾有人提出，为什么真因喻不能为宗呢？这是因为因明规定用来证宗的理由因喻是立敌双方共许的，是先前立敌成立了的主张，而不是现今所要成立的主张，如果把因和喻拿来作为宗，既不合违他顺己的立宗原则，又转移了论题。为什么还要简别似因似喻呢？《庄严疏》举了个例子来解释，佛弟子对声显论者立“声无常”宗，以“所作性故”为因，但是“所作性故因”声显论者不承认，声显论者不许声是所作，于是佛弟子又得另立一个比量，以成立“声是所作”宗。尽管“声是所作”在第二个比量中为宗，但是它在第一个比量中仍不过是因。因此，似因、似喻亦不成为宗。真因、真喻是先已所成，非现今所要成，似因、似喻是后所要成，亦非现今所应成，它们都不能称为宗。

“是名为宗”：这是一句总结性的话，意思是符合了上述种种条件，就可以称为宗。

“如有成立声是无常”：这是举例说明。“声是无常”是佛弟子对声论师立的真宗。佛弟子与声论师对宗依“声”和“无常”均共许极成，符合“极成有法，极成能别”的要求。声论师不许声上有此无常，声论师不乐为者，佛弟子乐之，以“无常”差别“声”，成“声是无常”宗，此宗违他顺己，故为真宗。

在因明中以声为讨论的对象是最常见的实例。声是常还是无常的争论有着深刻的背景。吕澂先生的《因明入正理论讲解》对此作了很好的说明，照引如下：

正统婆罗门以《吠陀》(《明论》)为圣典。《吠陀》是口传下来的,那么在传译过程中会不会有错误呢?婆罗门学者认为,《吠陀》既然是圣典,就不会传诵错误。何以证明呢?这就进一步论到声是常或无常的问题。声包括物体发的声和人发的声。他们认为,声在第一次发出后就不会消逝,第二次第三次的重复也还是原来那样,毫不变动,犹如现在录音,所以他们说声是常。承认"声常",就可以进而为他们认为《吠陀》是绝对权威进行辩护了。婆罗门一系的,如弥曼差派(声论)、吠檀多派以及文典家,都这样主张。但是婆罗门系以外的,如数论、胜论、正理以及佛教,则主张声无常。这样,声常或无常的命题便成为印度各学派常举的例子了。

二、因

因有三相。何等为三?谓遍是宗法性,同品定有性,异品遍无性。云何名为同品异品?谓所立法均等义品说名同品,如立无常,瓶等无常是名同品。异品者,谓于是处无其所立,若有是常,见非所作,如虚空等。此中所作性或勤勇无间所发性,遍是宗法,于同品定有性,异品遍无性,是无常等因。

"因有三相":在因明中,"因"这个词,有两种不同用法。一指因支,表示判断,二指因法,表示概念。唐疏未加说明,笼统运用。为便于解说,请看下面完整的一个三支比量:

宗　　声是无常,

因　　所作性故,

同喻　若是所作,见彼无常,如瓶;

异喻　若是其常,见非所作,如空。

这个比量意思是说,声音是非永恒的,因为它是造作出来的,凡造作出来的都是非永恒的,例如瓶;凡是永恒的都是非造作出来的,如虚空。"所作性故"是因支,从汉译看省略了主词,实际上是一个判断。"所作性"或"所作"是因法,表示概念。现代有人认为因支"在因明中通常只有述语,不作命题的形式"。这个看法是不妥当的。另有因明家认为"所作性故"实际意思就是"声是所作",是有主词的。因为根据梵文语法,"所作性故"中的"故"在"所作性"这一语词的语尾上表现出来,梵语"所作性故"前不能加主词,加了反使这话无意义。汉译省略主词是为了突出因概念“所作性”。

《大疏》解释“因有三相”的“相”字说:“相者,向也。”又说:“又此相者,面也,边也。”“相”是方向、方面或者边的意思。吕澂先生在《因明纲要》中释“相”为“表征”。基师以形式释“相”,吕师以性质释“相”,二者可以结合起来。“因有三相”全句意为因(概念)有三个方面的特征。

“何等为三”:哪三方面的特征呢?

“遍是宗法性”:这是因的第一相的内容。先解释什么是“宗法”,再解释“性”,然后解释“遍是”。

要了解“宗法”的意思,先要明白“宗法”中的“宗”字的含义。因明里的“宗”字,是个多义词。有时指总宗,即宗支、论题,如“声是无常”。有时又指宗依,即有法或法。有法,不过是宗中一分,仅是宗的组成部分,为什么也称为宗呢?《理门论》解释说:“以其总声于别亦转,如言烧衣。”这是打比方,就好像火烧衣服,只烧了一部分,不是全烧也叫烧衣。《庄严疏》也有一个比喻,“宗是总成,别亦名宗,如见城之一面亦名见城。”同理,组成宗体的法也可以称为宗。例如,《理门论》所说“说因宗所随,宗无因不有”。这里的两个“宗”字,就是指的宗之后陈法。在汉译因明中,一个“宗”字,有三种不同含义:一指总宗,二指前陈有法,三指后陈法。对于这三种不同的含义,在藏译中,“诸字各异,故无此弊(法尊《集量论》略解)”。

在“遍是宗法性”中,“宗”指前陈有法,例如“声是无常”中的“声”。

“宗法”是说因概念必须是宗上有法之法。有法与法,前者为体,后者为义。义为体所有。一体可以有多义。如声上有无常法,有所作法,有所闻法等等。无常法、所作法、所闻法都是立、敌双方共许极成的,但是,立者主张声上有无常法,敌者却不许声上有无常法。立方为了证明声体上有无常法,就要举出别的法来加以证明。这声体上所有的别的法必须是立、敌双方所共许并且为有法声所具有的。“所作法”就是符合这样两个条件的宗上有法之法,即宗法。如果举出“眼所见的”为因,就不能成为宗法。因为“眼所见的”不光敌方不许其为宗有法“声”之法,而且立方也不会许其为有法“声”之法。

可见,因必须是宗上有法之法。一个因要成为宗法,要具备两个条件,一是作为概念,双方得共许极成,二是立、敌双方都得共许它为宗上有法所有。这后一个条件有的因明著作称之为“依转极成”。“依转极成”是判断的极成。《理门论》说:“此中宗法唯取立论及敌论者决定同许。”《理门论》这句话的意思是说,因要成为宗法必须符合概念极成和判断极成这两个条件。

“性”是什么意思呢?《大疏》说:“性者体也。以唯义性。非是体性,义相应

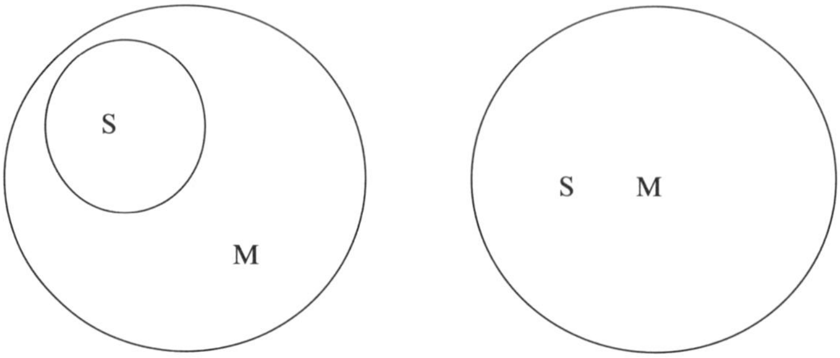

"遍是宗法性"命题形式的图解

故,余二亦然。"意思是说,"性"指义性,不指体性,不同于他处以法之自体称为性。因应具有作为宗法的性质。在佛家的经论中,性相两字经常互训。性是相义,非体性之性,而是取义性。道理名义,所观为相。即以道理为所观境,由是比度有所得相;名为义相,实际上因的体相就是因支,义相表示因法的性质。其他两相中的"性"字意义相同。

"遍"即周遍。有法与因法,前者是体,后者是义。从体望义称有,体为有,义为体有;从义望体,称依,表示义依于体,体为义所依。"遍是宗法"是从义望体,表示因对于有法须周遍依周遍转,换句话说,有法的全体被因所依所转。

"遍是宗法性"全句意为,因概念必须是宗上全体有法的属性(法)。换句话说,所有的有法都具有因法。用逻辑语言表示为,所有有法都是因法。例如,"凡声都是所作"。用 S 表示宗之有法,用 M 表示因法,第一相"遍是宗法性"具有"凡 S 是 M"的命题形式。按照形式逻辑的观点,有以上两个图可以满足"凡 S 是 M"的命题形式:

对"声是无常"宗来说,"所作性故"因符合左图,"所闻性故"因符合右图。左图声(S)的外延小于所作性(M),右图声(S)的外延与所闻性(M)的外延重合。"所闻性故"因完全符合第一相的要求,"所闻性"不但是"声"的法,而且是所有的"声"的法。但是后面会解释,右图不符合第二相的规定,换句话说,"所闻性"因符合第一相却不符合第二相,不能因为它不符合第二相就取消它符合第一相的资格。

"遍是宗法性"既要求因概念"是宗法",又要求因概念是所有有法的法,二者缺一不可。唐疏讨论了因法是否遍、是否为宗法的四种情况。《大疏》说:"有宗法而非遍,有是遍亦宗法,有非遍非宗法,必无是遍非宗法句。"其中第三种情况是很显然的,既非宗法便谈不上遍。第四种情况是针对《庄严疏》说的,《大疏》认为是遍而非宗法的情形实际上不可能存在。第一种情况是宗法而非遍之因有过失,不是正因。例如,“色等实有”宗,“眼所见故”因,此“眼所见”因,于有法上唯“色”上有,“声”等上无。“色等”中包括了“声”,这样,“眼所见”因就不成为“声”的法,就有一分不能成宗之过。又如,立“一切声是无常”宗,因为“勤勇无间所发”,敌方为声论师中的声生派,声生派不允许外声为勤勇无间所发,也就不能成外声无常,“一切声是无常”宗亦随之不成。关于声论师以及“勤勇”因后文当详细讲解。

按照《入论》原文顺序,讲解完了第一相“遍是宗法性”,接下来应讲解第二相“同品定有性”和第三相“异品遍无性”,随后再讲解“同品”和“异品”。为了便于读者理解第二相“同品定有性”和第三相“异品遍无性”,特调换一下讲解顺序,先讲解同品、异品,后讲解第二、三相。

“云何名为同品异品?谓所立法均等义品说名同品,如立无常,瓶等无常是名同品”:答句中的前一句是给同品下定义,后二句是举例说明。

“所立法”:即宗中法、能别法。宗法有二种,它们是所立法和能立法(因法)。所立法是立论者主张宗上有法所具有的,而为敌论者不允许宗上有法有的。这是所立法与能立法的区别。

《大疏》解释“所立法均等义品”说:“所立法者,所立谓宗,法谓能别,均谓齐均,等谓相似,义谓义理,品为种类。”因此,“所立法均等义品”的意思是,与能别具有相似意义的种类。这是给同品下定义。

吕澂先生在《讲解》中指出,玄奘在翻译“所立法均等义品”这句话时给简化了,如按梵文原文应这样:“具有与所立法由共通性而相似的那种法的,才是同品(大意)”。

“如立无常,瓶等无常,是名同品”:举例说明。如立“声无常”宗,瓶等具有无常义,因此称为同品。

品即种类,有体和义之别。这里是以体相似还是以义相似作为同品的标准呢?

陈那《理门论》说:

> 此中若品与所立法邻近均等说名同品,以一切义皆名品故。

按照《理门论》的定义似乎是以义为品。但是,《入论》在后文有两处又明言以体为品,“此中非勤勇无间所发宗,以电、空等为其同品”,“勤勇无间所发宗,以瓶等为同品”。《大疏》有一种解释,亦以体类释品。窥基说:“同是相似义,品是体类义。相似体类,名为同品。”又说:“此义总言,谓若一物有与所立总宗中法,齐均相似义理体类,说名同品。”

它们之间是否有不一致呢?没有。体与义,就是现今所说的事物与属性。凡事物都有属性,凡属性一定是事物的属性。没有无属性的事物,也不存在不依附于事物的属性。说一事物与他事物相同或相异,就是指一事物在某种或某些属性上与别事物相同或相异。既然义依体而存,不举体便无以显义。因此《入论》在作出同品定义后,便举例说明,以瓶等具有无常义之物为无常之同品。具有无常性的瓶等物是同品也好,瓶等上的无常义是同品也好,不论哪一种说法,都是体义双陈。可以说,《入论》对《理门论》的同品定义有所阐述和发挥,更有利于理解《理门论》的定义。一个事物是否同品,不以体为转移,而是看体上之义是否有与所立法相似之点,因此,同品之品,正取于义,兼取于体。

玄应法师《理门疏》中辑录了到轨基为止关于同品的四种说法。玄应的疏早已散佚,其四家之说以及玄应的评论仍保留在日僧善珠的《明灯抄》和日僧凤潭的《瑞源记》中。《瑞源记》引文如下:

> 一、庄严轨公意除宗以外一切有法俱名义品,品谓品类,义即品故,若彼义品,有所立法与宗所立法邻近均等如此义品方名同品,均平齐等品类同故;二、汴周壁公意谓除宗以外一切差别名为义品,若彼义品与宗所立均等相似,如此义品说名同品,谓瓶等无常与所立无常均等相似名为同品;三、有解云除宗以外有法能别与宗所立均等义品双为同品;四、基法师等意谓除宗以外法与有法不相离性为宗同品。后解为正。

《瑞源记》作者也赞成玄应的看法,认为前三种说法是错误的,只有窥基的才对。谁是谁非,试作探讨。

这第一家是指文轨的《庄严疏》,该疏释品为体类,主张除宗以外的一切有法,凡是有法上有这宗上所立的法便是同品。例如除“声是无常”宗中的声以外,有法瓶、电等只要有无常法,瓶、电等便是同品。

这第二家是指璧公的解释,以义类释品,所谓差别,如前所释,就是宗中法,即能别。他认为除宗以外的一切法,凡是那法与宗上的法相似,便是同品。也以“声无常”宗为例,除了声的无常法以外,瓶、电等的无常法,凡与声的无常法相似的法都成为同品。

这第三家是佚名的。主张以体和义合释为品,除宗以外一切有法与法总名叫作品,凡是有法(体)与法(义)总与宗相似,便是同品。此说稍稍费解,举例来说,若以“声是无常”为宗,那么瓶、无常便是同品,瓶、无常与组成总宗的声、无常是相似的。此说兼顾了体和义两个方面。

根据前面对同品定义的解释,这三家虽然说法不同即下定义的角度不同,实际上都是正确的。以体释品相当于形式逻辑中的外延定义;以义释品相当于形式逻辑的内涵定义;以体和义合释品,既揭示同品的外延又揭示同品的内涵,相当于既作外延定义,又作内涵定义。

《大疏》、慧沼的《略纂》、玄应《理门疏》和《瑞源记》都对以上三家作了不正确的批评,其批评文字恐繁不引。其中有两点是要指出的。其一,文轨只说除宗以外的别的物体只要有与所立法相似的,就是同品。例如,瓶与声尽管有很多不同,对"声是无常"宗来说,只要瓶之无常相似于声之无常便是同品。文轨并没有说瓶等要全同于有法声才是同品。可是,《大疏》《略纂》等却批评说全同于有法会有怎样的过失。对此,文轨是不应负责任的。其二,《大疏》不赞成同品以法为同,理由是"若法为同,敌不许法于有法有,亦非因相遍宗法中"。《大疏》举出的这两个理由完全不相干,根本不能说明为什么不能以法为同。璧公的说法与《理门论》的定义并无二致。

那么,这第四家《大疏》的定义是什么意思呢?它是说,除宗以外一切有法与法二者有不相离的关系,叫作品。这有法与法不相离的关系与宗上有法与法的关系相似,便成为同品。例如,"声无常"宗,有法声与法无常不相离,而瓶等与无常也有不相离的关系,在都有无常这一点上二者是相似的,因此瓶等无常便是同品。前面说过,有法与能别的不相离性组成了宗体,即总宗,总宗是一个判断,而同品涉及的是概念问题,与判断无关。《大疏》的"法与有法不相离性为宗同品"说当然不是指判断,不是指"瓶等是无常"这个判断为同品,而是指体与义即事物与属性有不相离的联系。文轨强调了体,璧公强调了义,佚名的见解兼涉体和义,基师不过是比佚名说更进一步强调了体和义的联系。从体义不相离来看,四家角度不同,实质相同。

《大疏》卷三对于同品还有三处作了错误的发挥,主张与因正所成之所立法相似才得为同品。兹引如下:

> 虽一切义皆名为品,今取其因正所成法。
>
> 若聚有于宾主所诤因所立法聚相似种类,即名同品。
>
> 此中但取因成法聚,名为同品。

《大疏》的错误在于另立标准,从而缩小了同品的范围,不正确地用"同品定有性"来解释同品,并导致与后文所要讲解的九句因中"同品有非有因"等句矛盾。因为《理门论》《入论》的同品定义是与因无涉的。二论均认为,当且仅当与所立法同便得为同品。例如,以"声是无常"为宗,以"勤勇无间所发性"为因。

瓶、电均具无常性，同为同品。但瓶有勤发因，电没有勤发因。若以“因正所成”来约束同品，电就不成为无常的同品，而这是违反二论关于同品的定义的。再则，照《大疏》的标准，九句因中的“同品非有”“同品有、非有”等六句因都不存在了，都没有讨论的必要了。满足“因正所成”的是喻支中的那些例证，即同喻依，后文要详细讲解同喻依是宗、因双同的，既是宗同品，又是因同品。显然，《大疏》此释把同品和第二相“同品定有性”以及同喻依混为一谈了。这一蛇足一直影响到今天，是需要加以澄清的。

前面在讲解宗时已经说过，宗之有法、能别各有自相、差别之分，或曰有言陈、意许之分，那么，所立法即能别包不包括意许呢？

《大疏》作了肯定的回答，基师说：

> 若言所显法之自相，若非言显意之所许，但是两宗所诤义法，皆名所立。……若唯言所陈所诤法之自相为所立，有此法处名同品者，便无有四相违之因，比量相违，决定相违，皆应无四。

用语言表现出来的是法之自相，又叫言陈，没有用语言直接表现出来而暗含的意思叫法之差别，又叫意许。宗的同品应该包括意许在内，相违因中法差别和有法差别之例即据此而来，否则便不成四相违过，而只剩下法自相相违过和有法自相相违二过。

同品中包不包括宗上有法呢？在《理门论》《入论》的同品定义中都没有回答，这是一个重要问题。从二论的整个体系来看，是不包括宗上有法的。这个问题留待后文与异品除宗有法一并讲解。

“异品者，谓于是处无其所立，若有是常，见非所作，如虚空等”：这几句阐述什么是异品，并且举例说明。

《庄严疏》解释“谓于是处无其所立”一句说：

> 所立者，即宗中能别法也。处者，除宗以外一切有法皆名为处，处即是品。若于是有法品处但无所立宗中能别，即名异品。

轨师此句意为，除了宗上有法以外的事物（有法）都称为处，凡是该处无所立法的便是异品，不是说凡无所立宗的是异品。《入论》由于在定义同品之后紧接着定义异品，因此把“所立法”中的“法”字给省略了。同品是有所立法，异品是无所立法，这样前后才相符顺。

《理门论》的异品定义更为简洁：

> 若所立无，说名异品。

陈那用一个无字来解释异品的异字,是很有讲究的。它与古因明家对异字的解释有根本的区别。有的古因明家把异品的异字解作"相违",也有的古明家把异品之异解作"别异"。陈那认为把同异品解释成与同品相违或与同品别异这两种定义都是错误的。《理门论》破云:

非与同品相违或异。若相违者应唯简别,若别异者应无有因。

"若相违者应唯简别",这话不太好理解。先来解释相违二字。相违是互相违害的意思。《大疏》解释古因明家的"相违"时说:

如立善宗,不善违害,故名相违。苦乐明暗冷热大小常无常等一切皆尔。要别有体,违害于宗,方名异品。

其中苦与乐、明与暗、冷与热、大与小等都是逻辑上说的反对概念。反对概念在外延上互相排斥,并不是非此即彼的,其间有中容品(中间概念)。例如,苦与乐间有不苦不乐,冷与热间有不冷不热。有的古因明家把相当于反对概念的相违来解释异品,认为一种事物若有与所立法相违害的属性,便是异品。

所谓简别,是因明学中对立敌双方所使用概念加以限制说明从而避免过失的一种方法。"若相违者应唯简别"是说古因明家不以无所立法定义异品,而以相违法定义异品,便缩小了异品的范围,只有相违法从同品中简别出来而成为异品。《大疏》所说"是则唯立相违之法简别同品"就是这个意思。

因明学中,同品之外,异品须包摄一切,不许有第三品即中容品。这样的规定是因明三支推理为提高结论的可靠性程度所使然。《大疏》说:

若许尔者,则一切法应有三品。如立善宗,不善违害,唯以简别名为异品,无记之法无简别故,便成第三品非善、非不善故。此中容品既望善宗非相违害,岂非第三。由此应知无所立处即名异品,不善无记即无所立皆名异品,便无彼过。

这里的"不善"不是善的矛盾概念,它相当于恶。善与不善(恶)之间还有既不属于善又不属于不善的中容品无记。若用无所立法来定义异品便把同品善之外的不善、无记都包括到异品中去了,从而避免了出现第三品的过失。若立"声无常"宗,常虽然事实上是无常的矛盾概念,它包摄了无常以外的一切,与无常相违害,但因明的异品只限于不是无常上,而不管这异品是不是常。因此,在前面《大疏》仍把常算作无常的相违法。若以无所立法定义异品,便实际上把常当作异品。

为什么有第三品便会有过失呢?笔者认为这又要用因的第三相"异品遍无

性”来解释。第三相异品遍无性待后再作详细解释。相违法没有把所有应成为异品的对象都包括进去,便不能满足第三相异品遍无性,因而三支作法就不成其为正能立。《入论》在作出异品定义之后,举例时说“若有是常,见非所作”,这是喻支中的异喻体。有人以为是画蛇添足,其实是对《入论》的误解。《入论》在此处提前出现异喻体是有针对性的,是为了简别以相违释异之过,满足第三相异品遍无性。以上解释了古因明师释异品的第一种错误,接下来解释第二种错误。

“若别异者应无有因”,这句是说,以“别异”而不是以“无”来解释异品便没有正因。《大疏》解释说:

> 如立声无常,声上无我、若、空等义皆名异品,所作性因,于异既有,何名定因。谓随所立一切宗法,傍意所许既名异品。因复能成,故一切量皆无正因。

这是说,所立法为无常,而无我、苦等法与无常别异,如果也算作异品的话,那就不适当地扩大了异品的范围。扩大异品范围的后果便导致因的第三相不可能完成。因为所作性因于无我、苦等所具有,按因明通则,便不能成为正因。因此说,以别异释异品之异则一切量皆无正因。无我、苦等法虽然与无常法有所不同,但无我、苦等法也具有无常性,与“无所立法”不合,不能算作异品。

以“相违”释异,缩小了异品的范围,以“别弄”释异扩大了异品的范围,这是二者的区别。它们二者的共同点是导致因第三相不能完成。

可见,陈那以“无所立法”之“无”释异品之异是非常准确的。

由于异品与同品是不相容概念,《大疏》关于异品异于不相离的解释与同品同于有法与法不相离性的解释正相乖返,这是正确的。例如“声无常”宗,同品瓶与所立法无常具有不相离性,而虚空不具有无常性,即平于瓶与无常的不相离性,所以是异品。《大疏》认为异品和同品一样兼意许,这也是符顺的。前面说过同品为“因正所成”的解释是混同了第二相同品定有性以及同喻依,与九句因不相符顺,而《大疏》关于异品无因那是正因的条件之一“异品遍无性”所要求的。

关于同、异品的有无体问题,较为复杂,这里简略地解释一下。《大疏》解释同品说:

> 以随有无体名同品,由此品者是体类故。

《大疏》解释异品说:

> 不同同品体类解品,随体有无,但与所立别异聚类,即是异品。

《大疏》以体类释同品,而以义类释异品,前后义理,不相符顺。同、异品的差别就是有、无所立法，同品之法与有法不相离，异品之法与有法不具有不相离性，同品正取于义，兼取于体，同样，异品也应当正取于义，兼取于体。前面已经说过，体与义是不能分家的。《入论》说，“若有是常，见非所作”是正取于义，“虚空等”兼取于体。那么《大疏》为什么要把同、异品区别为体类、义类呢？究其原因，是因为《大疏》把同、异品的体、义问题与概念的有体、无体问题混淆了。

因明三支有共比量、自比量、他比量之分。除宗体而外，宗依、因、喻为立、敌双方共许极成的，称为共比量。其中只要有一个仅为立或敌一方承认的，就称为自比量或他比量。双方共许的概念称为有体，双方不共许的概念称为无体。概念的共许包含有两层意义，一是指共许其体为实有，二是共许其体有某义。例如瓶，双方共许其体为有，亦共许其有无常义。

无体分为三种情况。一是立、敌双方不共许，二是自许他不许，三是他许自不许。因此，《大疏》说同品是“以随有无体”意思是所立法是有体，同品亦应有体，所立法是无体，则同品亦应无体，同品与所立法必须随顺。

异品的情况则不然，它必须无所立法，它可以是无体，为一方所不承认，甚至为双方都不承认。例如“声无常”宗，无常是两俱有体，而龟毛、兔角是立、敌双方都不承认其体为实有，当然也就不会有无常义。这里，同品无常之瓶是有体，而异品是无体，因明认为没有过失。《大疏》如此解释同、异品的有、无体无疑是对的，但是说同品是体类，异品是义类则不妥当。一个事物不存在，自然无义可言。异品虚空尽管无所立法无常，但其常性必须依随于体，也是为立、敌所认可的。总而言之，单以义类说异品是不能自圆其说的。

同品、异品的外延包不包括宗上有法呢？《理门论》和《入论》在解释什么是同品、异品时，虽然没有直接说明同、异品应除宗有法，但是从二论关于九句因和似因的论述来看，还是很明确的，在同品、异品的外延中应当除去宗上有法。现在可以回过头来讲解因的第二相“同品定有性”和第三相“异品遍无性”了。

“同品定有性”：这是说，在同品中一定要有同品具有因，至少要有一个同品有因，多少不论，多可以多到全部同品有因。

同品定有性是对九句因中二、八两句同品与因关系的概括，即对同品有、同品有非有的概括。同品有、同品有非有二句简称为定有。

用 S 来表示宗上有法，用 P 来表示所立法，同 M 来表示因法，宗的命题形式是凡 S 是 P，因的第一相是凡 S 是 M，即是因支的形式；第二相的命题形式为除 S 以外，有 P 是 M。第二相的命题形式是除外的特称命题，或曰除外的定言命题。同品必须除宗以外，已如前述。除 S 以外的 P 即同品，其中一定要有成员具有因的性质。为方便起见，把“除 S 以外的 P”即同品用“非 S 且 P”表示。同品定有性的命题形式为：有非 S 且 P 是 M。这是一个除外的特称肯定命题。按照形式逻辑对特称肯定命题的规定，该命题为真，主项反映的事物至少有一个具有谓项反映的性质，多少不限，多可以多到全部。因此，“有非 S 且 P 是 M”就把同品有因和同品有非有因全部包括进去了。

为什么第二相说“定有”而不说遍有呢？“定有”一方面是确定的，同品一定有因，不可全无因，否则该因就起不到联结宗上有法与同品的媒介作用；另一方面，“定有”又很不确定，它不要求遍有，从一到全体有，都在定有的范围内。说定有，能包括同品全有和同品有非有，说同品遍有，同品有非有就不合遍有的要求，就会把正因的一部分情形排除在外。九句因中的第八句因表明了有的同品有因时，该因也成为正因。

在陈那看来，一个因满足了第一相遍是宗法性，是不是一定成为正因呢？不一定，倘若它与同品不发生联系，那么它也起不到正因的媒介作用。因此因的第一相只是正因的一个必要条件。

一个因，倘若既满足第一相，又满足第二相，是否一定成为正因呢？也不一定，还要看它是否与异品完全无关系。如果一个因，既与同品相通，又与异品相通，这样的因是不起任何作用的。因此，一个因要成为正因，还要满足第三相。

“异品遍无性”：这一相是说异品中完全没有因。

异品是除宗以外的无所立法的事物，即除 S 以外的非 P，也即“非 S 且非 P”，异品遍无性的命题形式是：凡非 S 且非 P 都不是 M。

为什么第三相也要加上异品除宗有法呢？汤铭钧博士根据《集量论》对应文句藏译（金铠译本）所作今评如下：

> 奘译：又比量中唯见此理：若所比处此相审定，于余同类念此定有，于彼无处念此遍无，是故由此生决定解。今译：而且在比量中，有如下规则被观察到：当这个推理标记在所比（有法）上被确知，而且在别处，我们还回想到（这个推理标记）在与彼（所比）同类的事物中存在，以及在（所立法）无的事物中不存在，由此就产生了对于这个（所比有法）的确知。

两个藏译本都将“别处”（gźan du/gźan la，anyatra）作为一个独立的状语放在句首，以表明无论对“彼同类有”还是“彼无处无”的忆念，都发生在除宗以外“别处”的范围内。藏译力求字字对应；奘译则文约而义丰，以“同类”（同品）于宗有法之余来影显“彼无处”（异品）亦于余。两者以不同的语言风格都再现了陈那原文对同、异品均除宗有法的明确交代。有人以为在本段中：“陈那只说同品要除宗有法，不说异品也要除宗有法。”对文献的解读太过草率。窥基释同品不提除宗有法，释异品定义“异品者谓于是处无其所立”则标明“‘处’谓处所，即除宗外余一切法。”以异品除宗来影显同品亦除宗。他还说汉传因明向有“互举一名相影发故，欲令文约而义繁故”的惯例。

《入论》在讲述了什么是因三相，什么是同品、异品以及举出同、异品的实例后，又举出了满足因三相正因的实例。

“此中所作性或勤勇无间所发性，遍是宗法，于同品定有，异品遍无，是无常等因”：以“声是无常”为宗，以“所作性故”为因，则所作性是声的法，满足遍是宗法性；无常的同品瓶等有所作性因，满足同品定有性；无常的异品虚空等无一有所作性因，此因满足异品遍无性。所作性因就是九句因中的第二句因，同品有，异品非有，故为正因。

以“内声无常”为宗，以“勤勇无间所发性”为因，则勤勇无间所发性是所有内声的法，满足第一相遍是宗法性；无常的同品瓶有勤发因，无常的同品电无勤发因，是同品有非有因，此因满足第二相同品定有性；无常的异品虚空等无一有勤发因，此因满足第三相异品遍无性。勤发因是九句因中的第八句因。

所作性与勤发性各具三相，是二正因。《入论》为什么要同时举出二因来呢？《大疏》解释说：“一对二师，二释遍定，三举二正。”二正就是一遍、一定，九句因中第二句因为同品遍有因，第八句因为同品有非有因，也属于定有中一种。下面解答一下“对二师”。

二师指声生论师和声显论师，同属声论派。声生论和声显论都主张声常，但是两家观点不尽相同。佛弟子对这两家立论，不光立宗的范围有区别，所用因也不同。否则，不能奏效。

《大疏》说：“声论师中总有二种。一声从缘生，即常不灭。二声本常住，从缘所显，今方可闻，缘响若息还不可闻。声生亦尔，缘息不闻，缘在故闻。”意思是说，声生派主张，声音在发生之前是不存在的，是因缘凑合在一起之后才生起的，一旦发生之后就不会消灭，所以认为声是常。声显论则主张声本来就有，不过是未曾显现出来，一旦显现即被说出，也成为常。它们都主张，声音的可闻不可闻是和因缘是否凑合在一起有关系。因缘凑合则可闻，不凑合则不可闻，但是依然存在。

印度哲学派别中的弥曼差派是声显派，而声生派属于哪一派则已无从查考。日本的宇井伯寿说，声生论的声不是指的音响，而是指的概念。声音一旦发生，就成为概念（名言），概念一产生，就不会消灭。例如“天”这个概念一形成，就永远被人运用，因此声是常。

佛弟子对声生论立量，可立“声无常”宗，以“所作性故”为因。“所作性”意为造作出来的,也即因缘所生。这是宽因成宗,符合因三相,是正因。

佛弟子对声显论立量,不能用所作性因。因为声显论主张声本来就存在,不是造作出来的。如以“所作性”为因,就不能满足因的第一相遍是宗法性。佛弟子对声显论用“勤勇无间所发性”为因,就能为声显论所接受,“勤勇无间所发性”与从缘所显相一致。但是由于“勤勇无间所发性”所显的声只是内声,而不包括外声。因此用“勤发”因成“一切声是无常”宗有就狭因成宽宗的过失,不能满足第一相遍是宗法性。严格地说,此宗应立为“内声无常”。《大疏》所举第八句因实例就注意到了,避免了过失。

“是无常等因”:意思是说,所作因和勤发因是成立声无常等的正因。《大疏》说:“等者,等取空、无我等,此上二因,不但能成宗无常法,亦能成立空、无我等。随其所应,非取一切。”此二因还能成立“声是空”,“声是无我”等,但不能成立一切。

梵、藏《入论》、藏本《集量论》以及法称的《正理微》中第一相缺“遍”字,第三相作“定无”而非“遍无”。实际上,第一相是逻辑上的全称命题。玄奘于第一相增补“遍”字,改第三相“定无”为“遍无”,直接显示了第一相的全称性质,并且明确显示除宗以外,异品全无因。吕澂先生认为,藏译本中“异品定无性”的“定”字是有针对性的,“此相犹豫亦复成过,必致定言以料简也”。汉、藏两种译本的不同,反映出汉、藏译者对因的第一、第三两相的理解侧重不同。

三、喻

> 喻有二种,一者同法,二者异法。同法者,若于是处显因同品决定有性,谓若所作,见彼无常,譬如瓶等。异法者,若于是处说所立无因遍非有,谓若是常,见非所作,如虚空等。此中常言表非无常,非所作言表无所作,如有非有说名非有。

“喻有二种,一者同法,二者异法”:这三句是说喻的种数和名称。

什么是喻?什么是法?

《大疏》解释说:

> 喻者,比也,况也,晓也。由此比况,晓明所宗,故名为喻。

喻是比喻的简称,况是比较,晓是开晓、晓明。“由此比况”起到“晓明所宗”的作用,这就叫作喻。

因明学科上的喻不同于修辞学上的比喻。因明之喻是说两物之间事理上的联系,而不是两物在形象上的比较,不是心理上的联想。

古因明的五分(五支)作法相当于逻辑学上的类比推理,喻是其中的一支。古因明之喻仅有例证,例如,佛弟子立“声无常”宗,“所作性故”因,“如瓶等”便是同喻,“如空等”便是异喻,在合支和结支中便以瓶等具有所作性并兼具无常性,以空等没有无常性并且没有所作性来推出有所作性的声也具有无常性。古因明的喻起到类比推理的前提(例证)的作用。

五分作法由于是类比推理,其前提与结论(论题)之间的联系是或然的,即是说从前提不是必然推出结论。按照形式逻辑的观点,五分作法的论题的真实性是还没有得到证明的。

新因明的三支作法(同、异喻仅算一支)在喻支中除了例证外,还增设了两个命题,反映因与同品的不相离性,因此,论题的可靠性程度大为增加。新因明三支作法是否称得上演绎推理呢,这正是本书要研究的课题。

三支作法的喻虽然与五支的喻有所不同,但是仍然因袭旧名。

《大疏》卷四说:“无著云:‘立喻者,谓以所见边与未所见边和合正说。’”意思是说,喻是根据“见边”来进行推理的。“见”是照解,引申为经验(包括学问的和常识的)。“边”是究竟、至极。“见边”即经验的终极,就是在向来的经验上,无论何种情境中都是如此,没有人会否认的事件或关系的普遍联系。因此可以用作论证的理由。“所见边”者,已知之边际,即喻,“未所见边”者,未知之边涯,即宗。宗、喻二处共相随顺称为“和合”。“正说”是没有过失,简别似喻。师子觉对无著的话作了解释:“所见边者,谓已显了分。未所见边者,谓未显了分。以显了分显未显了分,令义平等,所有正说,是名立喻。”其中“平等”也就是“和合”的意思。总之,喻的作用就是合已知与未知,用已知证成未知。

关于同法、异法,吕澂先生认为,梵本仅有相同、相异之义,这里的“法”并无意义。也可以叫“同喻”“异喻”。

陈大齐先生对于同法、异法持不同见解。他认为同法与异法中的法字,是总括能立法与所立法而说的。同法,即是同于能立法,又同于所立法,亦即因同品兼宗同品。异法,即是异于能立法,又异于所立法,亦即宗异品兼因异品。笔者赞成这一解释。

“法”这个词在因明中是个多义词,有时单指所立法或能立因法,有时又双指所立法和能立因法。在《入论》和《大疏》中,这两种情况都同时存在。《庄严疏》则明言宗、因双同为同法喻:“此则同有因法宗法名同法喻。”

《大疏》是一部未完成之作,其中关于“法”一词有多种解释,未臻一致。依笔者之愚见,还是《大疏》关于宗、因双同的解释更符合《入论》关于同法、异法的定义和例证。《大疏》说："因宗二同异名法，别同异名品。此同异二，故名为法。"意思是既为因的同品又为宗所立法的同品的称为同法，单有因的称为因同品，单有宗所立法的称为宗同品。既异于因又异于宗的称为异法，单异于因的称为因异品，单异于宗的称为宗异品。

"同法者，若于是处显因同品决定有性"：这是说明什么是同法，也可以说是给同法下定义。

"是处"：有人解为喻本身，用同法喻的上位概念喻来解同法，似不妥。《庄严疏》的解释是正确的，"是处"指的是有法。

"显"：显示的意思。

"若于是处显因同品决定有性"全句意为：随有有法处，显示因同品决定有性。

"因同品决定有性"，今人对此有两种截然不同之理解。一种是因循《庄严疏》的说法。《庄严疏》说："处谓有法。显为显说。因者，谓即遍是宗法因。同品谓与此因相似，非谓宗同名同品也。决定有性者，谓决定有所立法性也。此谓随有有法处，有与因法相似之法，复决定有所立法性，是同法喻。"

《庄严疏》的解释是以"因同品"连读，意思是，凡有法有与因法相似之法，便一定有所立法，即因同品一定有宗同品。

对"因同品决定有性"的第二种理解是，因与同品分开读，读成因的同品决定有性，意思是因的第二相同品定有性，即宗同品决定有因。

这两种不同的读法哪一种符合《入论》的原意呢？从《入论》下文所举同法喻的实例来看，是说因同品有宗同品，而不是宗同品有因同品。再则，《理门论》对同法喻的解释是"说因宗所随"，也是说因有宗，而不是说宗有因。这两点足以说明"因同品决定有性"应以第一种读法为是，"因同品决定有性"不同于因的第二相同品定有性。

"决定"二字是用来简别犹豫的，是说因同品之有宗同品是确定无疑的，凡是因同品都一定有宗同品。只有这样的命题无可怀疑，才有使宗成立的力量。

第一种读法中已经使用了因同品这个概念。但是现代的因明家对该不该使用这个概念还有着严重的分歧。

吕澂先生的《因明纲要》说："大疏谓同喻显相正显因同品处宗法随有，异喻显相兼显因异品处宗亦随无。窥师所据，在小论解同喻处'显因同品决定有性'一句，以'显因同品'为读，遂立名目，解作因同品处决定有宗。于是广衍其说，释喻释因，触处葛藤，莫由拔豁。其实勘彼《理门》，一则曰'能显示因同品定有异品遍无'，再则曰'以具显示同品定有异品遍无，能正对治相违不定'，三则曰，'然此因言唯为显了是宗法性,非为显了同品异品有性无性,故须别说同异喻言'。是喻所显,因后二相,毫无可疑,小论之文,自是同品属下,而谓显因之'同品定有性',此则同品决定有因谓因有宗适成矛盾。立因同异,法相淆然。故彼解非。应知简别"。

熊十力先生的《删注》亦赞成《因明纲要》之说,他还主张宗同、异品即兼显因同、异品,设因同、异品是多余的。这一见解实际上是误用同、异喻依来代替了宗同、异品。

陈大齐先生的《蠡测》一书全面论证了《大疏》增设因同品、因异品两术语的合理性。该书从五个方面加以论证,已如前说。

"谓若所作,见彼无常,譬如瓶等":这是同法喻的实例。

新因明三支作法和古因明五分作法的显著区别是,新因明的同、异法喻各由喻体和喻依两部分组成。

同法喻中的喻体叫同法喻体,简称同喻体。同法喻中的喻依叫同法喻依,简称同喻依。同喻依一身二任,既是因同品,又是宗同品。

以"声是无常"为宗,"所作性故"为因,同喻体便是"谓若所作,见彼无常",同喻依便是"瓶等"。

同喻体的实例"谓若所作,见彼无常"显示了因同品决定有宗同品,或者说符合《理门论》关于同喻体"说因宗所随"的因先宗后的次序。"所作"是因,或因的同品,"无常"是所立法,在同喻体的定义"显因同品决定有性"中省略了。"见",意为心目验知,此即显示其决定有,即能立因法决定有宗所立法。

因法和所立法在同喻体中的位置是固定的,不能随意更动。陈那的《理门论》规定,同喻体的组成次序为:"说因宗所随",先因而后宗。

"譬如瓶等":瓶等是同喻依,是同喻的组成部分。喻体反映的是一个除外命题,喻依便是这除外命题的一个例证。同喻依一方面具有能立法,另一方面又具有所立法。瓶等既有所作性,又有无常性。因明通则,喻依也必须除宗有法。因为如果喻依不除宗有法,则立者任立一量,都可以不费力气地以宗有法为喻依。喻依必须立敌共许,由于声是无常是敌方所不许的,所以声不能作为喻依。

由于同喻依必须兼具因法和宗法,换句话说,同喻依既是因同品又是宗同品,因此,一个事物单单具有因法或单单具有宗法,都不能成为合格的同喻依。因同品不一定是同喻依,宗同品也不一定是同喻依。例如,九句因中的第八句因中,电有无常性,是宗的同品,但不具有勤勇无间所发性,不是因同品,因此电不能成为同喻依。

是宗同品不一定能成为同喻依,缺宗同品就更没有同喻依了。例如,若立

“声是所闻”宗,除宗有法声以外,所闻者一个也找不到,缺宗同品,因此,不可能有恰当的同喻依。

同喻依的作用,通常认为有两个。一是有助于感知和理解同喻体的意义,二是起归纳作用。前一作用是显而易见的,倘若仅此而已,何妨取消?后一作用则不敢苟同。同喻依不在多,只要举出一个就够,因明允许其为正确的论式。在举一则足矣的情况下,说同喻体由这一个同喻依归纳而来,反显得同喻体的不可信。笔者认为,同喻依的作用并非为归纳材料,而是别有深意。一个三支比量举得出正确的同喻依,就标志着其因满足第二相同品定有性,换句话说,同喻依是同品定有性的标志,除声以外,还要有物满足既是所作又是无常的要求。再进一步说,举得出同喻依就能排除第五句因,不犯第五句因那样同品无因、异品也无因的过失。这个理论问题较为复杂,争论也较为激烈,留待讲解因的第二、三相与同、异喻体的关系时再作详细讨论。同喻依和同喻体都是陈那三支因明的必要成分,不能缺少。

因明通则,立、敌对诤时,同喻体往往略而不陈,同喻依则不能不说。有了同喻依,同喻体很容易恢复起来。同喻依不能省,省了同喻依,则无法检查因的同品定有性是否满足。

陈大齐的《因明入正理论悟他门浅释》(简称《浅释》)对同喻体的可以省略不说而同喻依不可省略不说有详细的讲解。书中说,因明用语中,有缺减与缺无两个名称,其界限原不甚分明,因明学家往往含混使用。凡事实上所有而仅于言陈上不明说的,即有可举而不举的,称之为缺减。凡事实上所无,因而言陈上无可说的,即无可举而不举的,则称之为缺无。因明通例之所以只许省略同喻体而不许省略同喻依,殆因同喻体不会缺无,故许其缺减,同喻依可能缺无,故不许其省略。同喻体所取的,是义类,未尝涉及体类,所以只要有所立法与能立法,同喻体便可成立。例如,只要把所作性与无常性联合起来说:“一切所作的都是无常的”,便有了同喻体,纵使是似宗似因,在形式上依然可以有同喻体。例如,“声是常,所作性故”,亦得以“一切所作的都是常住的”为同喻体。更进一步言之,在体类方面缺无宗同品或因同品时,义类方面的宗法“声”与所立法“所闻”,外延重合,宗同品除宗有法,便缺无宗同品,但仍可有形式上的同喻体“凡所作皆所闻”。因此,事实上同喻体不会缺无,所以言陈上许其略而不说。

同喻依则不然,颇多缺无的可能。例如,以“声是所闻”宗,除有法声外缺无宗同品,不可能有正确的同喻依;“以声是无常”为宗,以“所闻性”为因,虽有无常之同品瓶等,但宗同品中除宗有法声外无一有因法,因此也缺无同喻依。正因为同喻依可能缺无,所以不许其缺减。若缺减了,不免令人怀疑,究竟是无可举而不举,还是有可举而不举。故必须明白说出,以示其并未缺无。

在共比量中,同喻体和同喻依,必须立、敌共许极成。与因支的极成一样,包括实有极成和依转极成两个方面。实有极成是指概念所反映的对象是否实际存在。依转极成是指命题是否成立。同喻体是由因法与宗法组成的命题,因法与宗是否实有极成,在考察宗、因时已有分晓,倘宗支、因支中的概念已不极成,则该比量已不是真能立,可以不必再顾及喻支。对同喻体就应考察是否凡因法都有所立法。对同喻依则不但要考察其喻依之体是否实有,还要考察因法之义与所立法之义是否同为喻依之体所具有。

因的同品定有性是否等同于同喻体,因明家中仍有严重的分歧,在对真能立一门全部讲解完了以后,再回过头来加以探讨。

"异法者,若于是处说所立无,因遍非有":这是说明什么是军法喻,也可以说是给异法喻下定义。

"是处":与同法喻一样,是指有法。

"所立":所立法的简称。

"因":因支中的能立法。

"因遍非有":根据后面的实例,意为普遍地没有因。

"若于是处说所立无,因遍非有"全句意为,没有所立法处,普遍没有能立法,换句话说凡无所立法处,都无能立法,即凡非所立法都是非能立法,或者凡非所立法都不是能立法。

"谓若是常,见非所作,如虚空等":举出异法喻的实例。"常"是"所立无","非所作"符合"因遍非有"。"谓若是常见非所作"是异喻体,和同喻体一样,反映一个除外命题。"如虚空等"是举出异喻依。异喻依亦一身二任,既无宗法,亦无因法,必须是宗异品和因异品(除宗有法)。

《理门论》规定,异法喻中,因法与宗法的先后次序与同法喻适成颠倒,是"宗无因不有",先说"宗无",即所立法无,后说"因不有",即因法无。异喻体的形式是:除宗有法以外,凡非所立法都是非因法,或者表达成:除宗有法以外,凡非所立法都不是因法。

为什么同喻体是"说因宗所随",先因而后宗,异喻体则"宗无因不有",先说宗无后说因无呢,而不是将异喻体说成"因无宗不有"呢?这个问题在陈那《理门论》中就提出来了。陈那《理门论》解答说:

由如是说能显示因同品定有异品遍无,非颠倒说。

意思是说,只有同喻体的形式是先因后宗、异喻体的形式是先宗无后因无才能显示因的第二相同品定有性和第三相异品遍无性。

先来看同喻体，若不是先因后宗，而是先宗后因，说成“凡所立法都是因法”，例如“凡是无常都是勤勇无间所发”，这就有过失，因为无常的同品电就非勤勇无间所发。九句因认为第八句因同品有非有因、异品遍无亦是正因。“凡所立法都是因法”这颠倒说就把同品有非有、异品遍无的情况排除在外了，从而缩小了正因的范围。

先因后宗的第二个理由是，三支比量是以共许法证明不共许法。声音有无常性，是立许敌不许的，而声音有所作性，是立、敌共许的。同喻体的作用是使共许法与不共许法不相离，因有之处，宗必随逐，若有所作，其敌、证等见彼无常。因明家把这种因、宗关系比作“母牛去处，犊子必随”。“诸有生处，决定有灭”。宗是随逐，因是随逐的对象。如果不先陈述因，宗便失去了随逐的对象。

第三，同喻体不是“说因宗所随”，而是“说宗因所随”，《理门论》认为“若尔应成非所说”，意思是所证成的就不是“声是无常”宗，而是“声是所作”宗了。一方面转移了论题，另一方面“声是所作”为立、敌共许，徒劳无功。

再来看异喻体，若不是先宗无后因无，而是先说因无后说宗无，则不能显示异品遍无性。为便于理解，假定同、异品不除宗，则从“凡非因法都是非所立法”这一形式直接进行换位推理得“有的非所立法是非因法”，再换质得“有的非所立法不是因法”，即是说有的异品没有因，而不是所有异品没有因，总之，没有显示异品遍无性。代以实例，因无宗不有则为“凡非所作都是常”，或者“凡非所作者不是无常”，经推理得“有的常是非所作”或“有的常不是所作”，不符合异品遍无性。

《理门论》规定，除“合离顺反两喻”外，其他的形式都是似喻。所谓“合”和“顺”，指同喻体中因宗不相离，说因，宗所随逐，顺成了宗义；所谓“离”“反”，是说非所立法（异品）离于因，即异喻体中宗无因也无，返显了同喻体的作用，从反面促成宗义。

当同喻体和异喻体的所立法不除宗有法的情况下，同喻体和异喻体的逻辑形式是等值的。但是，在同、异品除宗有法的情况下，同喻体和异喻体却是不等值的，因为同、异喻体实际上是除外命题而非全称命题。

陈那认为，同、异喻双陈，才能充分显示因和宗法的不相离性，才能满足因的第二相同品定有性和第三相异品遍无性，才能避免或纠正相违因过和不定因过。坚持同、异品除宗，则可发现异品遍无性与异喻体的逻辑形式相同。九句因告诉我们，当异品遍无因时，同品与因的关系实际有三种情况：所有同品是因，所有同品不是因，有的同品是因并且有的同品不是因。如果同、异喻体等值，那么同喻体“所有因是同品”显然与第二种情况“所有同品不是因”相矛盾，这个矛盾是由同、异喻体等值推出来的，因此，同、异喻体不可能等值。

《大疏》说：“陈那已后，即说因三相即摄二喻。二喻即因，俱显宗故，所作性等贯二处故”，意思是说从陈那开始，因的后二相是分别贯通同、异喻的。二喻虽然是因外的一支，但实质上是因，是助因成宗的。所作性等因于同品定有，于异品遍无，这叫“贯二处”。

对于“二喻即因”的说法，古因明师责难道：“若尔喻言，应非异分，显因义故。应唯二支，何须二喻？”意思是说，如果喻也为因所摄，喻言就不应成为因言之外的独立的一支，因为喻显了因的后二相。能立也就不应该是三支，有宗、因二支就够了。

据《大疏》所载，古因明师因外有喻，如胜论师的三支实例为：

声是无常，
所作性故，
如瓶，
如空。

胜论师以瓶为同喻体，以空为异喻体，不说“诸所作者皆无常”，也不说“诸有常处见非所作”，因此胜论等古因明师认为二喻非因。

对于古师的问难，陈那解释说：“事虽实尔，然此因言，唯为显了是宗法性，非为显了同品异品有性无性。故须别说同异喻言。”意思是说，喻体确实是因，按理不应别说，但是因支只是显示其因为宗上有法之法性，而没有显示同品定有、异品遍无，因此在因支之外，别说二喻，同喻顺成，异喻返成，助因成宗。

在《理门论》中紧接着还有一连串的回答。古师又问：只将遍是宗法之因说名为因，而以瓶为同喻、空为异喻，二喻非因，这又失去了什么呢？

陈那反问：这又有什么得呢？

古师答道：别说喻分，以瓶为同喻、空为异喻，这就是得。

陈那反难古师说：以瓶、空为同异喻就同外道（例如胜论）如出一辙了，因外别说这样的二喻与因义（因后二相）都不相干。

古师又反问：纵使和外道相同，又有什么过失呢？外道有五根识，佛法亦有，就不是什么过失。

经过以上问答之后，陈那指出了古师和外道的弊病，这就是“与其因义都不相应”，造成“此说但应类所立义，无有功能”。《大疏》（卷三）对陈那的这一精辟论述有详细的解释如下：

若说瓶体、空体为喻，但应以瓶类于所立无常之义；既喻不言诸所作者皆是无常，举瓶证声无有功能，其喻便非能立之义。由彼举因，但说所作法，举瓶类声同无常，不说能立诸所作者及与所立皆是无常，故无功能，非能立义。又若以瓶即为喻体，瓶即四尘，可烧可见，声亦应尔。若我如说所作者皆是无常，譬如瓶等。所作既为宗正同法，无常随之亦决定转，举瓶喻依以显其事，便无一切皆相类失。汝既不然，故有前过。陈那又难：又因、喻别此有所立同法、异法，终不能显因与所立不相离性，是故但有类所立义，然无功能。

这段话意思是说，古因明只以瓶为同喻，空为异喻，是没有证宗的功能的，这样的喻由于没有说诸所作者皆是无常，便不足于成为证宗的理由（非能立义）。为什么呢？古因明只是依据两个事物有某一点相同，便推出它们在别一点上也相同，例如瓶与声都有所作性，而瓶还有无常性，便推出声也有无常性。假如这样的推理能成立的话，而瓶是四尘（四尘是由地、水、火、风四大种而造成的色、香、味、触四法），瓶可烧也可见，则也可以推出声可烧、可见。如此岂不荒谬！可见古因明的推理方法缺乏证明宗体的力量。反之，按照我新因明所说，诸所作者皆是无常，比如瓶等，便不会有将声与瓶处处类比的过失（便无一切皆相类失）。古因明的致命弱点是未能显示因与所立的不相离性。新因明在喻依之外增设喻体，确立了因法（宗正同法）与同品的不相离性，即因法与同品（除宗有法）的普遍联系，从而增强了证宗的力量。

以上理由还不能说服古师，古师复问："何故无能？"陈那答复说："以同喻中不必宗法宗义相类。此复余比所成立故，应成无穷。"《大疏》解释说：

既汝不言诸所作者皆是无常，故彼同喻不必以因宗法及无常宗义相类，但云如瓶。他若有问；瓶复如何无常？复言如灯，如是辗转应成无穷，是无能义。我若喻言诸所作者皆是无常，譬如瓶等，既以宗法、宗义相类，总遍一切瓶、灯皆尽，不必更问，故非无穷，成有能也。

意思是说，古师但以瓶为同喻，敌方倘若问起："瓶又怎么会无常呢？"立论者不懂得举出因法与所立法不相离的普遍原则，又举出灯作出类比的例证。要说明灯怎么会无常，又得举出另一实物来类比，势必陷于无穷类推。新因明的同喻体则无此弊，（除声以外）凡宗法（因）、宗义（所立法）相类的一切瓶、灯都囊括无余，不必依次追问，因此避免了无穷类推的弊病，成为真正的能立。

陈那认为，喻由喻体和喻依组成，既避免了无穷类推的偏狭的缺点，又简别了瓶、声处处类比得过宽的毛病。因为喻体确立了说因宗必随逐的关系，无常以外可烧可见诸品类就可置而不论了。这就是《理门论》所说“又不必定有诸品类”的意思。

陈那还认为,如果只承认遍是宗法之因才是因,二喻不是因,就会将不定因也当作正因,九句因中的第三句和第九句,异品都是有非有因,古因明二喻非因,就不能排除这种过失。

在因明看来,二喻虽然实质上也是因,但是由于二喻的成立依赖于因支,二喻的作用就只不过是助因以证宗,所以因明称因支为正成,称喻为助成。也正由于此,因外别立喻支,姑且说一支为因。陈那说:“然唯一分且说为因。”且说为因的道理,用《大疏》的一句话概括,为“据胜偏明”。

关于二喻,最后来谈一下省略问题。按照陈那《理门论》的说法,一个真能立的比量,必须同法喻和异法喻兼具,缺一不可,但是在实际辩论中,又可以灵活掌握,有所省略。

《理门论》说:

> 为要具二比喻言词方成能立,为如其因但随说一。若就正理应具说二,由是具足显示所立不离其因,以具显示同品定有异品遍无,能正对治相违不定。若有于此一分已成,随说一分亦成能立。若如其声两义同许,俱不须说,或由义准一能显二。

《大疏》解释说。从“为要具二到但随说一”这两句是古师的发问,意思是:真喻包括同异二种,为要具二方能成为能立吗?真因有二、八两句,但随说一就可以吗?接下来的话是对古师的答复。

如果就理由的圆正来说,应该具足二喻,由此充分显示因宗的不相离性,才能具足显示因的同品定有和异品遍无,才能够防止或纠正相违因或不定因。相违因和不定因都是有过失的因。相违因是同品无,异品有或异品有非有,指九句因中的第四句和第六句。不定因是九句因中二、八正因和四、六相违因之外的其余五句因,除第五句为不共不定外,其余四句是同有或有非有、异有或有非有。二喻具足才能避免这些过失。

异喻体和同喻体一样,不会缺无。因明通则,允许无体的东西为异品。因明家常常以事实上不存在的龟毛、兔角作为异品。除了“所量性”以外,龟毛、兔角可以成为任何一种宗异品,也可以成为任何一种因异品。龟毛、兔角虽然子虚乌有,但是可以成为思考的对象,因此,当立以“所量性”为所立法时,任何东西,包括世上一切实有的和没有的,都是同品,而绝无一个为异品。宗异品在这唯一情况下会缺无。当以“所量性”为能立法即因法时,同理举不出因异品。因异品在这唯一的情况下缺无。除了以“所量性”为所立法或能立法以外，任立一量，都可以毫不费力地以世上乌有之物为异喻依。由此看来，异喻依的功用不过虚设。正由于异喻依绝大多数情况下不会缺无，因此因明允许其缺减。

综上所述，一个比量，完整的论式包括宗、因、同喻体和同喻依，还包括异喻体和异喻依，但在实际立量时，依论辩的情形可以有所简略。《理门论》说：“若有于此，一分已成，随说一分，亦能成立。”意思是，如果说了宗、因和同喻，敌者已能了解并接受所立宗义，就不必再说异喻。倘一说宗和因，敌者便已了悟，则二喻均可不说。通常，一个三支比量最简略的表达方式是：宗、因和同喻依。例如：

声是无常，
所作性故，
如瓶等。

“此中常言，表非无常，非所作言，表无所作。如有非有，说名非有”：这几句是解释异法喻中的“常”与“非所作”两个名词或者概念。

“此中常言，表非无常”：是说“常”这个名词表示“非无常”的意思，“常”是“无常”的否定名词，或者说是负概念。“常”表示着“无常”无，即异法喻定义中的“说所立无”。

“非所作言，表无所作”：是说“非所作”这个名词表示“所作”之无，即异法喻定义中的“因遍非有”。“非所作”是“所作”的否定名词，即“非所作”是“所作”的负概念。

《理门论》在举出同、异喻的实例之后，紧接着说：“前是遮诠，后唯止滥”。异喻的作用只是止滥，与同喻是不同的。异喻不允许宗异品有因，防止因于宗异品上出现。异喻中用到的名词、概念不一定实有其事，它们只是对因法和所立法的否定。说“若是其常”，并非真有常，因为佛家是不承认常的，说“常”只是为了否定“无常”，说“非所作”也只是为了否定“所作”。

“如有非有，说名非有”：为了否定“有”故意说“非有”，并非真有“非有”。这是对“常”否定“无常”“非所作”否定“所作”的进一步说明。“有”相当于存在，“非有”相当于“不存在”。说“非有”，并不是说“非有”也是一种“有”。“非有”只是否定了“有”，并非有不存在的事物实存于世间。陈那关于“前是遮诠，后唯止滥”的论述涉及陈那量论的特点之一，即概念的构成有特殊的说法，与命题的肯定、否定性质无直接关系。今人于此常有误解，且俟后文详为解释。

已说宗等。如是多言开悟他时，说名能立。如说声无常者，是立宗言；

所作性故者,是宗法言;若是所作,见彼无常,如瓶等者,是随同品言;若是其常,见非所作,如虚空者,是远离言。唯此三分,说名能立。

吕澂先生说,按梵文的次序,“如是多言”属上句,玄奘为了使之符合汉语习惯,改属下文。

这一整段是对真能立一门的总结。《入论》总结说,用宗、因、喻多言来开悟敌证,就称为能立。接着完整地陈述了一个真能立的实例。其中“随同品言”是对同喻的解释,“同品”指因同品,意为宗同品随逐因同品。“是远离言”,意为与宗因远离,即异法喻由所立无与因无组成。“唯此三分,说名能立”,“唯”字强调只要宗、因、喻三支合起来,就成为能立,这就简别了古因明中的合、结。古因明的五支实例如下:

声是无常,	(宗)
所作性故,	(因)
犹如瓶等,于瓶见是所作与无常。	(同喻)
声亦如是,是所作性,	(合)
故声无常。	(结)
犹如空等,于空见是常住与非所作。	(异喻)
声不如是,是所作性。	(合)
故声无常。	(结)

此例引自吕澂《因明纲要》,该书解释说:“五分仿自正理经,其源无考,古师诸论列式不一,今勘陈那所破,世亲佛性论所见,以正理疏家最为可信,特依据之。”

改古因明之五分为三支,是新因明的一大特点。五分为宗、因、喻、合、结,其中喻包括同喻和异喻。三支中同法喻和异法喻合称为喻,也只算一支。

“唯此三分,说名能立”,一方面简别了古因明之五分作法,另一方面也明确说明了能立是把宗包括在内的。

第三节 似能立

似能立也是用来悟他的,不过似能立起不到悟他的作用。

真能立包括宗、因、喻三支,似能立也由宗、因、喻三部分组成。

在似能立部分,《入论》对《理门论》作了整理和补充,列出似宗、似因、似喻共33种过失。

一、似宗

虽乐成立,由与现量等相违故,名似立宗。谓现量相违,比量相违,自教相违,世间相违,自语相违,能别不极成,所别不极成,俱不极成,相符极成。

"虽乐成立,由与现量等相违故,名似立宗":这个句子解释什么是似立宗。"乐成立"是"随自乐为所成立性"的省略说法。"由与现量等相违故"说造成宗过的原因是与现量等九种情况相矛盾。

这句话的意思是:虽然立宗是"随自乐为"的,由于所立之宗与现量等九种情况相违背,仍然有过失。有过失的宗,就叫做似立宗,简称似宗。

似宗包括九种:现量相违,比量相违,自教相违,世间相违,自语相违,能别不极成,所别不极成,俱不极成,相符极成。

九过的错误类型分为三种:相违五,不极成三,相符极成一。

《大疏》说:"初显乖法,次显非有,后显虚功。""初显乖法"即指"相违五";"次显非有"指"不极成三",即有法不成,能别不成,有法和能别俱不成,涉及宗依;"后显虚功"指"相符极成",意思是徒劳无功。

前五过为《理门论》所立,后四过为《入论》所增补。

此中现量相违者,如说声非所闻。

这是从宗九过中,持取此一,简去余八。现量相违,意为所立之宗与现量相违背。

佛家因明本来也主张量分为现量、比量和声量三种。到了陈那,他分析量的对象即"所量",不外"自相"(特殊性质)和共相(共同性质)两类,从而刊定量只有现量和比量两种。量的一般意义是人们要使自己的行动达到目的所必须预先具备的正确知识,即关于对象的正确了解。

《大疏》说:"现量体者,立敌亲证法自相智。"这句话意思是说,现量是立、敌直接得之境之自相的知识。现量相当于感性知识。现量是一种亲知,亲证,是可以凭感官辨明其真伪的知识。现量相违,也即是所立之宗,犯了与现见事实相违反的过失。佛家因明认为现量知识比比量知识更为可靠。声音是正常人都听得见的,把声音说成是听不见的,这就违背了人的感觉经验。因此,《入论》举出"声非所闻"为现量相违的实例。《大疏》说:"耳为现体,彼此极成,声为现得，本来共许。今随何宗所立，但言声非所闻，便违立敌证智，故名现量相违。”

现量有自现量、他现量、共现量之分。立者的现量是自现量，敌者的现量是他现量，立、敌共许的现象是共现量。现量相违是违背哪一种现量呢？《理门论》和《入论》对真、似能立和真、似能破的讨论，都限于共比量的范围，而没有涉及自、他比量。《大疏》解释三十三过，分自、他、共三种情况讨论。宗九过中的前五过，叫相违过。《大疏》称相违为“乖法”，《大疏》说：“乖法有二，自教自语，唯违自而为失，余之三种，违自、共而为过。”准此，现量相违是违自、共为过，违他不为过。根据《大疏》，现量相违又分为全分相违与一分相违两种。全分、一分每一种各分四句，共得八句如下：

1. 全分相违

(1) 违自现非他；

(2) 违他现非自；

(3) 违共现；

(4) 俱不违。

2. 一分相违

(1) 违自一分现非他；

(2) 违他一分现非自；

(3) 俱违一分现；

(4) 俱不违一分现。

关于全分的第一种“违自现非他”，是指违反自己的现量而不是违反敌方的现量。《大疏》卷四举例说：

> 胜论师对大乘云：同、异大有非五根得。

所谓同，是指某事物与别事物的共同点，表现为属性概念（上位概念），属性概念的极限为大有，即存在。所谓异，是指某事物与别事物的差异点，表现为种概念（下位概念）。下位概念的极限为单独概念所反映的个体或者极微（分子或原子）。胜论认为人的感官可以感知同、异、大有的存在。大有是包括一切物的，但观境时即现量得。大有的同、异也是能同能异一切物的，但观境也可现得。《大疏》假设胜论立“同、异、大有非五根得”（五根指感官）宗，就违反了自己的现量，但是不违反大乘佛教的现量，这是因为大乘佛教不承认胜论的“六句义”学说。

关于全分相违的第二种“违他现非自”，是指违反敌方的现量而不违反自己的现量。《大疏》举例说：

佛弟子对胜论云：觉、乐、欲、瞋非我现境。

佛家认为觉、乐、欲、瞋这些“心所有法”不是现境，只是心所有的作用，但是胜论认为它们是能感知的现境。因此，上述佛弟子所立之量为“违他现非自”。

全分相违的第三种为“违共现”，即违背立、敌双方的现量的。《入论》所举“声非所闻”即为违共现的实例。

第四句“俱不违”，不是过失。《大疏》不过是把全分与自他共的四种可能的关系都列举出来，表明一一考察过了。这是《大疏》的习惯。

全分相违过，通常把“全分”二字省略。

一分相违也有四句，其中三句是过，一句非过，同样是作形式上的列举。

第一句“违自一分现非他”，指违了自现量的一分，而不违背他现量，《大疏》举例说：

如胜论立：一切四大非眼根境。

胜论认为地、水、火、风四大中的风和极微是眼睛看不见的，由极微合成的地、水、火三粗色是眼睛看得见的。假如胜论立“一切四大非眼根境”，就犯了违自一分的过失。

第二句“违他一分现非自”，指违背他现量一分，不违背自现量。《大疏》之例为：

如佛弟子对胜论云：地、水、火三，非眼所见。

此例不大好理解，《大疏》解释说：“彼说粗三是眼所见，极微非见。”意思是胜论认为由极微组成的较大单位地、水、火三粗色是眼睛能看见的，而组成地、水、火的极微是眼睛看不见的。可见胜论认为地、水、火有两种，一种能见，一种不能见。佛弟子不作区分，笼统说“地、水、火三，非眼所见”是一分违他。佛家主张，地、水、火三均非眼所见，故不违自。

第三句“俱违一分现”，指既违自一分又违他一分。《大疏》所设之例为：

如胜论师对佛弟子立色、香、味皆非眼见。

立、敌双方共同承认唯有色（有形质之物）为眼所见，而香、味是非眼所见。因此此例为“俱违一分现”。

第四句“俱不违一分现”不是现量相违过。

关于以上全分、一分八句，《大疏》有一总结：

此二四句中，违他及俱不违，并非过摄，立宗本欲违害他故。违他非过，况俱不违。违自及共皆是过收。

意思是全分、一分四个四句中，全分、一分违他及俱不违这四种情况，都不是过失，因为立宗的原则就是要违他顺己。违他不是过，俱不违也不是过，只有违自以及违共现量才是过。这样，就剩下“违自现非他”“违共现”“违自一分现非他”“俱违一分现”四种为现量相违过。

俱不违，是立、敌双方都认为所立之宗不同现量相违反，是正宗的一个必要条件，有之未必然，无之必不然。满足俱不违的宗其宗义本身仍然是立、敌对诤的标的，否则，又会有宗的第九过相符极成。

比量相违者，如说瓶等是常。

比量是现量知识的发展，它由已经感觉之知识推得未曾感觉之知识。比量相违之宗“瓶等是常”是与另一正确比量相违背的。正确的比量的宗是“瓶等无常”，其正因是“所作性故”。“瓶等是常”究竟违背正宗还是正因呢？《入论》没有说明。依笔者愚见，“瓶等是常”之所以不能成立，是因为不符合正确比量的结论即正宗。正宗由正因推得，因此，比量相违之宗也必然与正因相矛盾。一个比量相违宗既违正宗又违正因。

根据《大疏》，比量相违过亦有全分、一分和自、他、共比量之分，共有八句：

1. 全分相违

(1) 违自比非他；

(2) 违他比非自；

(3) 违共比；

(4) 俱不违。

2. 一分相违

(1) 违自一分比非他；

(2) 违他一分比非自；

(3) 俱违一分比；

(4) 俱不违一分比。

以上两个四句中，“俱不违”和“俱不违一分比”不与真比量相违背，只是作各种可能情况的列举。“违他比非自”和“违他一分比非自”符合违他顺己的立宗原则，不是过。这样，就剩下违自、违共(各有全分、一分)四句为比量相违过。

周叔迦先生的《因明新例》对似能立三十三过多以新例讲解，为因明研习者带来很大方便，兹将其比量相违八句转引如下：

违自比非他——人死便断灭了。

假使佛教对医学家说便是违自己的比量而不违他人的比量,佛教主张人的生死循环不绝,而科学家说人死了便一切消灭了。

违他比非自——阿赖耶识是没有的。

假使科学家对佛教唯识家如此说便是违他人的比量而不违自己的比量。唯识家说阿赖耶识是众生活力的根本,一切生死循环都根于这识,但是科学家却不承认这识的。

违共比——瓶是常住。

已经解释过了。

俱不违——瓶是无常。

瓶子终究要破坏,不能永远常存,这是人人可以比知的。

违自一分比非他——凡修善者死后全升天堂。

假使佛教对耶稣教人如此说便是违自一分的比量,而不违他人的比量。因为耶稣教人只就一世说做好事上天堂,做坏事下地狱,但是佛教是就过去、现在、未来三世说的。今生为善的人死了,若是没有前世的深重恶业牵缠当然是升天,若是前世恶业成熟也许堕落到地狱饿鬼畜生道中去。

违他比一分非自——一切众生究竟成佛的。

假使佛教的性宗对相宗如此说便是违他比而不违自比。谁能成佛,谁不能成佛,唯有就比量上推测,性宗主张一切众生究竟成佛,而相宗主张有一部分无种姓的众生永远不能成佛。

违共比一分——一切星球都是不动的。

用目力是不能见到星球如何行动的,但是用天文推测的结果是有动、有不动的。动的是行星,不动的是恒星(相对而言)。

俱不违一分——五蕴是无我。

按照佛教所说,色、受、想、行、识叫作五蕴,这五蕴一一都是无我,是人人可以比度知道。

自教相违者,如胜论师立声为常。

自教就是立论主自己所崇奉的教义。所谓自教相违就是立宗与自教教义相矛盾。自教之教不限于宗教。任何宗教派别或哲学流派等,都有教系相传的一家之言,从而与其他派别对立。一般说来,一个人既属于某一派,就崇奉某一派的观点。如果没有特别的说明修改或发展本派的观点,则不能立违背自教教义的宗,否则,就要犯自教相违的过失。所立之宗与自教相违,即构成矛盾,则必有一假。自教学说内部不能一致,又怎么开启敌、证之智呢?

胜论师是主张“声是无常”的,假如胜论师立“声为常”,就违背了自宗教理,此宗有自教相违之过。

自教相违过也有自、他、共和全分、一分两个四句。其过与非过的情形和现量相违、比量相违相同,这里就略而不论,读者可阅《大疏》或《因明新例》。

把自教相违列为宗过,这在认识上的意义是消极的还是积极的?今人有截然相反的两种看法。

一种意见认为,把违反自教教义作为立宗的过失,这就无异以自教教义作为立宗的最高最后准绳,划定了立者所立论旨能够到达的范围,束缚了超越自教教义的新思想的出现,因而它在人的认识发展中的作用是消极的,这个规定是陈那因明学说的糟粕部分。

另一种意见认为,自教相违的规定并不是以立者都必须论证自教教义为满足,而是要求理论系统上的无矛盾性,因而,这个规定并不会桎梏人们的思想,相反地,它会促进理论思维向严密、系统的方向发展,其作用是十分积极的。

我们认为,前一种意见是不正确的,后一种意见才是正确的。

前一种意见没有注意到把自教相违列为宗过,是辩论之则,而非立思想之防。因明不反对超越教义的新思想出现,相反,因明本身就是通过不断超越自教教义而发展的。例如,陈那改古因明为新因明,就有一系列的重大改革。五分减为三支,增设了同、异喻体,等等。又如,法称废除九句因中第五句因,同、异品不要求除宗有法,取消不共不定因过,颠倒三支的次序,规定正因的性质必须是自性因、果性因、不可得因,等等。因明通则,在立宗有违自教时,有简别一法以明其不依从旧说。立宗时,加上简别语如“从胜义立”或“依真故立”,称为胜义简,意思是依照胜义或者依照真理应当有别于旧说。立宗有了胜义简,敌者就不会责以自教相违之过。可见,因明设立自教相违宗过,并非束缚思想之道,是有其积极意义的。应当指出,因明典籍中,违反自教有所改变而为尊者讳的情况常有发生。

> 世间相违者,如说怀兔非月,有故。又如说言人顶骨净,众生分故,犹如螺贝。

世间:即今所谓社会。世间是世间知识的简略说法。世间相违,就是指所立之宗违反了社会上一般人所信奉的事理。

在因明中,世间还有学者世间和非学世间之分。非学世间指的是除学者以外的世俗共信,亦可称为通俗社会。学者世间也即学术社会。《入论》举了两个世间相违的例子，第一例是梵、藏本所没有的。这两个实例都是就非学世间而言的。无论学者世间还是非学世间，人们所共信的道理，包括风俗、习惯、传说等，都是立论者所应遵从的，如无特殊的说明，立宗与世间知识相违背，就不可能为敌者所接受，也就起不到启发敌智并争胜的作用，因此，因明把世间相违规定为立宗的过失。

《大疏》卷四对此二例作了解释。第一便是说："若诸外道对佛弟子，有法不简择，但总说言怀兔非月，以有体故，如日星等。虽因喻正，宗违世间，故名为过。"其中"怀兔非月"是宗，"以有体故"为因，《入论》未提及同喻，同喻"如日星等"为《大疏》所增补。《大唐西域记》卷七记载了一则神话故事：在太古时代，在某一片林中，有狐、兔、猿三种不同的动物和悦相处，笃行仁义，天帝释想考验修菩萨行的三兽，便下降变为一位饥饿的老人，向它们求食。狐狸叼来一条鲜鲤鱼，猿在树林中采来花果，只有兔空手而返，遂烧身供养，天帝释感叹不已，收其骸骨，寄于月轮，传迹后世。从那时开始，月亮中便有了兔子。印度民间都相信，月亮中是怀有兔子的，即是说怀兔是月。现在立宗说，"怀兔非月"，就违背了世间知识，尽管因、喻俱正，还是犯了世间相违的过失。

对于第二例，《大疏》解释说："迦婆离外道，此名结鬘，穿人髑髅，以为饍饰，人有诮者，遂立量言，人顶骨净宗，众生分故因，犹如螺贝喻。能立因喻虽无有过，宗违世间共为不净，是故为失。"意思是有一宗派，是迦婆离外道，又称为结鬘，把人髑髅穿起来作为装饰品。世人都以人顶骨为不洁之物，便以此讥笑他们。结鬘外道便立一比量："人顶骨净宗，众生分故因，如螺贝喻。""众生"指有情，有生命的。"分"指部分。即使因、喻俱正，也免不了世间相违之过。

对于世间相违之过，《大疏》认为但有违共，而没有违自、违他之过，至于全分、一分理亦应有，恐繁不述。

立宗违世间和违自教一样，如无特别的说明，则一立宗，便冒天下之大不韪，因、喻尚未出台，便明显处于下风，又怎么去开启敌、证，又哪里谈得上取得辩论的胜利呢？

三种比量及其简别，是因明的重要理论问题。玄奘师徒对三种比量及简别的理论是有整理发展之功的。玄奘在印求学期间，简别的方法在因明家手中还是一种生疏的工具。他的老师胜军经过四十多年深思熟虑而立的一个比量却有过失，玄奘运用简别的方法，将其师的共比量改为自比量，从而避免了过失。他在学成将还之际，对三种比量及简别方法已经运用自如，以致全印度无遮大会上所立"唯识比量"，以无一人敢征诘而告终。玄奘的口义当大量保存在窥基《大疏》之中。

关于简别,《大疏》卷五说:

> 凡因明法,所能立中,若有简别,便无过失。若自比量,以许言简,显自许之无他随一等过。若他比量,汝执等言简,无违宗等失。若共比量等,以胜义言简,无违世间自教等失。随其所应,各有标简。

自比量,以"许"或"自许"等加以简别后,就避免了他随一不成等过失,他比量若用"汝执""汝"简别之后,也不会犯违背自宗等过失。至于胜义问题,是用高深的道理来谈问题,就不会有世间相违和自教相违等过失。请读者注意,《大疏》说"若共比量等,以胜义言简",一个"等"字,表明以胜义言简的不只是共比量,还应包括自比量。

《大疏》明确规定胜义是用来简别世间相违、自教相违等过失的。世间相违、自教相违是无论立、敌哪一方都不应该犯的过失,也不论用自、共哪一种比量立论,都应加以避免。用他比量立论,有违世间,立方无过,过在敌方。

> 自语相违者,如言我母是其石女。

"自语":是指立者自己用来立宗的言语。

"自语相违":自相矛盾的话。

"我母"是宗之有法,"石女"是宗之法。一般而言,既然我母是生我之母,就不会是不会生育的"石女"。"我母"与"石女"包含一对矛盾。由此看来,自语相违是宗上有法与法产生矛盾的过失。《大疏》卷五说:

> 有法与法,不相依顺,自言既已乖返,对敌何所申立,故为过也。

陈那在《理门论》中举了一个例子,"一切言皆是妄",这句话也包含矛盾。神泰在《述记》中有详细评论。神泰说:

> 外道立"一切语皆悉不实",此所发语便有自语相违。何故?说一切语皆是妄者,汝口中语为实为妄?若言是实,何因言一切皆是妄语?若自言是妄,即应一切语皆实。若复救云:"除我口中所语,余一切语皆是妄者",更有第二人闻汝所说一切语皆是妄,即复发言"汝此言谛实"。彼人发言为妄为实?若言是妄,汝语即虚;若言是实,何故便言"除我所说"?若复救云:"除道我语此一人是实,余一切语皆悉是妄。"若尔,更有第三人复云:"此第二人语亦是实"。此第三人语为虚为实?若言是虚,此第二人并初人语是实应妄;若第三人语是实,何故言"除我语及此人,余虚妄耶"?

神泰这整段话意思如下:

说“一切言皆是妄”的人,你口中这句话是实(真)呢,还是妄(假)呢?

如果说是实,那么为什么说一切语皆是妄语呢?如果你口中这句话是妄,那么应该承认一切语皆实。

即使你补救一句:“除我口中所语,其余一切语皆是妄”,也无济于事。这时有个第二者听了你这句补救的话之后,指出“你这句补救的话是大实话”。请问,这第二者的话是实还是妄?

如果说第二者的话是妄,那么立即推出你的补救的话是虚假的;如果第二者的话是实,你又有什么理由说“除我所说”呢?

假定你再补救一句:“除了这个评论我的第二者的话是实以外,其余一切言论统统是假的。”如果这样的话,又会有第三个人接着评论说:“这第二个人说的话也是实话。”这第三个人的话算是假的,还算是真的?

同理,如果说是假的,那么说第三个人以及第一个人说的话是真的就不对了;如果第三个人的话是真的,又凭什么说“除我语及此人,其余都虚妄”呢?

神泰以上这一连串推论,除了从“自言是妄”(“一切言皆是妄”是虚假的)推出“即应一切语皆实”不合逻辑外,后面的推论都是正确的。因为全称肯定判断“一切言皆是妄”与全称否定判断“一切言皆是实”(一切言皆非妄)是反对判断。反对判断可以同假,不能同真。由其中一真可以推出另一为假,但是不能从其中一个是假判断推出另一个为真判断。

按照神泰的推论,第四人、第五人,……依此类推,以至无穷。你说“一切言皆是妄”是真的,可是“一切言皆妄”本身也是“一切言”中的一句,因此又推出“一切言皆是妄”这句话本身是假的。你看到推出了矛盾,作个补救,说什么除我口中之语以外,其余一切都是妄,但这样一来,又会出现无穷多个“例外”,例外也就不成其为例外了。总之,“一切言皆是妄”,自语相违,隐藏着矛盾。

《理门论》中所举的实例“一切言皆是妄”与《入论》中所举例“我母是其石女”虽然都属于自语相违这一大类中,但是二者又分属自语相违这一大类中的两个小类。“我母是其石女”,有法与法矛盾,“一切言皆是妄”中“一切言”与“妄”并不直接导致矛盾,而是从假定“一切言皆是妄”为真可以推出“一切言皆是妄”为假。一个判断既真又假,岂不矛盾?可见,说“一切言皆是妄”也是有法与法矛盾是误解。《理门论》和《入论》都没有为“自语相违”下定义,不过《入论》所举之例比《理门论》更好理解而已,不能以为自语相违仅有宗之有法与法矛盾一种类型。

印度、中国、希腊,是世界上三大逻辑体系发源地。人类的思维规律是共同的。印度的因明学家、中国的墨家以及希腊逻辑科学创始人亚里士多德,都不约而同地研究了这种自语相违的语言现象。

《墨经》中提到的“言尽悖”与“一切言皆是妄”意思完全相同，说“言尽悖”为真，则“言尽悖”本身也是一句言，因此“言尽悖”也是悖，即“言尽悖”为假。

有人主张“一切判断都是真的”，亚里士多德便进行归谬推论，假定“一切判断都是真的”是真的，又由于“有的判断不是真的”也是判断，从而“有的判断不是真的”也是真的，简而言之，从“一切判断都是真的”推出了“有的判断不是真的”。亚里士多德对反对者主张的“一切判断都是假的”的批评和我们对“一切言皆是妄”的批评完全一样，就不赘言了。

熟悉逻辑的读者都知道，“一切言皆是妄”“言尽悖”“一切判断都是假的”都是不完全的悖论。假定这些话各自为真，可以推出各自为假，但不能假定它们为假，推出各自为真。

以上讲完了宗之五相违过。

能别不极成者，如佛弟子对数论师，立声灭坏。

“能别不极成者”：指能别不共许之宗，在前面讲真能立之宗时说过，组成宗体的两个宗依，必须共许极成，“谓极成有法，极成能别”。如果立宗，能别不极成，违反了立宗的规定，就成为似宗。

“声灭坏”是假设佛弟子对数论师所立的。

数论是印度六大哲学派别之一。数论派用智数来量度一切，因此得名。数论以自性、神我为世间一切之本原。世间一切分为二十五类，称为二十五谛，大分为三类，自性、神我为首尾二类，中间二十三类为变易。变易由自性转化而来，虽是无常，却不灭坏，为神我所受用。佛家主张事物之无常是灭坏义。数论的无常，是转变无常而不是灭坏无常，因此，倘若佛弟子说“声灭坏”，则能别“灭坏”不为数论所许，便有能别不极成之过。倘佛弟子说“我许声灭坏”，经过简别，则可免能别不极成之过。

所别不极成者，如数论师对佛弟子，说我是思。

“所别不极成者”：指宗的主项即有法不共许。所别不极成与能别不极成一样，违反了宗依必须极成的原则。

“我是思”作为数论对佛弟子所立之宗是有过失的。有法即所别“我”为数论所许。数论主张神我常住，受用一切。神我想受用五尘诸境时，自性为满足神我便变出中间的二十三谛。思虑即神我想受用，故曰我是思。数论之“我”，是常住的我，是实我，是佛教所不承认的。佛教之“我”，为假我，因为佛教说一切法无我也。

可见,“我是思”中的所别“我”,只是自有他无体,为立方所许而为敌方所不许,不加简别便有所别不极成之过。

俱不极成者,如胜论师对佛弟子,立我以为和合因缘。

“俱不极成者”:指两个宗依都不极成的宗过。此中之“俱”,不是指立、敌双方对某一宗依未能共许极成,而是指所别、能别都不共许极成。

如胜论对佛弟子立“我以为和合因缘”,则所别“我”,能别“和合因缘”都自有他无体,为胜论所许而为佛弟子所不许。

胜论第一句是实,实分地、水、火、风、空、时、方、我、意九种。佛教只承认有假我,不承认有实我。所别“我”是自有体他无体,故有所别不极成过。“和合”是胜认六句义中的第六句。对于“和合因缘”,《大疏》卷五解释说:“和合因缘者,《十句论》云:我云何?谓是觉、乐、苦、欲、瞋、勤、勇、法、非法等和合因缘,起智为相名我。谓和合性,和合诸德与我合时,我为和合因缘,和合始能和合,令德与我合,不尔便不能。”意思是说,胜论师主张有个我,以它作为和合的因缘,从而使德句中觉等九德和合,生起“我”的理解,这种相貌就叫“我”。我能使诸德和合,所以我是和合的因缘。若我不为因,诸德就不会和合。佛教虽亦承认和合,亦承认因缘,但是胜论之和合因缘不同于佛教之和合因缘,因此为佛弟子所不许。于是,又有能别不成过。所别之我与能别之和合因缘俱非佛弟子之所许,故为俱不极成。

此例倘加上“我许”作自比量,则无此过。

相符极成者,如说声是所闻。

“相符极成者”:所立之宗与敌者的观点相符合的宗过。宗体极成,为立、敌双方都承认。

《大疏》说:“对敌申宗,本诤同异,依宗两顺,枉费成功。凡对所敌立声所闻,必相符故,论不标主。”意思是说,立宗的目的是违他顺己,以明同异。“声是所闻”既为正常人所公认,立宗徒劳无功,不合能立开启敌、证之智的目的。相符极成之宗等于说了一句废话。

如是多言,是遣诸法自相门故,不容成故,立无果故,名似立宗过。

这是对宗九过的总结。分为三种不同类型。

“多言”:九种过失。

“遣诸法自相门”是造成前五过的原因。“遣”:是指遣除,使离去。“诸法”:

各种事物。“自相”：是事物自身的情况。“门”：门径，进入正智的途径。“遣诸法自相门”意为离开了获知诸种事物实际情况的途径。

“不容成”：意即不容其构成为一个真宗。这是三种不极成之所以为过的理由。一个或两个宗依不极成，倘另立比量成之，势必转移论题。

“立无果”：意为立宗起不到应得的效果，这是相符极成之所以为过的理由。

这九种过失之间是有交叉的，例如，现量相违中还有自教相违，世间相违里也会有现量相违和比量相违，等等。窥基《大疏》按照自、他、共和全分、一分，再加上九过的结合，共分成 2340 种，繁琐得很，没有实际意义。

二、似因

> 已说似宗，当说似因。不成、不定、及与相违，是名似因。

似宗已说完了，以下说似因。似因有三种情况：一不成，二不定，三相违。

> 不成有四：一两俱不成，二随一不成，三犹豫不成，四所依不成。

这一段是总说不成因的总数与名称。

陈那以前的古因明只讲前二不成，而将后二不成并到前二不成之中。神泰的《述记》卷一说：“其后二并摄于前二不成中，谓两俱犹豫不成及随一犹豫不成，两俱所依不成及随一所依不成，是陈那救别义故，遂开为四也。”陈那认为后二过应单独成过。

什么是不成呢？窥基弟子慧沼《略纂》卷三说：

> 不成有两解：一云因体不成，名不成因，其因于宗，俱不许有，随一不容，或复犹豫、无宗可依，如此之因，皆体不成，名不成因，……二云因不证宗，名不成因。

意思是说“不成”有两种不同的解释，前一种是把“不成”解释为自不成因，即本身不能成为因；后一种解释是说“不成”没有证宗的力量，是着眼于因与宗的关系说的。

其实这两种解释是有内在联系的。依照后一释，因缺乏证宗的力量，当然是不成因。一个因既然不能使宗成立，也就不成其为因。由此观之，自不成因正是因不证宗的结果。

正因必须具备三相，不成因的共同特点是不能满足因的第一相遍是宗法性。

> 如成立声为无常等，若言是眼所见性故，两俱不成。

“两俱不成”：立敌都不许因遍通于宗之有法。

立“声为无常”宗，以“眼所见性故”为因，便有两俱不成因过。《入论》并未标明立、敌双方为谁，因为没有必要。无论立、敌是谁，都不会赞成“声音是眼睛看得见的”，立、敌俱不成，故称两俱不成。《大疏》说：“凡宗法因，必两俱许。依宗有法，而成随一不共许法，今眼见因胜、声二论皆不共许声有法有，非但不能成宗，自亦不成因义。立敌俱不许，名为俱不成。”

两俱不成过的实例中，《入论》在“声为无常”之后用了一个“等”字，是表示凡以声为有法的任何宗包括“声常”在内，都不能以“眼所见性故”为因。这是由于“眼所见性故”根本不是宗法。

所作性故，对声显论，随一不成。

“随一不成”：指立敌双方中有一方不许其因遍通于有法。“随一”是指立敌双方中的一方。所有的有法都必须包含于因法之中，这是要为立敌所共许的，倘有一方不许，便不是正因。随一可以是自随一不成，也可以是他随一不成。

随一不成的实例把宗省略了，根据前一例之宗以及敌方为声显论可知，此宗为“声是无常”。前面曾解释过，声显论主张声本来就有，不过未显现，一旦被说出，即被显现，就成为常。声随缘而显，不是随缘而生。“所作性”意为造作，生起，声显论不许其在声音上依转。

一个因，当有自随一不成时，用简别语“汝许”以作他比量可免此过；一个宗，当有他随一不成时，用简别语“我许”以作自比量，亦可免此过。

于雾等性起疑惑时，为成大种和合火有，而有所说，犹豫不成。

“犹豫不成”：指因作为有法之法不能确定，因明关于因的第一相有个隐含的规定，因作为有法之法必须是确定无疑的，立、敌双方都不能有所怀疑。只要有一方认为似乎是那样，似乎又不是那样，犹豫因成犹豫宗，只能开启犹豫不定之智，其因便有犹豫不成过。

《入论》所举的事例中没有列出具体的宗和因，只是介绍了立量时所见之情景。

“于雾等性起疑惑时”一句，《大疏》卷六解释说：“西方湿热，地多藂草，既足螽虻，又丰烟雾。时有远望，屡生疑惑，为尘为烟，为蚊为雾。由此论闻于雾等性。”意思是说，遥望远处，是尘、是雾、是蚊、是烟，还无法确定。

“大种和合火”：火有二种，一者性火，即地、水、火、风四大之一；二者事火，由四大种和合所成。性火到处都有。事火不是到处都有。事火如炉灶等处之火,不仅需要火大,还要依靠地大(供给燃烧物)和风大(助燃)。“大种和合火”即指事火。

“于雾等性起疑惑时,为成大种和合火有,而有所说”:意思是说,遥望远处,是尘、是雾、是蚊、是烟都还不能确定的情况下就“有所说”,“有所说”什么呢?论中并未明言,可以推测,立论主要立的是“彼处有事火”宗,“见有烟故”因。立、敌双方同时对“见有烟故”因还表示怀疑,因此此因有犹豫不成过。因不可靠,所证之宗亦难于可靠。倘立、敌双方中仅有一方对“见有烟故”因有怀疑,即为随一犹豫不成因过。

> 虚空实有,德所依故,对无空论,所依不成。

“所依不成”是由于宗之有法非共许极成,使得因无所依的因过。

根据第一相遍是宗法性,因对于宗之有法须周遍地依转,因此宗之有法是所依,因是能依。宗之有法已非共许极成,已是宗所别不成过。宗有所别不成过,因必有所依不成过。立之比量倘有宗所别不成过,敌方只要指出宗过,立方之比量即非真能立,可以不问因、喻正与不正。由此观之,《入论》于宗所别不成过外别立因所依不成过,似乎多此一举。

所依不成之实例“虚空实有,德所依故”,敌为无空论,但《入论》未标明立之论主,依《大疏》释为胜论。胜论六句义的前二句为实和德。实句义是体,德句义是属性。实有九种。其中之一为空。胜论主张,空有六德:数、量、别性、合、离、声。此六德依空而存在。所以胜论师立“虚空实有”宗,以“德所依故”为因,对有空论者来说是没有宗所别不成过和因所依不成过。但是敌者为无空论,顾名思义,是不承认虚空的存在的。佛教小乘中的经部认为:“虚空界者,不离虚空,然彼虚空,体非实有;故虚空界,体亦非有。”在经部看来,虚空体非实有,德又何所归依呢?《大疏》就是这样来解释的:“凡法、有法,必须极成;不更须成,宗方可立。况诸因者,皆是有法宗之法性。标空实有,有法已不成;更复说因,因依于何立?故对无空论,因所依不成。”

> 不定有六:一共,二不共,三同品一分转、异品遍转,四异品一分转、同品遍转,五俱品一分转,六相违决定。

不成因是由于不满足因的第一相而产生的,不定因则不同,六种不定因中,前五种是未满足第二相或第三相。后一种是立、敌各用一个满足了因三相的因,证成两个相矛盾的宗,立、敌相当,不分胜负,立宗未达到开启敌证之目的,因此也属于不定因。

此中共者，如言声常，所量性故。常无常品，皆共此因，是故不定。为如瓶等所量性故，声是无常，为如空等所量性故，声是其常。

这一段是释第一种不定因过。

“共者”：又称共不定，即九句因中的第一句同品有并且异品有。此因违反了因的第三相异品遍无性。

实例“声常，所量性故”，依《大疏》说是声论对佛弟子所立。

“所量”：认识对象。

“常无常品”：读作“常、无常品”，意为常品与无常品。在“声常”宗中，“常”是所立法，凡具有常性的事物都是常品，在此为宗同品；凡不具有常性的事物是无常品，在此为宗异品。

“皆共此因”：是说无论常品也好还是无常也好，都与此因相通，即是说宗同、异品都有因。常是认识的对象，无常也是认识对象。这个“所量性”因的外延太宽了，把同、异品都囊括无遗，因此是不定因。

“为如瓶等所量性故，声是无常，为如空等所量性故，声是其常”：举示宗同、异品的实例，瓶是宗异品，瓶是无常的，瓶有所量性，假如以此为根据，则声为所量，亦应无常。但是空是常住的，空是宗同品，空也有所量性，假如亦以此为根据，则声为所量，又应为常。具有所量性的事物中有的是常，有的是无常，声虽然能归入所量性这一大类中，却不能由此确定其究竟应归到哪一小类。因此，所量性因范围过宽，是不定因。

言不共者，如说声常，所闻性故。常无常品皆离此因。常无常外，余非有故，是犹豫因。此所闻性，其犹何等！

“不共者”：又称不共不定，第二种不定因，即九句因中的第五句同品非有年并且异品非有。此因不满足第二相同品定有性。

实例“声常，所闻性故”为声论师所立。

“常无常品皆离此因”：意为宗同品常与宗异品无常都与所闻性因不相通，常与所闻性相隔离，无常也与因相隔离。为什么会出现宗同、异品都没有因呢？宗同、异品除宗有法使然。声为宗之有法，声音又是世上唯一可以听闻的事物。宗同、异品除声以外绝无一物有可闻性。

“常无常外，余非有故”：在常与无常之外，没有第三品，不存在既非常又非无常的事物。

“其犹何等”：“犹”相当于如，所闻性仅在声上有，所以说，这样的所闻性，可以用什么来类比呢？“其犹何等”即举不出同喻依，没有可以类比的对象。此因于同品上非有，便举不出既是宗同品又是因同品的事物。由于此因不但同品没有，而且异品也没有，立者之宗无由成立，敌者之宗也无力返显，故成不定之因。“共”是共有因，“不共”是共没有因，同为不定，却有区别。

同品一分转异品遍转者，如说声非勤勇无间所发，无常性故。此中非勤勇无间所发宗，以电空等为其同品。此无常性，于电等有，于空等无。非勤勇无间所发宗，以瓶等为异品，于彼遍有。此因以电瓶等为同品，故亦是不定。为如瓶等无常性故，彼是勤勇无间所发，为如电等无常性故，彼非勤勇无间所发。

“同品一分转异品遍转者”：第三种不定因，九句因中的第七句同品有非有并且异品有，不满足第三相异品遍无性。

“声非勤勇无间所发，无常性故”是实例。其中“非”字不是否定判断的联项，“非”与“勤勇无间所发”合成能别，是一个概念。宗支为一肯定判断“声是非勤勇无间所发”。“无常性故”为因。

“此中非勤勇无间所发宗，以电空等为其同品”：“非勤勇无间所发”是宗之能别法，电、空等均非勤勇无间所发，是宗同品。

“此无常性，于电等有，于空等无”：电是无常性，空没有无常性，因此说“无常性”因于宗同品一部分有，一部分无，即同品有非有因，又称同品一分转。

“非勤勇无间所发宗，以瓶等为异品，于彼遍有”：瓶是勤勇无间所发，故为“非勤勇无间所发”之异品，此异品于彼“无常性”因上遍有，故成异品有，又称异品遍转者。

“此因以电瓶等为同品，故亦是不定”：意为从因方面看，电、瓶等都是无常因的同品。前面已说过，电是宗同品非勤勇无间所发，瓶是宗异品勤勇无间所发。这样，因同品中既有宗同品，又有宗异品，即是说，无常性因既通非勤勇无间所发，又通勤勇无间所发，因此是不定因。

“为如瓶等无常性故，彼是勤勇无间所发，为如电等无常性故，彼非勤勇无间所发”：补充说明前一句“此因以电瓶等为同品，故亦是不定”，声音和瓶一样是无常性的，准此瓶是勤勇无间所发，则声亦应为勤勇无间所发；声音与电又同属无常，电为非勤勇无间所发，准此，声又应为非勤勇无间所发。无常性因，可证成两个互相矛盾的宗，故为不定因。

异品一分转同品遍转者，如立宗言：声是勤勇无间所发，无常性故。勤勇无间所发宗，以瓶等为同品，其无常性，于此遍有。以电空等为异品，于彼一分电等是有，空等是无。是故如前，亦为不定。

"异品一分转同品遍转者"：第四种不定因，又称为异分同全，即九句因中第三句同品有并且异品有非有，违反了因的第三相异品遍无性。

"声是勤勇无间所发，无常性故"：是第三种不定因的实例，宗与前一过所举宗相反，因则与前一过相同。这样，瓶成为"勤勇无间所发宗"的同品，瓶等宗同品遍有无常性，因此称为"同品遍转"；"勤勇无间所发宗"以电、空等为异品，在异品中有一分与因相通，即宗异品中有一部分如电等与"无常性"因相通，另一部分空等与无常性因不相通，因此称为"异品一分转"。

"是故如前，亦为不定"：这第四种因与第三种不定因相似，既与宗同品相通，又与宗异品相通，因此也是不定因。

俱品一分转者，如说声常，无质碍故。此中常宗，以虚空、极微等为同品。无质碍性，于虚空等有，于极微等无。以瓶乐等为异品，于乐等有，于瓶等无。是故此因，以乐以空为同法故，亦名不定。

"俱品一分转者"：第五种不定因，此因即九句因中的第九句同品有非有并且异品有非有，违反了因的第三相异品遍无性。"俱品"，指宗同品和宗异品。

"声常，无质碍故"：是第五种不定因的实例。

"此中常宗，以虚空、极微等为同品"：虚空、极微在古代印度都认为是具有常住性的，因此是能别常的宗同品。

"无质碍性，于虚空等有，于极微等无"：虚空等有无质碍性，极微等没有无质碍性。因此称为同品一分转。

"以瓶、乐等为异品。于乐等有，于瓶等无"：瓶、乐不具有常住性，因此是宗异品。宗异品中乐等有无质碍性因，宗异品中瓶等没有无质碍性因，因此宗异品也是一分转，即异品一分有因。

"是故此因，以乐以空为同法故，亦名不定"：无质碍性因的同品中，既有宗同品空等。倘以空等为准，声音与空一样具有无质碍性因，则声应为常；倘以乐等为准，声音与乐等一样具有无质碍性因，则声音又应为无常。此因既通宗同品，又通宗异品，因而此因也称为不定因。

相违决定者，如立宗言声是无常，所作性故，譬如瓶等。有立声常，所闻性故，譬如声性。此二皆是犹豫因，故俱名不定。

"相违决定"：第六种不定因，简称违决，与九句因无涉。"相违"：指立、敌双方各立一宗，互相矛盾，相违是对宗而言的；"决定"：是就因而言的，指立、敌双方为成就自宗，各出一因，两因都满足因三相，两因都为立、敌双方承认为正因,即决定因。“相违决定”意为两个相违之宗分别由两个不同的决定(正)因所证成。

“相违决定”因过与前五种不定因的区别在于,此过是就两个论式相对而说的,两个论式都三相具足;前五不定是就因在一个论式内的宗、因关系说的,没有同时满足后二相。

“如立宗言声是无常,所作性故,譬如瓶等”:胜论对于声生论立。此“所作性故”因,遍是有法声的法,为同品无常所定有,为异品常所遍无。所作性因满足因三相又为敌方声生论所共许。因此,对于此因能证成“声无常”宗,声生论无可指摘。

“有立声常,所闻性故,譬如声性”:声生论对胜论之比量既无可指摘,便采取你论你的,我论我的之办法,另立一个同样无懈可击的比量与对方相抗衡,对此立方也无可奈何。为什么说“所闻性故”因在此一比量中三相具足呢?声是所闻,满足了遍是宗法性。除声以外的无常品都没有所闻性,满足了异品遍无性,这也是清楚明白,毫无疑问的。“所闻性故”因是否满足第二相同品定有性呢?六不定因的第二种不共不定,就是以“所闻性故”为实例的。但是不共不定的“所闻性故”是在一般人之间立量所出现的。在一般的立、敌之间,除声以外绝无一物具有可闻性,同、异品俱无此因,不能满足同品定有性。但是,相违决定的“所闻性故”因是声生论对胜论所立的,立、敌共许声以外另有声性是可闻并且常住的。因此,“所闻性故”因满足同品定有性。

“此二皆是犹豫因,故俱名不定”:“所作性故”因和“所闻性故”因都三相具足,又各成一相反之宗,不能说服对方,因而不能开启敌方正智,达不到能立的目的,因此这两个因都称为犹豫因,也同被称为不定因。

国内有的因明研究工作者认为,相违决定是由立方的理论系统不一致所产生的。立方提出一个宗和因,如果敌方能在立方的理论系统内找到别一个因,去推出相反的宗,那么,在立方的理论系统内就同时承认了两个互相矛盾的论题以及支持这两个矛盾论题的不同的因。

胜论的理论体系中就有着不一致的成分,既主张声是无常,又承认声性是常。胜论所说的声性就是声的同异性。凡声都有所闻与常住性,这是声的同性,而声又与色等区别,这是异性。声生论对声性的解释是不同的,声生论的声性闻“别有本常,不缘不觉,新生缘具,方始可闻,不同胜论”(见《大疏》卷五)。尽管两家的解释不同,但都共同承认声的性质是所闻与常住。因此,声生论以声性为同喻,避免了不共不定过。胜论也只得承认。

吕澂先生认为,这两家是犯了没有遵守概念的同一性的过错。胜论立声无常，这个声是一般的声，即现实的声，而声论的声则是概念的声。

因明是要争胜负的。作为相违决定的两个比量，自然都有不定因过，但是相互矛盾的两个宗，在实际上总是一真一假的。究竟谁真谁假？如何判定谁胜谁负？对此，古因明的解决办法是“如杀迟棋，后下为胜”，即先立之宗为负，后立之宗为胜。这是以立、敌双方发言先后作规定。陈那《理门论》反对这种裁决办法。陈那主张“又于此中，现教力胜，故应依此，思求决定”。意思是说，要依靠现量即感觉经验和教即所宗学说来判定是非。

相违有四：谓法自相相违因，法差别相违因，有法自相相违因，有法差别相违因等。

相违因是似因的第三大类。《入论》总举相违因的种数以及每一种的名称。

相违因与不定因的共同点是不满足因的第二、三相；不同点是不定因是单缺因后二相中的一相，相违因则同时缺因后二相。由于因后二相同时不满足，反而证成了与己所立之宗相矛盾的宗。

四相违因与相违决定有什么区别呢？

第一，在相违决定的两个论式中，立、敌双方各用了一个不同的因，而在相违因的两个论式之中，立、敌双方用的是同一个因。敌方用立方之因论证与立方相矛盾之宗。

第二，立者之因违反了因的后二相，敌者用此因可证成相矛盾之宗，此因反成为正因，满足因三相。

第三，相违决定的两个比量两败俱伤，相持不决，都不能引起对方的正智，都不能算能立；在相违因的比量中，相违因无法证成己宗，是似能立，而敌者用此因证成了相矛盾之宗，符合因三相，所以敌者之比量为真能立。

相违因与比量相违也有区别。

相违因着眼于因，其之所以成为相违因，是由于立者所用的因不是违他顺己，反而是违己顺他；比量相违则归类为宗过，是似宗，此似宗违于敌者之正宗和正因。

四种相违因的名称中，有法与法即宗依之所别与能别。在讲解真能立之宗时，已有详尽说明，此不赘言。对于其中的自相与差别，还有解释之必要。自相，即自性。自相与差别，在三种不同意义上相对。一为局通过，二为先后对，三为言许对。四相违之自相、差别，仅就言许对而言。言即言陈之简称，许即意许之简称。凡宗之有法与法在言词上直接表示出来的意义叫做言陈，即自相。凡有法与法在言词上所未直接表示出来的而为宗义所许的意义叫做意许，即差别。

此言陈即自相不限于有法，也涉及法，此意许即差别也不限于法，还涉及有法。四相违特殊名称如下表：

- 宗依
  - 有法
    - 言词表示……自相
    - 意中蕴含……差别
  - 法
    - 言词表示……自相
    - 意中蕴含……差别

四相违因的共同特点是所举之因正好证成了相矛盾之宗。所举之因不能成立法自相，反而证成了相矛盾的法自相，就叫做法自相相违因；所举之因不能证成法差别，反证成相矛盾的法差别，就叫法差别相违因；同样，有法自相相违因是证成了相违的有法自相，有法差别相违因是证成了相违的有法差别。

> 此中法自相相违因者，如说声常，所作性故，或勤勇无间所发性故，此因唯于异品有，是故相违。

这一整段解释四相违中第一种法自相相违因。《入论》举了两个实例。第一个是由声生论所立：

> 声常
> 所作性故，
> 同喻如虚空，
> 异喻如瓶。

第二个由声显论立：

> 声常，
> 勤勇无间所发性故，
> 同喻如虚空，
> 异喻如电、瓶。

"声常，所作性故"因相当于九句因中的第四句因，同品非有、异品有。

声是所作，满足第一相遍是宗法性，但是同品空等常中无一具有所作性，故称同品非有因，异品瓶等无常全部有因，故称异品有。

"此因唯于异品中有，是故相违"：意思是说"所作性"因只在异品瓶等中有，而在同品空等中无。正因要求同有异无，此因恰好相反，因此成为相违因。敌方可用此因立一比量以作相违：

声是无常，
所作性故，
同喻如瓶，
异喻如空。

无常是法之自相，无常又是法之自相常的相违法，立者用“所作性故”因证“声常”宗，故成为法自相相违因。

“声常，勤勇无间所发性故”相当于九句因中的第六句同品非有并且异品有非有。常的同品如虚空等无一具有勤勇无间所发性，常的异品如瓶、电等，有的有勤勇无间所发性，如瓶等，有的没有勤勇无间所发性，如电等。“勤勇无间所发性故”因在同品上无，在异品上一分转，因此，非但不能证成“声常”宗，反而证成“（内）声是无常”宗。

法差别相违因者，如说眼等必为他用，积聚性故，如卧具等。此因如能成立眼等必为他用，如是亦能成立所立法差别相违积聚他用，诸卧具等为积聚他所受用故。

这一段总说相违过的第二种法差别相违过。此过的产生原因也是同时不满足因后二相。

四相违过的后三过由于涉及数论、胜论的学说，自来号称难解，日本的80余种因明著述中，有近20种是讨论四相违的。吕澂先生认为，日本的宇井伯寿由于对胜论和数论学说有研究，理解得较为合理。

后三种相违因是佛家针对数论和胜论提出来的。吕澂先生说，佛家立这三种相违，有其实践目的。他们想用因明驳倒别家学说。立“法差别相违”因就是为了驳倒数论最主要的主张——神我。数论的哲学体系是二元论，神我和自性是其最高哲学范畴。数论以五种理由成立神我，“积聚为他故”就是第一个理由。

数论所立的比量，以“眼等必为他用”为宗，“积聚性故”为因，“如卧具等”为同喻依。

这个比量的意思是，经验告诉人们，一切积聚起来的事物都是供他受用的，即积聚为他，例如床、席都是积聚而成，都是为他所用。根据这一普遍原理，眼、耳、鼻、舌、皮都是积聚而成，也应为他所用。

“眼等”：“等”表示眼睛以外的其余四知根。数论把世间一切分为二十五谛归为三大类，首尾二谛为自性、神我。自性为供神我受用，使中间二十三谛时常转变。眼等便是二十三谛中的五知根。

“必为他用”：数论所说的“他”就是指神我。数论所立之宗的本意是“眼等必为神我用”，或者“神我受用眼等”。但是由于佛家不承认神我，只承认有假我，神我作为宗依便不极成，自有他无体。于是，数论便含混其词，用一个模糊概念“他”来代替神我。“他”，可以是积聚性的他，也可以是非积聚性的他。数论的本意当然是要立非积聚性的人——神我，但是，这非积聚性的他也是不能明确说出的。积聚性的他——假我为立敌所共许，然而，数论立宗时又不乐许，况且立“眼等必为假我受用”又有相符极成之过。

“积聚”：意为许多极微的集合。眼等五知根是各由许多极微集合而成的。

数论想成立的神我是永恒不变的实体，又称为实我。数论认为，实我是常。如果实我是宗之有法，实我受用眼等，而佛家不许有神我，便有宗中他所别不成。再从积聚性因来说，也有过失。如果神我是有法，数论既认神我为实我，实我是永恒常住的，因此是非积聚的。神我不允许有积聚性因。佛法根本就不承认有神我，更谈不上有积聚性因。可见，神我为宗之有法，积聚性因为数论和佛家共不许，此因便有两俱不成过。

如果说数论之宗为“眼等必为神我用”，神我为能别，便有能别不成之过，并且缺无同喻，这积聚性因与能别法的自相相违。

数论倘若直接以神我为宗依，无论作为有法，还是作为法，都有过失。面临左右为难的局面，数论便调弄方术，立宗不用神我，也不用假我，而代之以他。

按照数论的观点，由于神我受用声、触、色、味、香等五唯境时须亲用眼等，所立神我用眼等，其用殊胜，相反，假我用眼等劣，但是假我亲用卧具，故胜，而神我要通过眼等来用卧具，故劣。

既然如此，如果积聚性因能成立数论所立法自相，那么也能成立法差别相违宗。数论所立宗为“眼等必为他用”宗，其法自相是“为他用”，此“为他用”未分神我、假我，故不与积聚性因相违，不会出现过失。数论本来要成立的是不积聚性他，但与积聚性因相违，陈那就用了这因来成立与作为法差别的不积聚他相违的聚积性他。这宗就叫“眼等必为积聚他用胜”。如果这宗不加胜字，就会犯相符极成的过失。

对以上解释，熊十力《因明大疏删注》有一总评说：“以假我于眼等用胜，而难数论，论无明文，疏主创发。清干诸家，颇于疏义有所翻违，吾谓过矣。……推详数论所计，积聚他假我，用卧具胜，用眼等劣；不积聚他实我，用眼等胜，用卧具劣。彼之本计如是。今检彼对佛弟子，立眼等必为他用宗，积聚性因，如卧具等喻。彼宗，意许法差别，是不积聚他用，以此是对敌所诤故。然彼积聚性因，则于法差别不积聚他上无，于法差别之相违法积聚他上有。故此因，是法差别相违因也。”以上解释了数论之“积聚性”因为什么会是法差别相违因。接着,《删注》又说:“但彼因虽有过,而敌者违量亦不易成。设陈那不约假我用眼等胜以难,而直申量云,眼等必为积聚他用,因喻同前,此虽以彼因喻,返成相违,而陈那量,亦犯相符过。……原数论亦许假我用眼等,陈那答复立之,即有相符之失也。今疏主设为陈那难数论量云,眼等必为积聚他用胜。因喻仍数论之旧。意说,卧具等是积聚性故,既为假我用胜,眼等亦是积聚性故,应如卧具亦为假我用胜。由是,此量无相符过。方与数论而作相违。”可以说,熊注把窥基为避免相符极成之过,而创发“眼等必为积聚他用胜”宗的道理是讲清楚了的。

> 有法自相相违因者,如说有性非实、非德、非业,有一实故,有德、业故,如同异性。此因如能成遮实等,如是亦能成遮有性,俱决定故。

这一段是解释第三种相违因。所谓有法自相相违因,是说因所证成的是与有法自相相违的宗。

《入论》所举的实例中,“有性非实、非德、非业”是宗,“有一实故,有德、业故”是因,“如同异性”是同喻依。这个比量是复合的,可以拆成三个比量:

一、宗:有性非实,
　　因:有一实故,
　　喻:如同异性。
二、宗:有性非德,
　　因:有一德故,
　　喻:有同异性。
三、宗:有性非业,
　　因:有一业故,
　　喻:如同异性。

四相违的后二过有法自相相违与有法差别相违的实例,都是关于胜论派的。吕澂《讲解》有详尽解释。《胜论经》的学说归结为六句义。六句义中对有性的解释有四条是牵涉到自相相违和差别相违的。这四条是:

1. 一·二·七(《胜论经》共十卷,一·二·七表示第一卷,第二章,第七《经》)说:“对实、德、业使生存在之观念之原因者为‘有性’。”意思是说,有性是产生实、德、业为有的观念的原因,也即人们之所以会知道实、德、业为有,是由于有“有性”的缘故。

2. 一·二·八说:“有性异于实、德、业。”意思是说,“有性”是实、德、业外独立的一句，换句话说，有性是离实的有性。

3. 二·二·二三说："有一实故，非实。"是说，有性非实，因为有性有一实，有性既然有实，它本身就不是实。

4. 一·二·九说："有德、业故，非德、业。"与(3)相同，有性有德，有性就不能是德；有性有业，有性就不能是业。

概括以上四条可知，有性是使人产生有（存在）观念的原因，由于有性（有）有一实、一德、一业，所以有性不是实，不是德，不是业，而是离实、德、业别存。

以上是胜论六句义中第四句有（有性）句即同句的特点。按照胜论学说，第一句实句义包括地、水、火、风、空、时、方、我、意等九实，第二句德句义包括色、味、香、触、数、量等二十四德，第三业句义包括取、舍、屈、伸、行五业。第五句是同异句，实际就是异句。同句义和异句义是相对的，相当于逻辑概念之属种关系。属的外延包含种的外延。某一属，相对于它的上位概念来说，又成为种；某一种，相对于它的下位概念来说又成为属。例如，高等学校相对学校来说是种，相对于医学院校来说又成为属。同、异关系亦然。两类或两个事物，各别说是异，相对于包容它们的类又成为同。以此类推，同、异关系不可以数计。同的极端是存在，也即所谓"有"。异的最下端，是极微，这是印度古代人的观点。"有"高高在上，是同句义代表，极微处于最下层，可作为异句义的定例。除两极端，一切中间物，在此为同，在彼为屏，故称为同异性。胜论立同异句的目的是指出，地、水、火、风、空、时、方、我、意九实，虽然都是实，但又互不相同。九实都不同于德，也不同于业。二十四德之间，五业之间也一样。

有性使人产生"有"的观念；同异性使人产生"异"的观念，这是有性与同异性的不同点。

有性有一实、一德、一业，而非实、非德、非业；同异性也有一实、一德、一业，而非实、非德、非业。这又是有性与同异性的共同点。据此，胜论便可以同异性作为非实、非德、非业的同品，又以同异性作为有一实、有一德，有一业的因同品，于是，同异性成为胜论所立复合比量的同喻依，以此证明有性离实等别存，即证明有性非实等宗。

玄奘在译讲《入论》的时候，还传来一个与胜论所立的复合比量有关系的故事。相传胜论祖师鸺鹠提出六句义后，找到五顶作为传人，向他传授。五顶对实、德、业三句都能接受，但对第四句有性，产生疑问，认为在实、德、业之外别有有性是不合理的，实、德、业三者能使自己实有，没有必要在实、德、业以外再设独立的"有"。鸺鹠见说服不了五顶，便把有性问题暂搁一旁，继续讲第五句同异句和第六句和合句。和合性是使实、德、业三者属着不离的原因，和合性同有性、同异性一样，存在于实、德、业之外，而不是存在于实、德、业之中，也即在实、德、业之外，别有和合性使三者属着不离。鸺鹠见五顶接受了第五句和第六句，便又回到第四句有性上来，以同异句为同喻依，做成复合比量，论有性别有，才把五顶说服。

胜论祖师认为他自己所立的复合比量，每一个比量都是三相具足，是真能立，但是佛家却以旁观者的身份指出其因犯了有法自相相违之过。

“此因如能成遮实等，如是亦能成遮有性，俱决定故”：“等”包括德与业。“遮实”即非实。这几句意为，所用之因“有一实故，有德、业故”如果能证明有性之非实等而成为决定正因，那么此因用以证明有性之非有性，也应成为决定正因。

胜论立“有性非实非德非业”宗的目的，并非是为成立非实非德非业，而是想通过成立所立法（能别）非实非德非业来成立实、德、业之外的有性。但是，胜论没有料到此因除了可以成立有性非实等之外，还可以成立有性非有性。胜论用的同喻依是同异性，同异性有一实非实等，是非“有性”，同样，有性也有一实非实等，而非“有性”。

佛家根据胜论的因所立的相违宗“有性非有性”看起来是自语相违，其实不然。鸺鹠比量的宗有法“有性”，实际包括两种差别。一是立者所许而敌者所不许的，即鸺鹠所许而为五顶所不许的，离实等之有性，称为离实有性。二是立者所不许而为敌者所许的，即五顶所许鸺鹠不许的存在于实、德、业中的有性，称为即实有性。鸺鹠所立之宗有法“有性”意许的是离实有性，但是离实有性不为五顶所承认，有所别不成过，“有性”的自相即表面意义是离实有性和即实有性的上位概念，此“有性”为立、敌所共许，也即是令实等不无的有性。佛弟子只是追究胜论比量的因过，而对其宗过姑且不论。佛家的相违宗“有性非有性”的能别“非有性”是指非离实的有性，即非鸺鹠所意许的有性。因此，“有性非有性”意为，共许之有性是非离实的有性。有法“共许之有性”与法“非离实的有性”并不自语相违。

在佛家看来，“有性非有性”之宗，与胜论所意许的相违，因此是相违因，但由于“有性非有性”之宗有法、能别在言陈上同用“有性”一词，姑以言陈为准，称为有法自相相违。

应当指出，“有性非有性”并非“有性非实非德非业”的标准的相违宗。前面说过，“有性非实非德非业”不是鸺鹠立量的最终目的，他是想通过此宗的确立进一步说明有性离实等而存在。因此“有性是非离实的有性”（有性非有性）与鸺鹠宗“有性是离实之有性”是相违宗。

有法差别相违因者，如即此因，即于前宗有法差别作有缘性，亦能成立与此相违作非有缘性，如遮实等，俱决定故。

这一段是解四相违的第四过。《入论》所举实例即前一过实例的继续。前一过名义上是有法自相相违过，实际上立、敌对诤的是有法差别。在本过中，佛家继续站在旁观的立场上，在揭示胜论立“有性是离实有性”是有法自相相违宗的基础上，进一步揭示胜论欲成立意许中的意许，即“有性作有缘性”宗，破斥其因，揭示其因犯有法差别相违过。

本过的比量的实例仍是胜论的“有性非实，有一实故，如同喻性”等三比量。

“如即此因”：是说仍用前例之“有一实故”等因。

“即于前宗有法差别作有缘性”：意为在“有性非实”等的有法“有性”中，不但意许其为离实之有性，而且意许其作有缘性。“作有缘性”即作为使人了解为“有”的原因，换句话说，实等缘大有而始不无，大有能使实等存在。由于前一过中并未将此一比量在言陈上说出来，所以本过叫有法差别相违。其论证式应为：

宗：有性是作有缘性，
因：有一实故，有德、业故，
喻：如同异性。

在前一过中，有性有离实有性和即实有性两种差别，在此一过中，有性（亦称大有）又有大有有缘性和大有非有缘性两种差别。胜论所乐许的，是有缘性。佛家站在旁观的立场上就用“有一实故”等因，证成与胜论意许正相矛盾的非有缘性。相违量如下：

有性非大有有缘性，
有一实故，有德业故，
如同异性。

“有一实故”等因同品定有，因为同异性是非大有有缘性，故是宗同品，同异性有一实等，因此满足了同品定有性。宗之能别为“非大有有缘性”，宗异品为“大有有缘性”，除宗有法以外，即除宗有法之差别大有有缘性以外，缺无宗异品，故满足异品遍无性，即异品无“有一实故”等因。“有一实故”等因三相具足，能证成“有性为非大有有缘性”宗，故为正因。可见，此因所能证明的，正与鸺鹠所立宗的有法差别相违，故此因对所违宗来说，为有法差别相违因。

三、似喻

已说似因，当说似喻。似同法喻有其五种：一能立法不成，二所立法不成，三俱不成，四无合，五倒合。似异法喻亦有五种：一所立不遣，二能立不遣，三俱不遣，四不离，五倒离。

这一整段是举示似喻的种数及其名称。似喻十种，大分为二。似同法喻五种中，前三种不成是同喻依上的过失，后两种是喻体上的问题。不成，或者是宗同品不共许，或者是因同品不共许。似异法喻五种中，前三种不遣是异喻依上的过失。不遣，是异喻依未把宗同品或因同品遣去的意思。后两种是异喻体上的过失。

对于似同法喻五种，《大疏》卷七解释说："因名能立，宗法名所立。同喻之法必须具此二。因贯宗喻，喻必有能立，令宗义方成；喻必有所立，令因义方显。今偏或双，于喻非有，故有初三。"意思是说，同喻体是由能立法和所立法共同组成的，同喻依也应具有因同品和宗同品。似同法喻五种中前三种不成就是指或者缺因同品，或者缺宗同品。

《大疏》接着说："喻以显宗，令义见其边极。不相连合，所立宗义不明，照智不生，故有第四。"这是说，喻之所以能成为证宗的理由，是由于喻体建立了因法与宗中之法之间的联系，"令义见其边极"，实际上是说除宗以外，凡因法都是宗中之法。如果喻体没有说明这种联系就不能说明宗义，不能开启敌证之正智，这种过失就是第四种"无合"。

关于第五种过"倒合"，《大疏》又说："初标能以所逐，有因宗必定随逐。初宗以后因，乃有宗以因随逐，返覆能所，令心颠倒，共许不成，他智翻生，故有第五。"意思是说，同喻体应当先因后宗，"说因宗所随"。如果同喻体颠倒能、所，先宗后因，就有倒合的过失。

《大疏》对似异法喻五种之解释恐繁不录。异法喻必须既离能立因法，又离宗中之法，即离所立法。异喻体须是宗异品和因异品的结合，异喻依须既是宗异品又是因异品。似异法喻之三不遣是指异喻依不是宗异品或不是因异品，即是说或未遣去宗同品，或未遣去因异品。不离是没有表示出无宗之处因定非有，本来异喻体是无宗之处定离因，现在仅仅是双现宗、因二无，不能起到返显说因宗必随逐的关系。倒离是说把异喻体先说宗无后说因不有的关系给颠倒了。

能立法不成者,如说声常,无质碍故,诸无质碍,见彼是常,犹如极微。然彼极微,所成立法常性是有,能成立法无质碍无,以彼极微质碍性故。

“能立法不成”：指同喻依不具有能立法。能立法即因法,同喻依应当是宗同品兼因同品,所举同喻依仅仅是宗同品而非因同品,便有过失。

“声常,无质碍故,诸无质碍,见彼是常,犹如极微”：这是能立法不成之实例,是声论对胜论所立。“声常”是宗,“无质碍故”是因,“诸无质碍,见彼是常”是同法喻体,“犹如极微”是同法喻依。

“然彼极微,所成立法常性是有,能成立法无质碍无,以彼极微质碍性故”：这几句是说明极微作为异法喻依为什么会有过失。极微具有常住性,是宗同品,但是极微有质碍性,不是无质碍因的同品,因此有能立法不成之过。

所立法不成者,谓说如觉。然一切觉成立法无质碍有,所成立法常住性无,以一切觉皆无常故。

“所立法不成者”：指同喻依不是宗同品的过失。同喻依必须宗、因双同,单是因同品不是宗同品也不成为正确的同喻依。

“谓说如觉”：《入论》于此过实例只举示同喻依,而未举示宗、因、同喻体,这是由于紧接前一过,宗、因、同喻体便略而未说。

“然一切觉能成立法无质碍有,所成立法常住性无,以一切觉皆无常故”：这是一切觉所以成过的原因。“觉”是心、心所法之总名,即一切心理活动的总名。心理活动没有质碍,有能立法,是因同品。心理活动生灭无常,不是常性的宗同品。因此,“觉”不是合格的同喻依。

俱不成者,复有二种：有及非有。若言如瓶,有俱不成。若说如空,无俱不成。

“俱不成者”：所举同喻依既非宗同品又非因同品的过失。“俱”指能立法和所立法。“俱不成”即既有能立法不成之过,又有所立法不成之过。

“复有二种：有及非有”：俱不成过分为二种。“有及非有”之“有”是两俱有体不成的简略说法。同喻依虽是有体的,但既非宗同品又非因同品。“非有”则是两俱无体或随一无体俱不成的省略语。

“若言如瓶,有俱不成。若说如空,无俱不成”：瓶是两俱有体,瓶是无常,有所立法不成过;瓶又是有质碍性,有能立法不成过。空不为无空论者所承认。空本身都不存在,当然不会有无质碍和常性。倘立、敌双方都是无空论者,则是两俱无体俱不成,倘立、敌仅一方为无空论者,则为随一无体俱不成。

无合者，谓于是处无有配合，但于瓶等双现能立所立二法，如言于瓶见所作性及无常性。

“无合者，谓于是处无有配合”：在喻支上没有把因同品和宗同品联合起来，因此没有组织成同喻体。同喻体起着联结因同品和宗同品的作用，同喻体是新因明不同于古因明的标志，它出现在三支中，避免了古因明喻例属性全面类比和无穷类推的弊病。无合，便使三支作法倒退到古因明。

“但于瓶等双现能立所立二法，如言于瓶见所作性及无常性”：这是无合过之实例。宗因虽未明举，但考能所二法可知，整个比量如下：

声是无常，
所作性故，
如瓶见所作及无常。

这个比量同喻没有同喻体，只有同喻依瓶等，在瓶等上有能立因法和宗所立法，并未表明因同品和宗同品之间的联系，只是表明瓶上有因法和宗中法。正确的同法喻应该是“若是所作见彼无常”。在新因明的省略形式中，喻支通常只列出同喻依，这又是另外一回事，不能算喻过的。

倒合者，谓应说言，诸所作者，皆是无常，而倒说言，诸无常者，皆是所作。

本来，同喻体应表述成，“诸所作者，皆是无常”，而倒说成了“诸无常者，皆是所作”，本来是以共许所作证不共许无常，现在反以不共许无常证其共许所作，真可谓成其所不欲成，不成其所欲成，违背了立量的目的。

如是名似同法喻品。

这是似同法喻的总结，“品”即种类，以上就是似同法喻的种类。

似异法中所立不遣者，且如有言：诸无常者，见彼质碍，譬如极微。由于极微所成立法常性不遣，彼立极微是常住故，能成立法无质碍无。

这一段是释似异法喻五过中第一种。

“所立不遣者”：“所立”是所立法简称。“不遣”，没有离去，指异喻依没有遣除宗同品。异喻依应当是宗、因双无。“所立不遣”是异喻依只有因异品没有宗异品。

“且如有言：诸无常者，见彼质碍，譬如极微”：此过实例只举了异法喻，省略了宗、因和同法喻。此例应为声论对胜论所立，完整的论式为：

声常，
无质碍故，
诸无质碍皆见是常，同喻如虚空，
诸无常者见彼质碍，异喻如极微。

声论、胜论二师，俱许极微是常，因此对于宗同品常不能遮遣，又许极微有质碍，因此说能成立法(因)无质碍无，即有因异品，或说遮遣了因同品。现异喻依虽有因异品，但无宗异品，因此有所立不遣之过。

能立不遣者，谓说如业，但遣所立，不遣能立，彼说诸业，无质碍故。

这一段解释似异法喻之第二种过。

“能立不遣”：是指异喻依只遣除了宗同品而未遣除因同品所造成的过失。

“谓说如业”：实例是沿用前过声论对胜论之比量，异喻依改成“业”。

“但遣所立，不遣能立，彼说诸业无质碍故”：作为异喻依的业(动作)，虽然是声论、胜论二派都共许，并且都共许其为无常，排斥了常性，是宗异品，但是二师都认为业是无质碍的，这样，异喻依有无质碍因，即没有把能立法(因)遮遣，于是此异法喻有能立不遣之过。

俱不遣者，对彼有论说如虚空，由彼虚空不遣常性、无质碍性，以说虚空是常性故、无质碍故。

这一段是解释似异法喻第三过。

“俱不遣者”：指异喻依既不遮遣宗同品又不遮遣因同品的过失。此过兼具所立不遣和能立不遣，用作异喻依的既不是宗异品又不是因异品。

“对彼有论说如虚空”：此过实例仍为前二过中声论所立比量。《入论》特别说明敌方为“有论”。有论就是有空论，指佛教萨婆多部主张虚空实有，但该部认为虚空是常和无质碍。

“由彼虚空不遣常性、无质碍故，以说虚空是常性故、无质碍故”：有空论之虚空不同于无空论之虚空。无空论之虚空是无体的，不具有任何属性，当然也不具有常性和无质碍性，可以充当正确的同喻依。声论对有空论所立比量以虚空为异喻依，既不遣常性，又不遣无质碍性，有俱不遣过。

不离者，谓说，如瓶，见无常性，有质碍性。

这是似异法喻的第四过。异法喻体应是宗异品与因异品的结合，《理门论》说“宗无因不有”，表示无宗同品之处，亦无因同品，以此返显同喻体“说因宗所随”。正确的异法喻体也可表示为有宗异品处没有因同品。“不离”，指异喻体没有把有宗异品处一定遮遣因同品这一情况表示出来。

“谓说，如瓶，见无常性有质碍性”：《入论》释此过仍用前三过之宗、因。异喻没有喻体，没有把无常性与有质碍性的相离表示出来，仅仅是双陈了瓶有无常性和有质碍性，没有摆脱古因明缺陷，因此有不离之过。

倒离者，谓如说言，诸质碍者，皆是无常。

这是似异法喻之第五过。异法喻体应说“宗无因不有”，有宗异品处因同品不随逐，即先有宗异品后有因异品，倒离之过却是先说因异品，后说宗异品。

“谓如说言，诸质碍者，皆是无常”：仍以前四过比量为实例，异喻体应当是“诸无常者，皆是质碍”，此例却颠倒成“诸质碍者，皆是无常”。极微虽有质碍，但不是无常。

如是等似宗因喻言非正能立。

这是似能立这一门的结语。一个真能立，必须宗、因、喻俱正，倘宗、因、喻有一有过便非真能立而是似能立，即非正能立。

第四节　现量　比量　似现量　似比量

《理门论》在讲完真能立和似能立之后，接着讲现量、比量、似现象和似比量。按照《入论》初颂所述次序。讲完真能立后接着该讲真能破，然后讲似能立与能破，最后讲现量、比量、似现量、似比量。但是为了讲解的方便，《入论》和《理门论》一样，将真似现比四量提前讲解。

复次为自开悟，当知唯有现比二量。

讲完了悟他门之真似二能立，接着讲自悟门之二真量，故言“复次”。二真量指现量和比量。《入论》用一唯字。表示真量只有现、比二量，余量皆在遮遣之列。

佛家自陈那起，始有量论之学。陈那以前的古因明以及正理派等外学，分量约为六类：现量、比量、圣教量（声量）、譬喻量、义准量、无体量。量，从认识方面说，是怎样得到正确知识的准绳，如想知道物的轻重，必须加以衡量一样。现量是感性认识，比量是推理所得。圣教量是各派各自信仰的圣教，对圣教不必再亲自推理。圣教量又名圣言量,它通过语言而来,而称为声量。喻量指类推,如不识野牛,言似家牛。义准,即举一个而准知另一个。例如“谓若法无我,准知必无常,无常之法必无我故”。无体量是从反面来类推。如“入此室中,见主不在,知所往处”。陈那认为,诸量之中,只要有现、比二量就足够了。因为一切所知之境,不外自相境与共相境二种。认识对象即所量的种类决定了能量的种类。认识自相的量是现量,认识共相的量是比量。后四种量都可归为比量,不必独立,而比量又出于现量。因此,经过简别,保留了现、比二量。

陈那关于量的学说,散见于他的八部代表作中,而最能表示其体系的是最后一部《集量论》。“集”就是总结、合而为一集大成的意思。《理门论》以论议为中心,偏详立破之说。《入论》作为《理门论》的入门之作,亦偏详立破之说。自悟四门,属于知识论范围,悟他四门,相当于理则学。对于自悟四门,《入论》讲得较为简略。读者欲知陈那量论之发展,可参阅陈那之《集量论》《观所缘缘论》以及玄奘、窥基糅译之《成唯识论》等。本讲解亦偏重悟他四门,而于自悟四门,只能述其大概。

一、现量

此中现量谓无分别。若有正智于色等义离名种等所有分别,现现别转,故名现量。

“谓无分别”:陈那认为,现量是离开了分别的。吕澂先生在《印度佛学源流略讲》里解释说:“用离分别这一条件来限定现量的性质,原是陈那的创见。在他以前,佛家旧说和他宗异说,都是从现量的表面即各种感官和它们对象接触的关系上找解释,但陈那着眼于思维的阶段,而以没有达到分别的程度为现量的界限。一超过这个界限,便不是真正现量,或者竟成为比量了。什么是分别呢?这是思维从可以用名言(概念)解释的角度去了解对象,换句话说,也就是在思维上构成适用名言(概念)表白的心象。这样的心象并非单纯从感觉而来,乃是和别种经验的记忆发生联想,加了判断而后构成的。概括地说,这时思维活动已经是到达了概念的范围了。”

“正智”:认识的主体,即指能了知自相境的能知心。能知心行于所知境得到量果,即现量之知。离开了自相境另立标准,就成为邪智。言“正智”,即简邪智。

“义”:即是境,境界名义。

“色等义”：等者等取声、香、味、触及法等境。

“名种”：名相当概念，种相当范畴。

“现现别转”：现现，即根根。根与根间无联系，叫根根别转，即现现别转。

现量是纯粹的感觉，主要是前五识眼、耳、鼻、舌、身的活动，也包括与这些识同时而起的意识的活动。意识有两种差别。与前五识俱起者，叫明了意识。不与前五识俱起者，谓之独头意识。明了意识与前五识俱起，并助前五识了境。前五识缘境的自相，但不做任何分别，此即“正智于色等义离名种等所有分别”的意思。比如眼识缘色，既不起“色”的概念，也不起“青”等概念。在五根缘境之时，根与根之间互不参与，如眼根缘色时，耳根不参与，这叫根根别转。

二、比量

言比量者，谓藉众相而观于义。相有三种，如前已说，由彼为因于所比义有正智生，了知有火，或无常等，是名比量。

“众相”：因有三相，故称众相。

“由彼为因者”：“由”，指因由。“彼”：即三相。由于三相顺益宗，故说为因。

“于所比义”：“所比”，即义，宗义，宗中法，例如“声无常”宗中之“无常”。

“有正智生”：此中正智，指能观智，此能观智，藉三相因，证了所比，无不成、不定、相违因过，故名正智。

“了知有火，或无常等”：此显正智，能照解宗，即是智果。《入论》举了两个例子作为正智的结果。一是了知有火，二是了知无常。《大疏》卷八说：“以其因有现、比不同，果亦两种：火、无常别。了火从烟，现量因起，了无常等从所作等，比量因生。”以看到烟作为根据推出此山有火，此“有烟故”因是现量因。知道声无常，是根据“所作性故”因推出来的，此因不可见，因所作性是声上之义，亦即共相故，不能作为现量之所对境，故是比量因。由于因有现量因和比量因两种，因此《入论》举出相应的两种宗。

“言比量者”这一段话的意思是，供助因的三相对所立法进行观察比度的结果，产生了正确认识，例如知道“此山有火”，或知道“声是无常”，这就是比量。

三、量果

于二量中，即智名果，是证相故。如有作用而显现，故亦名为量。

"于二量中,即智名果":"二量",即前面所说现比二量。"即",不离。"即智名果",意为量果不离量智之义,量智之活动即成就量果。所谓量果,即由此能知心(量智)与所知境(自、共相)相结合而成就之事物。小乘与外道诸家于能量、所量外,别立量果。大乘则认为,如言尺秤等为能量,绢布等为所量,记数之智,为量果等。陈那之大乘量论,智为能量,境为所量。由能量智,能证能观自相、共相。即以能量智,更为能量果。陈那、商羯罗主所说的量果,即指智本身,在智里就包含着能量和量果。"于二量中,即智名果"就是这个意思。

"是证相故":现、比二量以证为相,以证为相就是在心上呈现行相,例如,智是能量,在丈量后必有结果,而智能了解此结果,了解此结果,就是在心上呈现行相,这样,智也就成为量故。以现量智证相叫现观;以比量智证相是理证,叫应理。

"如有作用而显现故":"如有作用"是能量,"而显现故"是所量,依大乘义,诸法作用,非真实用,但相似有,因此说"如",即好像有作用而显现其相。以彼诸法才生即灭,无暂住义。又诸境相,皆不离识,唯由自识,变起影像,故云显现。

"亦名为量":即此智体,如有作用,名为能量,影像显现,名为所量。此能量所量,亦依智体而得其名。虽然是好像,但毕竟还是可以作量的,所以《入论》说"亦名为量"。

四、似现量和似比量

有分别智于义异转名似现量,谓诸有智,了瓶衣等分别而生,由彼于义不以自相为境界故,名似现量。

与二真量相对的是二似量,即似现量和似比量。这一段是解释似现量。

"有分别智":即带有名种等分别之智。

"于义异转":对自相境不能如实亲证,而有虚妄分别,称为"异转"。

"谓诸有智,了瓶衣等分别而生,由彼于义不以自相为境界故,名似现量":按照现量,诸识所证,为境之自相,而离名言分别。似现量却缘自相而生分别。瓶、衣等由四尘色、香、味、触组成。现量认识瓶、衣等是现现别转,眼缘色时,耳、鼻、舌、身均不参与,决不能因为眼识所见之色境而称之为瓶,或称之为衣,因为有瓶、衣之名即有分别,就不是现量了。似现量的产生,就是因为不以自相为境界的缘故。

若似因智为先，所起诸似义智，名似比量。似因多种，如先已说。用彼为因，于似所比，诸有智生，不能正解，名似比量。

“似因智”：以错误理由为根据的智慧。

“似义智”：对境界作错误了解的智慧。

“似因”：因过，共有不成、不定和相违十四种，并非指宗、因、喻三十三过。

“有智”：对某种事物的了解。

这一段话的意思是：以错误的理由为根据进行推断，对境界产生错误的认识，叫做似比量。

真能立的论式，之所以成为真能立，是由于其正因具足三相。至于似能立的论式，如果仅有宗过，那么还未涉及对事物的比度，倘因相有缺，那就不能比度，不能比而硬比，则该比量一定为似能立，即似比量。可见，《入论》对比量真似的判定，是特别强调因的正或似的。

第五节　能破　似能破

一、能破

复次若正显示能立过失，说名能破。谓初能立缺减过性，立宗过性，不成因性，不定因性，相违因性，及喻过性。显示此言，开晓问者，故名能破。

这一整段是讲能破的。

“若正显示能立过失，说名能破”：如果能正确地显示能立的错误，就称为能破。

这一句话表明了能破的功用和能破的对象。“正显示”是能破的功用，强调显示须正而无误。“能立过失”是能破的对象。破以立为前提，先有立后才有破。能立有二义。八门相对，能立指整个论式，包括宗、因、喻三支。这是能立之第一义。在一个论式内部，与宗相对，因、喻是能立，此能立即证宗的理由。“能立过失”之能立，是第一义，指整个论式。有过失之能立是似能立，是能破的对象。《大疏》卷八说：“能破之境，体即似立。”从破的一方着眼，显示对方过失的言论称为能破，从立的一方看，己所立则为似能立。

能破相当于逻辑学之反驳。能破有两种：一是“显过破”，二是“立量破”。《大疏》说：“敌申过量，善斥其非，或妙征宗，故名能破。”“善斥其非”，是显过破，相当于直接反驳。“妙征宗”是立量破，破者不直接去揭示似能立的过失，而是自建论式，以己之真能立去破对方似能立。立量破相当于间接反驳。只要能达到破的目的，使用哪一种反驳方式都可以。

立量破可以采取共比量、他比量两种方式。因明立破最重共比量。这是因为共比量宗依、因喻皆共许极成，是标准的能立。共比量之能立兼具能破，反过来说，共比量的能破即能立，一而二，二而一。针对声生论，胜论派立“声无常宗，所作故因，如瓶等喻”，就既破敌之“声常”宗，又论证了自宗“声无常”。

《大疏》卷一说：“因明之旨，本欲立正破邪”。共比量兼具立正破邪二义，悟他功能最胜。

至于自、他比量，《大疏》认为“立谓能申自，破谓就他宗”。自比量只能申自，不能破他；他比量只能破敌，而不能申自。

为什么自比量不能破他呢？例如，数论立“我我是常”，有法神我，敌论不立，今敌不许有我，必不立“我无常”宗，他宗既无，安所得破。因此，立“我我”宗，但申自宗。

与立量破相对，显过破应理解为不立量的能破。指出立方犯 33 过中的一过或数过，即为显过破。

真能破的标准有两条。一是能立有过，是似能立。二是正确地指出立方过失。

“谓初能立缺减过性，立宗过性，不成因性，不定因性，相违因性及喻过性”：举示能立过失的种类，共有六类。

1. 缺减过。论主为了强调缺减过，加了“初”字。能立三支，如有缺失，称为缺支。从世亲起，以宗、因、喻三支为完备，缺一有三，缺二有三，缺三有一，合为七。《大疏》以因三相代替三支来解释缺减过，分为七种，举例详为解释。这一看法不足为训。因为《入论》所举六类能立过失中第三、第四、第五即包括了因十四过。如此，以因三相代三支释缺减过，岂不重复？

2. 立宗过性。似宗有九过。参见似能立宗过。

3. 不成因性。不成因有四种。前已述说，此不赘言。

4. 不定因性。有六种。

5. 相违因性。有四种。

6. 喻过性。有十种。

从 2 至 6 这五类都是支失，合称 33 过。

“显示此言，开晓问者，故名能破”：敌者举示立者比量之支缺或支失，并使对方了悟，就是真能破。

二、似能破

若不实显能立过言，名似能破。谓于圆满能立显示缺减性言，于无过宗有过宗言，于成就因不成因言，于决定因不定因言，于不相违因相违因言，于无过喻有过喻言。如是言说名似能破，以不能显他宗过失，彼无过故。

这一段举示似能破。如果不是实在地指出能立的过失，能立本来无过而说成有过，叫做似能破。能立本来圆满无缺，敌者却显示其有缺减过。宗言无过，却指责其有过；因无不成或不定，或亦无相违，却指责其有不成，或有不定，或有相违；喻本无过，却指责其有喻过。以上所举的各种言词称为似能破，因为它们不能显示“他宗”即原立论主所信奉的道理中的过失。此似能破之所以不能显他宗过失，是由于他宗为正能立，并无过失可指摘。《入论》的这一概括是片面的。似能破还应包括另一种情况，即能立本来有过，但破者“不能实显能立过言”，反而破斥了无过之处，也应算似能破。《入论》这一错误为《庄严疏》所修正而为《大疏》所因循。《大疏》卷一说：“似破之境，即真能立。”《庄严疏》说：“亦有于他有过量中不知其过，而更妄作余过类难，亦是似破。”《庄严疏》的说法根源于《理门论》。《理门论》说：“……名似能破，由彼多分于善比量为迷惑他而设施故。”意思是说似能破的过失多数是误以善比量（真能立）为有过而造成的。并没有排除《庄严疏》说的那种情况，但是《入论》却把“多分”说成了全部。

第六节　总　结

且止斯事。

略说八门二益，仅是入广之由，故云“且止斯事”。总结长行。

已宣少句义　为始立方隅。
其间理非理　妙辩于余处。

此为后颂。《入论》分两大部分，一是标宗随解分，二是显略指广分。此即第二分。《大疏》说："上二句显略，下二句指广。略宣如前少句文义，欲为始学立其方隅。八义之中，理与非理，如彼《理门》《因门》《集量》，具广妙辩。"意思是说，上来已经简单讲述了因明的义理，为初学者建立了研究的范围，但是四真四似的道理，在陈那的《理门论》《因门》《集量》等著作中还有许多美妙的阐发。

第二章 《方便心论》提要

《方便心论》(梵 Upāya-hṛdaya)是古因明著作,汉译所标明的原作者之名为大乘佛教中观派论师龙树。有人认为它是龙树以前的小乘学者的作品,也有人说它是一部由佛教论师撰出的"反逻辑学著作"。我不赞成这两种说法。① 也有人认为"本论为佛教完整逻辑典范"。我认为将这个荣誉冠于佛教因明形成的标志性著作《瑜伽师地论》之上更合适一些。

一、全论结构

全论共有四品。全论按问答文体写就,问表诘难,答表本论立场。《名造论品第一》是总论。《明负处品第二》《辩正论品第三》《相应品第四》是分论,补充总论中没有讨论到的内容。

在总论《名造论品第一》中论述了本论要义"八种深妙论法":譬喻、随所执、语善、言失、知因、应时语、似因非因、随语难。先是陈述"八种深妙论法"的名称并作简要解释,然后逐一具体解释。八法中"语善""言失""似因"都涉及了谬误理论,《明负处品第二》则专门论述谬误,是对前品的补充。谬误与负处没有严格的区分,凡谬误都会导致负处即失败的境地。

"应时语"排在八法中第六,具体解释却位于第二"语善"与第三"言失"之间。粗心的研习者视而不见,细心者则斥其无序,二者皆失于偏颇。其实论文安排并非思维混乱,只要研究一下上下文就不难发现,这样安排是顺理成章的,有着内在的逻辑的联系。"应时语"可以看作"语善"的一种表现,为示特殊,另列为一。

论文在对八法作具体解释时,唯独对第八"随语难"不置一词,这不是作者的严重疏忽。"随语难"是专论论法的立正破邪功用中破的一面。全论四品中《辩

① 参见郑伟宏著《汉传佛教因明研究》,北京:中华书局,2007年版,第29、36页。

正论品第三》《相应品第四》就是专论破斥的两章。正由于后面有两章专论,因此在关于八法的分释中才一字不提。既节省了文字,也带来了疑问。

《辩正论品第三》是讲辩论方法的,是通过对几个论证的反驳总结出反驳的两种方式:“如法论”和“正法论”。作者对这两种反驳方式没有给出定义。运用与立方相同的推论方式证成相反的结论,叫做如法论。在《辩正论品第三》的结尾部分举出了分别由立论和反论共同构成的论议。作者以反论为最后胜利者。这种反驳方式后来被《正理经》称为“六主张论议”,但是判定正反双方都是失败者。

《相应品第四》也是讨论反驳的方式。这一品是根据对象的同、异性质来非难立论,是讲破斥的基本方法。本品是在《辩正论品第三》基础上进一步提供破斥的20种具体方法。作者强调这20种方法属于“助发正理”、达到“解真实论”的正论,而不是错误的反驳(《正理经》称为“误难”)。因此,不能说这是汉译者的误译。不可否认,这20种反驳方式中有的确实是诡辩。

《相应品第四》上来便说:“若人能以此二十义助发正理,是人则名解真实论。若不如是,不名通达议论之法。”作者把二十相应看作正法论是毫无疑义的。

问答相应以“我常”为立、破对象。“若复有人,立‘声是常’,亦以如上二十种法,同异破之。”“我常”和“声常”,在佛家看来显然都是错误的宗义,即似能立,而破斥的方法则是作者极力倡导的正法论。

所谓相应,是指两概念间的相同或相异的含义。“如言烦恼尽处,是无所有。虚空之性,亦无所有,是名为同。”烦恼尽处与虚空都是无所有,故为同相应。“如说涅槃,非作故常。则知诸行作故无常,是名为异。”涅槃是非作,诸行为作,故为相异。问答相应是立敌双方以两概念之相同或相异的含义为依据进行辩难。

问答相应二十种名称如下:① 增多;② 损减;③ 同异;④ 问多答少;⑤ 问少答多;⑥ 因同;⑦ 果同;⑧ 遍同;⑨ 不遍同;⑩ 时同;⑪ 不到;⑫ 到;⑬ 相违;⑭ 不相违;⑮ 疑;⑯ 不疑;⑰ 喻破;⑱ 闻同;⑲ 闻异;⑳ 不生。

以上每一种都有立者和难者的实例。由于原文文字过于简约,对难破未作详细解释,又由于汉译文字“拙涩不能达意”,以致有的问答相应连其名称的确切含义都不易搞清。

在二十相应中有的确实是诡辩,例如⑩“时同”,还有⑪“不到”、⑫“到”等也有疑问。所谓“时同”,是说立方所用的因在过去、现在、未来三种时间中都不成立,以此来破斥对方的立论。如果这种破斥方式成立,则任何论证都无正因可言，这显然是荒谬的。

为什么这样一部关于论法的专论，却只字不对流行的五分论述加以解释呢？这也令人百思不得其解。

首先，作为同时代的著作，《医道论集》(《遮罗迦本集》)中的论法和《方便心论》都对当时流行的“诤论之法”做了记述和总结，二者固然会有许多共同点，但是，不同的宗派出于不同的立场，会有不同的总结。

《医道论集》非常突出地把胜论的六句义即其哲学本体论和认识论作为论法的六个项目，这从佛教的立场来看，显然是错误的。从《方便心论》中明显可以见到对《医道论集》的批判。《方便心论》非常强调要把正论从诸论(包括“善相”“恶相”)中区分出来，非常强调要通过正论来弘扬正法和破斥邪见。由此出发，《方便心论》从头至尾都在批判外道邪见，不同凡响。只有站在这样一个高度来看问题，才能对本论作出全面而恰当的评价。

总之，汉译本全论体系一致，结构不失严谨，后人对原作者和汉译者的种种质难缺乏依据。

二、《方便心论》的喻、因、宗

《方便心论》在第一部分《明造论品》中解释了八种深妙论法，其中譬喻、随所执、知因分别论述了什么材料能成为正喻、正宗、成为正因及其相反。

本论将譬喻列为八种深妙论法之首位，可见喻在论法中的地位。释迦牟尼本人就强调他自称佛以来，对种种因缘，用种种譬喻，广演言教。譬喻是佛家说理、论证的重要手段。可是在本论中对譬喻的论述却显得非常简略。

“喻有二种：一具足喻，二少分喻。”今人误以为具足喻是同喻，是肯定的或同类的事例，而少分喻是异喻，是否定的或异类的事例。例如，以“犹如迅风”来比说“是心动发”，以风动来比心轻燥，凡人、圣人同得了解；“圣得涅槃，而凡不得，是名为异”，举涅槃，只有少部分人明白，大部分人都不明白。其实，在龙树的《精研论》(法尊法师从藏译汉)中，相当于具足喻的“多分相同”或“多分同法”的实例是以火喻火，完全相同，等于什么都没说，因此龙树说：“火非火喻，所立、能立无差别故。”相当于少分喻的“少分相同”的实例是“如须弥与发端”。用须弥山来比喻头发，相似性太少，要在哲学范畴物质上而言才有可比性，同样失去了譬喻的作用，况且“世间亦不说发同须弥”。可见，《方便心论》是说有两种错误的譬喻。在《精研论》中还有一种错误的譬喻称为“非同法”喻，例如：“冷水为火作喻，不应正理。”

什么是“随所执”呢？本论说：“随所执者，名究竟义。”“究竟义”的梵文为siddhantah，有道理、宗、印等义，即宗旨、主张、结论等。“执”的意义，依本论的解释是“随其所执，广引因缘，立义坚固”者，都算在内。

宗有四种：① 一切同；② 一切异；③ 初同后异；④ 初异后同。

所谓一切同之宗，是说立方和敌方共同认可，立敌共许。

所谓一切异之宗，是指立敌双方主张完全不同。

所谓初同后异之宗，是指立敌双方对论题所论之出发点（前件）相同，而对其结论持不一致态度。

所谓初异后同之宗，是指立敌双方对于出发点（前件）不能共许，而对于后件之结论，双方共许。

这里说的四种宗，前两种与《正理经》相同，后两种有区别。也没有作正宗、似宗的区分。

本论认为建立宗义要依靠四种量，或者说四种知见作为依据。一是现见，即现量；二是比知，即比量，或推度、推理；三是喻知，即譬喻量，指比较、类比；四是随经书，即正教量或圣教量，指依据经典的教训。

第五种深妙论法是“知因”。一个论式中最重要的是宗、因二支。知因与宗一样也要靠上述四种量来建立。

本论认为，这四种量中以现见最为重要，因为“后三种知，由现见故，名之为上”，后三种知，都以感觉经验为基础。

比知是建立因的第二种量，共分三种：一是前比，又译为迹先的推度；二为后比，又译为迹后的推度；三为同比。

前比是根据所回忆起的经验，来证成现在的结果。“如见小儿有六指，头上有疮，后见长大，闻提婆达，即便忆念，本六指者，是今所见，是名前比。”

后比是以先前的经验来比度后来的事件。“如饮海水，得出咸味，知后水者，皆悉同咸，是名后比。”

同比是同时比照两个类似事件，以常识、常见类比不易觉察之事件。“如即此人，行至于彼。天上日月，东出西没。虽不见其动，而知必行，是名同比。”

从《方便心论》所举实例来看，是以时间上的差别来区分不同的因。这种区分以逻辑眼光来看显得较为粗浅。这三种比量与《正理经》的三种比量相近，也没有列出具体的五支论证式。本论作者在“知因”这一条中对比量分类，目的是区分不同的因。《正理经》的三种比量没有列出具体的论证式，其目的也在于此。

三、《方便心论》的过失论

《方便心论》共有四品(章),每一品都涉及过失问题。

第一品《明造论品》为总论,提出能通达一切论法的八种论法,其中"语善""言失"和"似因"三种论法是间接或直接谈论过失的。

第二品《明负处品》列举了各种堕于失败境地的条件即过失。

第三品《辩正论品》围绕几个概念进行讨论,辨析立论错误之所在,实际是对似因的辨析,但是没有提出过失的名称。

第四品为《相应品》,专论对似能立的反驳。

1. 缺减过——语善的对立面

所谓语善,是指辩论者所用语言合于道理,不多说也不少说,善解章句,不轻慢,不呵斥。"不减"是语善的条件之一。减有三种:因减、言减和喻减。

所谓因减,指论式中缺少因支。"若言六识无常,犹如瓶等。不说因缘,是名因减。"有宗支"六识无常",有喻支"犹如瓶等",缺因支,是过失。

所谓言减,从实例看是缺少因支。"若言四大无常,如瓶造作,是名言减。"本论对言减之过失未加解释,从实例看分类不严密。

所谓喻减,指论式中缺少喻支。"若言是身无我,众缘成故。声亦无我,从缘而有。是名喻减。"这里有两个论式,前一论式"是身无我"为宗支,"众缘成故"为因支,缺喻支;后一论式"声亦无我"为宗,"从缘而有"为因支,亦缺喻支。对古因明来说,喻例是必要成分,不可缺少。

2. 言失

语善是辩论致胜的因素,反之,言失是陷于失败的条件。言失有四种情况:一是"义无异而重分别",二是"辞无异而重分别",三是"但饰文辞,无有义趣",四是"虽有义理而无次第"。

"义无异而重分别"是讲义同名异即用不同语词表达同一概念。本论把用异名来重复一义当作过失。例如"乔尸迦""天帝释""富兰陀那"三词都有帝释一义。用三个词重复一义便有过失。

"辞无异而重分别"是指不但义同,而且名同。把同语反复作为过失。例如说,"因陀罗'是'因陀罗"。

"但饰文辞,无有义趣",是指文辞浮华,空洞无物。

"虽有义理而无次第"是指语无伦次,前言不搭后语。

言失中与逻辑谬误有联系的只有第四种言无次第,其余三种与语言学有关。

3. 似因

在《明造论品》中把似因作为大过失。“凡似因者,是论法中之大过也。”似因既然是大过失,就“应当觉知,而速舍离”。本品认为似因的表现形式很多,难以计数。“似因随相,有无量义”。在本品中略举八种:“一、随其言横为生过;二、就同异而为生过;三、疑似因;四、过时语;五、类同;六、说同;七、言异;八、相违。”

(1) 随其言横为生过

这是一种违反同一律的错误,敌方利用一词多义来故意曲解立方的原意。例如“那婆(Nava)”本有“新”“九”“非汝所有”“不著”四义。当论者说:“我所服者是那婆衣。”原意是穿新衣,而难者却曲解为“九衣”“非汝所有衣”和“不穿衣”。

(2) 就同异而为生过

这也是一种随言生过。把不同的概念混为一谈。本论举出两个实例如下:

其一,“如言有为诸法,皆空寂灭,犹如虚空。”虚空是有为法的异类,是空寂灭的同类。用虚空来证有为法,还是空寂灭,不能决定。此例未列举因,虚空是喻。

其二,“有故名生,如泥有瓶性,故得生瓶。难曰:若泥有瓶性,泥即是瓶,不应假于陶师轮绳,和合而有。若泥是有,故生瓶者,水亦是有,应当生瓶。若水是有,不生瓶者,泥云何得独生瓶耶?”有即存在,声是发生、变化,是不同的概念。如果认为泥是有,泥能生瓶,水亦是有,水亦能生瓶,但水是不能生瓶的,因此泥亦不能独生瓶。

(3) 疑似因

犹豫不定之因。例如,夜晚看见树,好像是人;究竟是树、是人,犹豫不定。

(4) 过时语

在辩论时,论者的理由未及时说出,在论证次序上错失时机,放马后炮,陷于失败。

(5) 类同

指预期理由,即丐词。用未经证实的事实作为论证的理由称为类同。

(6) 说同

亦指预期理由,与类同不同的是,用未经证实的命题作为论证的理由。

(7) 言异

“如言五尘无常,为根觉故,四大亦而尔,是故无常。难曰:龟毛盐香,是无所有,而为意识所得,岂无常耶?是名言异。”

近人对此有两种不同解释。一说立者所说的理由荒谬违理,便称言异;一说论者所用理由太过宽泛,宽因证狭宗,可能包括相异之结论。此因为不定因。

（8）相违

相违是指论证自相矛盾。分喻相违和理相违两种。

“如言，‘我常，无形碍故，如牛’，是名喻违。”牛是有形碍之物，与因相违。在新因明中称为能立法不成喻过。

理违者，“如婆罗门，统理王业，作屠猎等，教刹利种，坐禅念定，是名理违。”本来婆罗门应坐禅念定，而刹帝利应统理王业。名实不符称为理违。

以上八种似因中，真正与因支有关的是疑似因、过时语、类同、说同、言异的第二种解释。其中疑似因在陈那新因明中成为犹豫因；过时语是指立论时缺少因支，在陈那因明中成为缺支过；类同、说同都是丐词，新因明规定因概念必须共许极成，因与同品异品的关系也必须共许极成，因此，在新因明中丐词非正因；言异可能就是后来的不定因。

本论重视似因谬误，把它当作过失中之大过，并且认为似因的数量很多。应当肯定，本论抓住了过失的要害。有的似因与因无涉，这说明本论的似因分类不合逻辑。

4. 堕负

本论在第二品《明负处品》中总共列有负处十七种：① 语颠倒；② 立因不正；③ 引喻不同；④ 应问不问；⑤ 应答不答；⑥ 三说法要不令他解（或自三说法而不别知）；⑦ 彼义短缺而不觉知；⑧ 他正义而为生过；⑨ 众人悉解而独不悟；⑩ 问答违错；⑪ 问答不具足；⑫ 语少；⑬ 语多；⑭ 无义语；⑮ 非时语；⑯ 义重；⑰ 舍本宗。

本论对十七种负处大多未作详细解释，有数过甚至只列过名。除立因不正、引喻不同、彼义短缺而不觉知、他正义而为生过、舍本宗外，其余都是论辩术中的过失，与逻辑无关。

立因不正即似因，前一品中已有解释。引喻不同，是指采用了与自宗相矛盾的实例，反而坏了本宗。

彼义短缺而不觉知和他正义而为生过可以看作似能破。陈那的似能破理论中就包括这两种情形。一是立方有过而破者不知其过所在，二是对真能立进行破斥，自己成为似能破。

舍本宗相当于转移论题。

本论对堕负的研究着重于辩论术，逻辑谬误的分量较小且很粗疏。堕负论为陈那所不取。二十相应在本论作为正法论，在陈那《理门论》中成为不正确的反驳，即过类（十四因过）。

第三章 《瑜伽师地论》提要

《瑜伽师地论》(梵 Yogācāra-bhūmi)的七因明是佛教第一次建立的系统性因明学说。弥勒(Maitreya)著,法相宗和一般的传说都认为授本论给无著的是天上的弥勒菩萨,日本学者宇井博寿认为,除传说的天上的弥勒外,历史上亦实有其人(约270—350年)。吕澂认为,本论是否为无著、世亲以前的一批瑜伽师托名弥勒所著,还难于断言。

先来释名,瑜伽有相应、一致、和合等义。本论说三乘行者(即瑜伽师)所观的境、所修的行、所证的果位(即瑜伽师地),互有方便善巧、相应的意义,故总以瑜伽师地为名。本论共100卷,包括五大部分。第一部分(本地分)是主要部分(从第一卷到第五十卷),把瑜伽师所依、所行的境界区分为十七地,故本论旧有《十七地论》之称,后面四部分是对《本地分》的释论。

在本论第十三卷后半卷到第十五卷之间论述了因明问题。本地分"十七地"中的第十地"闻所成地"专讲应学习什么,提出菩萨应学的五明之说,亦名"五明处",即:内明、医方明、因明、声明和工巧明。五明是佛家对教外学问的分类。本论以正理学派的正理学说为基础,广泛搜集当时各派的逻辑学说。佛家逻辑源于正理,但又不完全同于正理,大概由此之故,被弥勒称为因明。

本论给因明下了定义:"谓于观察义中诸所有事。"定义还较为笼统,意思是对于所观察的事物建立一种意见,其中关于能立与能破的一切论证的历程便是因明。"观察义"即所建立法,指组成宗的谓项。"诸所有事"即能随顺法,包括宗、因、引喻、同喻、异喻、现量、比量、圣教量八个部分。前五个部分是论式,后三个部分是知识的来源。

在第十五卷中还论述了七因明:

第一,论体性,关于辩论中所用语言的体性。分为六种:① 言论,一般的谈论和语言;② 尚论,公众认为适合道理的言论;③ 诤论,违理捣乱的言论;④ 毁谤论,怀愤恨者粗恶不逊的言论;⑤ 顺正论,宣说正法,令得清净知见的言论;⑥ 教导论,令人获得真实智慧乃得解脱的言论。言论是对其余五种的概括,尚论是需要加于区别的,诤论和毁谤论是要加于舍弃的。顺正论和教导论是应当提倡的。

第二,论处所,关于辩论的地点,证人所在的场所,也分六种:① 于王家;② 于执理家;③ 于大众中;④ 于贤哲者前;⑤ 于善解法义的沙门婆罗门前;⑥ 于爱乐法义者前。因明重视的是证人的身份和素质,不在于场地的优劣。

第三,论所依,关于辩论所采用的具体方法,这是因明的中心内容,大分为所成立义和能成立义两种。所成立义分为:① 自性,组成宗的主项,论证的对象;② 差别,组成宗的谓项,反映对象的性质。

能成立义分为八种:① 立宗,依照自性、差别二种所成立义所建立起来的宗义即论题。立宗是能立三支或五支中的一支。陈那、商羯罗主亦把宗支当作能立三支中的一支。弥勒既把自性、差别当作所成立义即论证的对象,又在能成立义中别立宗支,这表明弥勒对论证的对象究竟是概念还是判断还认识不清楚。直到陈那才确定所立即论题为宗体(判断)。陈那因明的早期学说区分了"能立"二义。与能破和似能立相对,能立包括宗、因、喻三支;在包括宗、因、喻三支的能立内部,宗又为所立,而因、喻为证宗的理由,称为能立。在陈那因明的晚期学说中,宗不在能立之中。

弥勒规定立宗的原则有十条:一、摄受论宗;二、依自己的辩才;三、轻蔑他;四、从他闻;五、觉真实;六、为成立自宗;七、为破坏他宗;八、为制服于他;九、为摧屈于人;十、为悲悯于他。这十条非常繁琐,条理不够清楚。陈那立宗唯取随自意乐即摄受论宗以避免相符极成过。

② 辨因,因是证宗的理由,但本论对因的证宗作用未特别加于解释,只说它和引喻包括同类、异类的实例、现量、比量以及圣教量一起来成立宗义。

③ 引喻,④ 同类,⑤ 异类,引喻和因一样是证宗的理由,起到类比的作用,分同类的例证和异类的例证两种。

同类的例证又分为五种:相状相似、自体相似、业用相似、法门相似、因果相似。比量即以此五种相似分为五种。

本论能成立法中只说了宗、因、喻,却没有明说合与结,似乎采用三支作法,但是以本论为根据的《杂集论》和《阿毗达磨集论》都以合、结替代同类、异类,其他一些后出的注释书也都在解因、喻时含有合、结,可见,本论在论式上仍为五支。

⑥ 现量,感觉知识,分三种:一、非不现见现量;二、非已思应思;三、非错乱境界。陈那以"无分别"即没有达到名言(概念)的阶段作为现量的标准,并反对正理派关于非错乱境界的观点,而法称则以"无分别"和"非错乱"两条来定义

现量。弥勒还进一步把现量分成色根现量、意识现量、世间现量、清净现量(瑜伽现量),为陈那和法称所继承。

⑦ 比量,是已思应思的境界,推论的知识。又分为相比量、体比量、业比量、法比量、因果比量五种,因和所立法的不相离性以现象间的相属关系为根据。陈那考察了因和所立法之间的普遍联系,为后来的法称的三种正因说打下了基础。法称从经验事实出发,简单明了地将限定为自性的和果性以及不可得的三类。本论还没有为自比量和为他比量的说法。

⑧ 正教量,亦名圣教量,指一切智者所说的言教,或从他闻,或随彼法。

第四,论庄严,关于辩论者应具备的条件。有五种:善自他宗(熟悉立、敌双方经典),言具圆满,无畏,敦肃,应供(演说时注意调节)。

第五,论堕负,关于被击败的论点。有三种:一、舍言,自己反驳了自己;二、言屈,立论者对敌方的屈伏;三、言过,立论者说不相干的话。三种堕负的条件是印度各派所共有的,每一种都还有详细的分析。

第六,论出离,关于辩论之前先观察论端,以定是否立论,分三种:观察得失,观察时众,观察善巧不善巧。

第七,论多所作法,关于辩论者的信心,立论前要表示不会败负。要有三条:善自他宗,勇猛无畏,辩才无碍。

七因明中论所依部分是有关逻辑的内容,陈那的新因明就着重发展了这一部分,其余部分都是辩论术的内容。

在本论第二大部分《摄决择分》菩萨地之七论述了“证成道理”(用种种量能证明和道理),也是属于因的内容,与逻辑关系密切。证成道理有五种清净相(现见所得相、依止现见所得相、自类比喻所引相、圆成实相、善清净言教相)和七种不清净相(此余同类可得相、此余异类可得相、一切同类可得相、一切异类可得相、异类比喻可得相、非圆成实相、非善清净言教相)。五种清净相是关于现量、比量和圣教量的知识,七种不清净相是七种过失,其中此余同类可得相及有一切异类相是新因明同品一分转异品遍转因过之所本,此余异类可得相及有一切异类相是新因明同品一分转异品遍转因过之所本,此余异类可得相及有一切同类相又是异品一分转同品遍转因过之所本,异类比喻所得相则为法自相相违过之所本,非圆成实相,发展为新因明的四不成因过等等。

本论是陈那新因明之前最重要的著作,比《方便心论》(一般认为是小乘著作)更注重逻辑的形式,最早使用了因明的名字,提出了五明之说并对因明下了定义,在佛家因明发展史上有重要意义,但是本论的重点仍放在辩论术上。

第四章 《因明正理门论》提要

《因明正理门论》梵名 Nyāyamukha。简称为《理门论》《理门》《门论》《大论》。梵本书名原无“因明”一词,玄奘为表明此论性质而特加。在现存藏经中,玄奘译本题作《因明正理门论本》,义净译本题作《因明正理门论》。日僧宝云所撰《因明正理门论新疏》在释本文前说:“正理门,其安‘本’字,译家所为。考索诸论,《摄大乘论本》盖为有世亲、无性释论也。《广百论本》亦有护法释论也。顾此论西方必有释论流行。”可见,书名《因明正理门论本》中“本”字,为区别本论的释论而为译者所加。考义净译本,实为本论的释论。大部已佚,仅存开头的《释论缘起》一段三百余字,后人取奘译本论补足。

陈那(Dignāga),汉译还有“大域龙”“童授”“方象”等。陈那菩萨生活于大约公元450年至520年,南印度婆罗门种姓出身。先信从小乘犊子部,后受业于世亲。印度大乘佛教瑜伽行派重要代表人物,六庄严之一。新因明创始人。现代印度逻辑史家称其为“中古逻辑之父”。

陈那有因明著作《因轮论》《观所缘缘论》《集量论》等八论,《理门论》是其前期代表作。印度因明始终是辩论术、逻辑和认识论(量论)三者的结合。古因明以辩论术为中心,《理门论》以逻辑为中心,陈那因明后期代表作《集量论》以认识论为中心。

《理门论》一卷,唐玄奘于贞观二十三年(公元649年)译出。本论淡化古因明中的辩论术,而以逻辑为中心,即以立(论证)破(反驳)为主题,认识论处于从属地位。论文开宗明义:“为欲简持能立、能破义中真实,故造斯论。”说明本论要旨在于简选持取关于立破的正确道理。全文七千余字,大半篇幅讲立破,一小部分讲认识论。本论建立的陈那新因明逻辑体系是印度佛教逻辑史乃至印度逻辑史上的第一个高峰,为其后的法称因明建立演绎逻辑学说奠定了基础。

自唐代以来,国内外绝大多数因明研究者都只是通过陈那弟子商羯罗主的《因明入正理论》(简称《入论》)来研究陈那的因明体系。这尽管是有利初学的方便法门,但是要想登堂入室却远远不够。只读《入论》,很难准确把握陈那的因明体系和逻辑体系。《理门论》梵本早佚,一千多年来世上仅见玄奘汉译本。21世纪汉地因明家罗炤有重大发现,藏地至今仍保存有《理门论》梵本,虽经复制,可惜至今未能重见天日。玄奘汉译本仍然是今日研讨陈那因明体系的最可靠依据。

一、本论主要内容

陈那因明著作有前后期之分,本书为前期代表作,重点放在论议,讲立破之则,即以逻辑为重点。后期以《集量论》为代表作,重点放在量论即认识论方面。

以论议为重点是大乘佛教瑜伽行派的传统,本论一开头便标出宗旨,要区别出立与破的正确道理,认识论部分内容较轻,只是看成立破的准备条件。全论仿照《如实论》编排,分为上下两篇。上篇讲能立与似能立,即正确的论证和错误的论证,末尾简略讨论了认识论问题。下篇讲能破与似能破,即正确的破斥和错误的破斥。

1. 真、似能立

真、似能立指正确的立论和错误的立论。

(1) 能立有二义,其一以多言为能立,包括宗、因、喻三支,指整个论式;其二指一个论式内部,宗是所立(论证的对象),因、喻为能立(证宗的根据)。

(2) 宗与似宗:立宗唯取随自意乐;似宗分为五种:自语相违,自教相违,世间相违,现量相违,比量相违。陈那举了这五种似宗的实例,而未全部说出过名,五种过名见于《因明入正理论》。

(3) 因与似因:因与同品、异品的有无关系共有九种情况,称为九句因。九句是:① 同有异有;② 同有异无;③ 同有异俱;④ 同无异有;⑤ 同无异无;⑥ 同无异俱;⑦ 同俱异有;⑧ 同俱异无;⑨ 同俱异俱。本论规定二、八句为正因,四、六句为相违因,其余为不定因。九句因中的因首先必须是宗法,即宗上有法(主项)的法,而且必须立敌共许,因与同品、异品间有和非有的关系也要立敌共许。这样就蕴涵着同品、异品除宗有法的规定,第五句因同无异无正是同、异品除宗有法的结果。陈那从九句因中的二、八正因概括出因三相:遍是宗法性、同品定有性和异品遍无性。因的后二相中的同品和异品也应除宗有法。论式中的因只要满足因三相,并且无相违决定过便能“生决定解”。

似因分为三类:第一类是违反第一相的称为不成因,包括两俱不成,随一不成,犹豫不成,和所依不成。第二类是不定因,不定因又分三种情况。一是仅仅违反第二相的,即九句因中的第五句因同无异无,二是违反第三相的,即九句因中的第一、三、七、九句，三是三相都满足的两个因，成立互相矛盾的两个宗，这两个因就是相违决定因。相违决定因过是由一个理论体系内部不一致所引起的，提出相违决定因过，不管陈那主观上是否意识到，客观是要求一个理论系统内部必须一致。同时违反第二、第三两相的是相违因。相违因从形式上看，按理只有一种即法自相相违因，但陈那认为语言的表面意义和暗含的意义有不同，故增设法差别相违因，并衍生出有法自相相违和有法差别相违因。

(4) 喻与似喻：为避免古因明无穷类比的弊病，陈那在喻支增设了喻体，以显因与所立不相离性。由于同、异品必须除宗有法，因此显示因后二相的同、异喻体实际上不是毫无例外的全称命题。本论阐明同喻体的组成是“说因宗所随”，先因后宗，异喻体的组成是“宗无因不有”，先陈宗无后陈因无。似喻有同法五过，异法五过，共十过。作为完整的论式必须双陈同、异喻体，在表达时同、异喻体都可省略，但同喻依却不能省。举得出正确的同喻依是满足第二相、防止第五句过失因的标志。

2. 量

所量之境不外自相(特殊)与共相(一般)，故量只有现量和比量二种，不容增减。现量是离开名言(概念)的，它包括四种：① 五种感官所得的五识；② 和五识同起的意识现量；③ 贪等心所的自证分，以见分的自相为认识的对象；④ 定中离散分别的瑜伽现量。比量是在现量智基础上产生的智。比量有远因与近因之分。远因或是现量智，或是比量智；近因是由回忆才明白因、宗不相离性的。

3. 真、似能破

(1) 能破，即反驳，指出敌方的过错，以显示其宗不能成立。能破的对象是二类：一支缺，宗、因、喻三支不完整(缺一有三，缺二亦有三)，没有说明与省略式如何区别；二支失，即前面所说的似宗、似因、似喻。

(2) 似能破是错误的反驳，不能显示立论式的错误，共列出 14 种，称为 14 过类：① 同法相似；② 异法相似；③ 分别相似；④ 无异相似；⑤ 可得相似；⑥ 犹豫相似；⑦ 义准相似；⑧ 至不至相似；⑨ 无因相似；无说相似；无生相似；所作相似；生过相似；常住相似。14 过类基本因袭古因明的传统，《正理经》开具 24 种，《如实论》列为 22 种，《方便心论》列为 20 种，商羯罗主的《因明入正理论》全部删除，只讲似能立。

二、本论主要贡献

1. 创建全新的、严密的、内部协调一致的因明体系和逻辑体系。

第一,本论建立的完整严密的新因明体系仅限于共比量范围。在陈那和商羯罗主时代,因明家讨论立破之则事实上仅仅限于共比量。通观《理门论》,没有关于自比量和他比量的论述,当然也就不会有简别的论述。关于自、他比量的理论是商羯罗主之后才发展起来的。

所谓共比量,是指除宗论题以外所有概念和判断都必须立敌共许的三支作法。“此中宗法唯取立论及敌论者决定同许。于同品中有、非有等,亦复如是”,“是故此中唯取彼此俱定许义,即为善说”。这是《理门论》关于共比量的规定,可以看作共比量的总纲。

在总纲中,不仅规定了在共比量中宗法即因法必须立敌共许,九句因(同品、异品与因外延关系的九种情况)中的因法都是满足因第一相(遍是宗法性)的。还规定了同品有、非有等亦须立敌共许。同品有、非有等共许包含了好几层意思。首先,双方得共许同品为实有,或为真;其次,双方得共许其有所立法(宗的谓项),是共同品;再次,还得双方共许其有因,或没有因,或有的有因并且有的没有因。再从立宗的要求来看,立宗必须违他顺己,立方许所立法于有法上有,敌方则不许所立法为有法上有。这就决定了宗之有法不可能是共同品,也不可能是共异品。

第二,《理门论》是在论述了共比量的总纲之后才为同、异品概念下定义,有了预先的规定,在定义中不再明言同、异品必须除宗有法,是完全可以理解的很明白的道理,更何况同、异品除宗有法是那时代的辩论者的共识。不能认为略而不论就等于否认,因而产生“矛盾”。

第三,本论对九句因的阐发,虽然没有直接说到同、异品必须除宗有法,但是,把第五句因“声为常,所闻性故”判定为违反第二相“同品定有性”的“不共不定”因,就是同、异品除宗有法的必然结果。这是因为,除声之外,世上没有任何事物有所闻性。第五句因从逻辑上看,是等词推理,是有效推理。陈那因明判其为有过失之因,就是为了防止循环论证。第五句因表明九句因的每一句都遵守这一规定。

第四,统观《理门论》全文,只有在表述因的第二相时直接讲到同品除宗有法。古人真是惜墨如金。本论中,将因的第二相表述为“于余同类念此定有”。此句意为,宗有法之余的同类事物中定有因法。第三相表述为“于彼无处念此遍无”。虽然未再强调宗有法之余的异类事物中遍无因法,但是理应随顺理解为宗有法之余。这样对立敌双方才是公平的。

“同、异品除宗有法”并非本人的创见,它有文献依据。在日僧善珠(723—797)所撰《因明论疏明灯抄》中引用了唐总持寺玄应法师《理门论疏》中关于同品定义的一段话。照引如下："玄应师云：'均等义品，说名同品者，此有四说。一有云，除宗已外，一切有法皆名义品。品谓品类，义即品故。若彼义品有所立法，与宗所立邻近均等，如此义品，方名同品。均平齐等，品类同故。彼意说云，除宗已外，一切有法但有所立，皆名同品，不取所立名同品也；二有云，除宗已外，一切差别名为义品，若彼义品与宗所立均等相似，如此义品，说名同品；三有云，除宗以外，有法、差别，与宗均等，双为同品；四有云，陈那既取法与有法不相离性，以之为宗。同品亦取除宗已外，有法、能别不相离义，名同品也。此说意云，除宗已外，有法、能别皆名义品。若彼义品二不相离，与宗均等，说名同品。'今依后解以之为正。"可见，唐疏有四家在给同品下定义时虽说法不一，但都强调了"除宗已（以）外"即"同品除宗有法"。按照佛教论著说法的习惯，异品也是除宗有法的。汉传因明向有"互举一名相影发故，欲令文约而义繁故"的惯例。窥基释同品不提除宗有法，释异品定义"异品者谓于是处无其所立"则标明"'处'谓处所，即除宗外余一切法。"以异品除宗来影显同品亦除宗。这是玄应法师把窥基算入同品除宗四家之一的充足理由。

日籍《因明论疏瑞源记》里不仅保存了唐代玄应法师的记载，还补充说明三家归属。第一家为文轨，第二家为汴周璧公，第三家佚名，第四家为窥基。查窥基《因明大疏》原文，未明言同品除宗（实际也主张除），异品处则明言"即除宗外余一切法"。玄应说唐疏有四家在给同、异品下定义时强调了"同、异品除宗有法"。又据敦煌遗珍中唐代净眼的《略抄》可知，净眼法师也是主张同、异品除宗有法的。可见，连同玄应疏和后出的慧沼的《义纂要》，唐疏至少有七家主张此说。这应当看作是玄奘的口义。

有人认为，陈那因三相没说异品也要除宗有法，批评我们对因的第三相解释过多。为此汤铭钧博士根据《集量论》藏译（金铠译本）对应文句作了汉译："而且在比量中，有如下规则被观察到：当这个推理标记在所比（有法）上被确知，而且在别处，我们还回想到（这个推理标记）在与彼（所比）同类的事物中存在，以及在（所立法）无的事物中不存在，由此就产生了对于这个（所比有法）的确知。"汤铭钧博士解释说，两个藏译本都将"别处"（gźan du/gźan la，anyatra）即"余"作为一个独立的状语放在句首，以表明无论对"彼同类有"还是"彼无处无"的忆念，都发生在除宗以外"别处"的范围内。藏译力求字字对应；奘译则文约而义丰，以"同类"（同品）于宗有法之"余"来影显"彼无处"（异品）亦于余。两者以不同的语言风格都再现了陈那原文对同、异品都应除宗有法的明确交代。

同品若不除宗，则任立一量，都不会有不满足同品定有性的过失，同品定有性这一规定等于白说。以宗有法为同品，立方便有循环论证的过失。异品若不除宗,敌方以宗有法为异品,异品有因,不满足异品遍无性,则任立一量都无正因。这等于奉送敌方反驳之特权,敌方可以毫不费力地驳倒任何论证。

第五,由于同喻依(正面之例证)必须宗、因双同,异喻依(反面之例证)必须宗、因双无,宗同、异品除宗有法则必影响到同、异喻依除宗有法。第五句因的过失表现在同喻上便是所立法不成,缺无正确的同喻依。同喻体的主项实际是空类。二喻即因,根据因第二、三相建立的同、异喻体也必须除宗有法。

唐疏不仅揭示同、异喻依(例证)必须除宗有法,唐疏代表作窥基的《因明入正理论疏》(后世尊为《因明大疏》《大疏》)更是进一步明言同、异喻体必须"除宗以外"。《大疏》在诠释同法喻时说:"处谓处所,即是一切除宗以外有无法处。显者,说也。若有无法,说与前陈,因相似品,便决定有宗法。"在诠释异法喻时说:"处谓处所,除宗已外有无法处,谓若有体,若无体法,但说无前所立之宗,前能立因亦遍非有。"用今天的逻辑语言来说,就是"同、异喻体是除外命题",即除论题主项的较普遍的命题,并非真正的全称命题。

总之,在《理门论》中,同、异品除宗有法是题中应有之义,贯串立破学说的始终,在九句因、因三相、喻依和喻体中都以此为准则,表明其学说有体系而无矛盾。遵守了因三相规则,便能"生决定解",即产生正确的并且确定的而不是犹疑不定的结论,能开悟对方并取得辩论的胜利。

2. 本论改古因明五支作法为三支作法,增设喻体,克服了古因明无穷模拟和处处模拟的弊病,提高了论证的可靠程度。

五支中的合支实际上重复了因支,五支的结是重说一遍宗,陈那把它们删去,使论式简明。更重要的是,三支的喻增加了喻体,克服了古因明的两大弊病。陈那批评古因明"无有功能",因为它有无穷模拟和处处模拟的弊病。在同喻中不设立反映因法与所立法不相离关系的命题,只以例证瓶为喻体,就得回答瓶得以成立的原因,以灯证瓶,又得回答灯为何成立,这样就有无穷模拟的弊病。假如说了"诸所作者皆见无常",一言以蔽之,能令敌论者和证人回忆起除宗以外所有同类事物都如此。以瓶为喻体,由于瓶上有各种属性,如无常,可烧,可见等,就会引起各种属性都模拟一番的弊病。若说了"诸所作者皆见无常"就限制了声一定有无常以外的可烧、可见等其他各种属性,从而避免了瓶、声处处相同的荒谬结论。

古因明由于有上述两种弊病,陈那认为没有成立宗的功能,不能"生决定解"。新因明弥补了古因明的这两种缺陷,建立了除宗以外宗因之间的不相离性,其结论的可靠性就很高了。

但是,由于三支作法是建立在九句因和因三相基础上,它还不是真正从一般到特殊的演绎推理,它离演绎推理仍有一步之遥。这使得新因明仍然是模拟推理,一种最大限度的模拟推理。

喻体都是除一个以外的除外命题。当然,陈那的《理门论》等著作没有直接把喻体的"除外"实质揭示出来,而"除外"的性质却是隐含在喻体中的。它尽管不是全称命题,但由于断定了除宗的主项以外的某类事物的全体具有某属性,从而推出宗,其可靠程度当然比只根据某类事物中一个或几个事物来类推要高得多。这是新因明对古因明的一大进步。

虽然还没有达到演绎水平,仍有一步之差,但是对古因明来说,不失为长足的进步,并非一定要达到演绎水平才有意义,才算进步。

3. 对能立与所立重新分界,以宗体(判断)为所立,因、喻为能立。

古因明以组成宗支的两个宗依即主项、谓项为所立(论证对象)。以"声是无常"宗为例,古因明以"声"和"无常"为所立。有的认为立者要论证的是主项"声",有的说是谓项"无常",有的说是前后两个项"声"和"无常"。陈那则重新规定,论争的对象不是宗依而是宗体,例如,以两个宗依组成的宗体"声是无常"(整个判断)作为论争的对象。在本论中,能立一词有两种含义。在一个论式内部,宗是所立,因支、喻支是能立(证宗的理由)。若以真、似立破和真、似现比八门相对,则能立包括宗、因、喻三支。

4. 提出独具特色的概念遮诠理论。

陈那认为概念是通过否定一方承认另一方的方法即"遮诠"构成的。例如,"青"这一概念就是表示非"非青",由否定一方(遮)来表示另一方(诠)。今人把因明中的"表诠""遮诠"对应于逻辑中的肯定、否定命题,这是误解。

5. 确定量只有现量和比量两种。

陈那认为人的认识活动只有现量和比量两种。现量即感觉和知觉对事物"自相"的直接反映。这是还没有加入概念思维分别的活动,不能用语言表达的知识。比量是推理知识。陈那废除了正理派的譬喻量和圣教量。譬喻量是指证实已知的某物的名称及其性质与某物相一致,例如,过去听说过野牛的名称,又知道野牛状似家牛。显然,现量和比量包括了譬喻量,没有另立的必要。圣教量又名声量、圣言量、传承量,是以本宗派圣者的言行作为知识的标准。陈那认为,真理或为现量所得,或为比量所得,因此圣教量亦不出这二者的范围,无须另立。

陈那的后期代表著作是《集量论》,这是一部集因明知识论之大成的著作,以知识论为中心。《集量论》内容以现量、为自比量、为他比量的次序来编排。有关立破的学说完全承续了《理门论》思想。

陈那再传弟子商羯罗主所著《入论》弘扬其师成说,叙述简明,比《理门论》

更好读。治因明者多以此论为入门阶梯。

到了7世纪时,瑜伽行派的代表人物法称又大大地推进了新因明学说。西藏的学者把他的学说与陈那的学说并称为陈那法称之学。陈那新因明经过法称的改造,才真正完成了由类比向演绎的飞跃。法称废除了第五句因并在为自比量品中取消喻依;改造因三相使得后二相合一;提出自性因、果性因和不可得因三种正因以保证喻体为毫无例外的全称命题;颠倒宗、因、喻的顺序为喻、因、宗,并提出同法式和异法式这两种独立的三支形式,使得三支作法的逻辑形式与逻辑三段论基本相同。

尽管历史上有的西藏学者见到过本论梵本,但从未翻译过。当代发现了本论梵本,但不见流通。从唐至今仅有玄奘汉译本流通,收录于历代大藏经中。如《中华大藏经》第三十册(丽藏本)、《影印宋碛砂藏经》第二五二册、《大正新修大藏经》第三十二册及金陵刻经处1957年单行本等,以吕澂、释印沧的《因明正理门论本证文》(载《内学》第四辑)最称精善。

第五章 《集量论》提要

《集量论》(梵 Pramāṇa-samuccaya)陈那因明晚期代表作。梵文原本已佚。唐代义净曾译成汉文,不久亦亡佚。藏译有两个本子,一是金铠、信慧译本,二是持财护、雅玛参贯译本。本论文词简奥,义理艰深,给翻译带来极大困难。唐以后的第一个汉译本刊登在1928年南京支那内学院刊物《内学》第四辑上,是一个节本,题名为《集量论释略抄》,译者吕澂。80年代初,第二个汉译本由法尊法师译出,题名为《集量论略解》,译者本人对译文还未尽满意。

一、性质

本论是陈那关于其量论即知识论集大成的代表作。陈那新因明前期以《正理理门论》为代表作,它以逻辑为中心,谈因明是为了立、破,附带谈了认识论问题。本论打破这一局限,把因明贯穿到佛学的全体,建立佛家认识论即量论。陈那因明著作共八部,八部都讲量的问题,但本论集一切自论要义,“集”就是总结,合而为一的意思,全面地总结了有关“量”的著作,最能表示其体系。

二、结构

本论共计250颂,有陈那自注及另一家的注。论分六品(章),每一品都先明本宗,然后破斥异说。明宗是阐述自己的主张,大体上是在《理门论》的基础上作些补充,特别是第三、四、六品,详细论述了《理门论》的基本理论。破斥异说部分占全书的比重很大,破斥对象主要是本宗旧说《论轨》(陈那认为非世亲所著),还有正理派、胜论派、数论派、观行派(弥曼差)的学说。

三、要点

1. 第一品论述现量。量唯二种,即现量和比量,因为认识的对象只有自相和共相两种,比喻量、圣教量等皆假名量。真现量分为:五根现象,意识现量、自证现量、瑜伽现量。似现量有七种,其中六种是有分别的,加入了概念的识别作用,如迷乱心、世俗心等。第七种虽无分别,但不是实在的感觉,如眼睛有翳膜而观察错误。关于量果,否定外道离能量外别有量果的说法,以能量心为量果,提出相分、见分、自证分"三分"说,发展了佛教认识论。

2. 第二品论述为自比量。比量分为自比量和为他比量二种。所谓为自比量,就是根据具足三相之因去推出所立宗义。第二相是同品定有,不是全有,第三相是异品遍无。一个因如果三相都满足就是正因。仅满足一相的似因有三种;仅满足二相的似因也有三种,其中包括满足第一、第三相而不满足第二相的不共不定因。论证的对象是宗体如"此山有火",而不是立、敌共同承认的宗依(主谓项)"此山""有火"。在论述什么是所立(论证对象)时,涉及对因宗不相离性的重要解释,"若于余处见火与烟曾不相离,次于余境唯见烟时,亦得说彼(有烟处决定)有火,如是成就彼(有烟)处与火相应。"意思是说在论证"此山有火"前,先认识到在此山之外,存在一种烟与火不相离的关系,这样在后来只看到某处有烟时,也能说某处有火。这表明陈那三支的同、异喻体不是真正的全称命题,而是除外命题,同异品除宗有法是陈那新因明体系的基本要求。这一点决定了陈那三支作法不是演绎推理。

3. 第三品论述为他比量。借助宣说三相正因来达到使他人开悟的目的就称为为他比量。立宗要随自意乐,立敌不共许;似因,似喻不是所立对象;所立之宗要不违背现量、比量、所信(包括自教、自语)和世间共许的道理。本品详细讨论了九句因的情况。在破斥异说部分指出,古因明著作《论轨》中只要显示异品遍无便是正因的规定会导致第五句过失因不共不定成为正因。

4. 第四品论述喻支。因支显示了第一相,第二、第三两相由喻支显示。同、异喻都是三支的必要成分。单说同法喻,有共不定过,单说异法喻,有不共不定过,同、异喻都不说,有相违因过。能立由宗、因、喻三支组成,合、结二支可删去。

5. 在吕澂的节译本中称未译的第五品为"观遮诠品",法尊译本则称该品为"观遣他品"。该品中偶有陈那自己的注释,体例上与《集量论》全书一致。"遣他论"是陈那晚期的标志性理论之一。陈那认为语言"声"所能直接指称的除了总相之外别无他物,可感知的个体实存根本就不在其直接指称的范域之内。因此,根据《理门论》中确立的以认识对象只有自相和共相,经由语言来获得的认识"声量"(圣教量)可以纳入以总相(共相)为所量的比量范域,没有独立的必要。本品提出了独具特色的概念的遮诠说,概念是通过否定一方承认另一方的方法来形成的。声的所指即"总相"是并且只是"对他者的遣除"。由此,陈那及追随者经常被称为“遣他论者”。由法称及其弟子的继承与弘扬，遣他论成为印度学界长期关注的主题。①

6. 第六品是论述过类的，吕澂译为“观过类品”，法尊译为“观反断品”。对于无过失的能立量，妄断为有过，就称为反断，或反决，即似能破。似能破是错误的反驳。本品所举十四种相似过与《正理理门论》相同，商羯罗主的《入论》把它们统统删除。本品内容批判、发展了正理学说。

六品中的破斥异说部分保存了古因明和外宗的大量论述，有些还是于此仅见的，对于印度逻辑史的研究很有帮助。

---

① 参见方岚的博士论文《陈那〈集量论·遣他品〉研究》。

第六章 《释量论》提要

《释量论》(梵 Pramāṇa-Vārttika)法称著,又译为《量评释论》。法称曾三学陈那《集量论》,批判地继承了陈那的因明思想。本论是对《集量论》的注释,是颂体,一千四百五十四颂半。对《集量论》的注带有批评性质,在继承的基础上有订正和发展。陈那原书共六品(章),本论改为四品。其中成量品是根据陈那的皈敬颂扩展而来,其他三品为现量品、为自比量品和为他比量品。法称晚年对为自比量品作了注,该品本为第三品,由于法称作了注,后人把它更改为第一品。本论梵文原本仅剩残篇,西藏存有该残本并有藏译全本。汉译本是由法尊法师从藏译中转译的。

一、为自比量品(自义比量品)

为自比量品是为自开悟,讲思维中的比量。对陈那因三相作了重要修改?提出三种正因。第一颂为正因下定义时提出,“宗法,彼分遍,正因。此三种”。“宗法”指因是宗中有法之法,即第一相遍是宗法性。“彼分遍”按照王森的解释,“彼”指宗,“彼分”即宗中一分能别即所立法(谓项)“因”为“所遍”,能别为“能遍”。“彼分遍”意为“凡因是所立法”。这一表述,既不同于陈那的第二相“同品定有性”,又代替了陈那的第三相“异品遍无性”,因为从“凡因是所立法”可推出“凡非所立法不是因”。这一修改在法称的另一部提要性的著作《正理滴论》中也有反映,该论在论述似因时,讲了不满足第一相便有不成因过之后,直接讲不满足第三相有不定因过,这表明法称的第二、三相可以互推,后二相实际可以缺一,不同于陈那三相不能缺一。这一修正,不仅对佛家因明而且对正理派和胜论等派都有影响。也就在这同一颂中,“正因。此三种”并非说因有三相,而是说正因有三种:自性因、果性因、不可得因。只有这三种因,才能确立因宗不相离的普遍联系。本品还解释了为什么以因果联系中的果作为正因,而不以产生果的因作为正因,这是由于在原因产生结果的过程中可能出现障碍,这就不能确定因与果的普遍联系。法称对因果联系的理解有其特殊的地方,果性因表明因果联系是一一对应的,不包括多因一果的情况。

二、成量品

本品内容反映了法称发展量论的主要目的。是以量论贯穿佛教,与逻辑关系不大。本品详细说明了释迦牟尼本人就是“为量者”的道理,认为他是一切智者,无所不知,无所不解,是最究竟地体现了量的人,这样就把量论贯串到佛教全体中去,实现了陈那的理想。

三、现量品

继承了陈那关于量只包括现量和比量的思想。陈那以“离分别”作为判定现量的标准,法称加上“无错乱”这一标准。现量亦分为五根现量、意识现量、自证现量、瑜伽现量四种。对于现量,陈那以唯识义为主,主张识外无境,因此以识中相分为所量,见分为能量,自证为量果。法称以经部义为主,主张境在识外,因此以外境为所量,以识中所带境相为能量,以自证为量果。这是陈那、法称因明学说在认识论方面的根本不同。法称的量论学说带着扬弃瑜伽学系理论里的唯心成分的意义。

四、为他比量品(他义比量品)

论述真能立必须具备的条件以及宗、因、喻三支的过失。在为他比量中,宗支可以省略不陈,但能立因喻不能省,省了就不能完整显示因三相。有法(宗的主项)不能拿来作为因法,如立“声常”宗,“非一切非声”即“声”不能成为因。否则就有“不成”的过失。陈那九句因中第五句不共不定因“所闻性故”仅仅缺第二相“同品定有性”,法称则认为既不满足第二相“凡因是所立法”又不满足第三相“异品遍无性”。本品从思维与语言一致的要求出发,主张法差别相违过,与法自相相违过只是一种过失。

附录：佛学界鲁殿灵光

——吕澂先生访问记

去年五月，我有幸拜访了仰慕已久的佛学泰斗、因明巨匠吕澂先生。

来到清华大学西头静谧的公寓区，我轻轻叩响了逸老先生的家门。一位年轻的女保姆朝东面的屋里喊道："老爷爷，来客人了。"

吕澂先生背窗坐在一老式藤椅上养神。我奉上清华大学思想文化研究所刘鄂培副教授的名片，上面有他引荐我的几行小字。老先生接过来便看，也不用眼镜，随后微笑着伸手招呼我坐下。

真是始料不及，这位两年前已过九十寿辰的老先生眼不花、耳不聋，我情不自禁地赞叹道："吕老先生身体真好！"老人不无自豪地操着洪亮的丹阳口音说："我耳聪目明。"

我趁机按下正事不提，忙于请教长寿之道。老人扶着椅子移动到八仙桌前坐下和我交谈。他说，他什么活动也不搞，一生"淡泊""简朴""生活有规律"，稍顷又提高嗓子说"平淡无奇"。

众所周知，吕秋逸先生从青年时代起就自甘寂寞，年复一年地沉潜于经书之中。数十年间孜孜以求，精进不懈，他追本寻源，独辟蹊径，冶梵汉藏巴文字的藏经资料于一炉，校勘汉译经论，考订辨伪，在佛学、因明两个领域发前人所未发，做出了卓越贡献。

我拿出拙文《别开汉传因明新生面——吕澂先生前期因明思想评介》的初稿，请因明大师批评，老先生看了看标题和卷首语便谦逊地连连说道："待发表后拜读、拜读。"

我针对目前海内外因明学界把因三相中的第二相同品定有性与同喻体等同的流行观点，问吕老先生是不是一回事。他不假思索地说："两者是不同的。"我又说："您在《因明纲要》等书中虽然没有给'遮诠'一词下定义，但是据我理解，您是把遮诠当作逻辑上的负概念来使用的，而不是把遮诠等同于否定判断，不知对不对？"逸老高兴地连连点头："对，对！"考虑到吕先生年事已高，我不敢久留，在极简短地请教了其他一些重要的因明理论问题后，遂躬身告辞。

今年四月下旬，我又专程上吕府拜访。我将《内明》一八六期上拙文《现代因明研究略论》的复印件送给吕老。先生颇有兴致地仔细看了看杂志的封面和封底，很高兴地收下了。逸老问我还有什么事。我说这次来是应《内明》杂志之约，想把吕老先生的近况向海外佛家弟子传递一二，还想与吕老合个影，他一听，忙对着刚刚回家的三儿子吕应运说："要换件衣服。"与我同来的挚友王宗华先生为我们摄下了珍贵的一瞬。

吕老的三个儿子都是在清华大学毕业留校任教的。他现在与三儿子吕应运住在一起。吕应运是清华大学核能技术研究所的副教授，任能源系统分析研究室副主任。我和他到西屋聊了一会。

从 20 至 40 年代吕老先生著译颇丰。1949 年以来吕老先生又发表了几十篇佛学、因明学的重要论文，著有《印度佛学源流略讲》《中国佛学源流略讲》两书，负责编纂斯里兰卡英文佛教百科全书的中国佛教条目，还编写了《新编汉文大藏经目录》等。60 年代初，作为中国科学院学部委员，应中科院之请，在南京办佛学培训班。他耳提面命，循循善诱，培养了三名佛学研究的高级人才。

"文革"之初，还算幸运，没吃什么大苦头，但后来却失去立身之地，1970 年起从南京回到老家，投奔了亲戚。1971 年来到清华园闲居至今。不幸的是，他那个担任清华校级领导干部的儿子不敌"文革"风暴的蹂躏，先期归西。

逸老封笔多年。几年前不慎摔跤，行走不便，从此足不出户。平日里看些书报信函，听听广播，倒也清闲自在。常有专家、学者来人来函求教，他也乐于传道、授业、解惑。他博闻强记，如数家珍。但毕竟年事已高，手已微抖，不能执笔复函，便口述由儿、媳代笔。中国社会科学院哲学研究所的谈壮飞先生曾是四川内学院的学生，他帮助吕老整理了不少书稿。吕老的文集在齐鲁书社已经付梓。可惜谈先生作古之后，再无人作助手。笔者感叹，一座蕴藏着极丰富极有价值的精神财富的文化宝藏，正随着无情岁月的流逝而缓慢地内耗着，竟不能得到充分的开发。

春风一度又吹绿了清华园。吕秋逸老先生依然神清气爽，依然明眸皓齿。临别，我向吕老先生深深地鞠了个躬，祝愿他健康长寿。

（原载香港《内明》杂志 1988 年第 8 期）

后　记

本书于 1992 年已经付梓，由于读者无多，几经周折仍未能如期与读者见面。今日得以问世，既蒙复旦大学出版社不弃，更赖海内外友人伍宪成先生、张翠娥女士、卢剑亚先生鼎力资助，作者谨此表示衷心的感谢。

郑伟宏

1996 年 6 月

修订本后记

本书经过二十多年的风雨历程，能修订再版并荣列《复旦佛学研究丛书》与读者见面，得感恩傅新毅教授的信任和支持，作者于此顶礼和南。中西书局暨唐少波编辑为我们多种因明著作的出版鼎力相助，为此送上心香一瓣。

序言中已谢过黄石村先生的无私馈赠和黄心川先生提携后学的殷殷之情。想不到在我的学术生涯中，二十多年来，竟有好多黄姓先生助我一臂之力。当年我应悟谦法师之邀去印度作学术访问，第一个接待我的是华侨黄金荣先生（广东梅县人）；为我的冷门绝学著作牵线引资并联络出版的是著名出版人黄曙辉先生；黄石村先生馈赠的这套因明遗珍即将结集面世，还是归功于黄曙辉先生。拙著《因明大疏校释》（繁体版）、《印度因明研究》和这套《复旦佛学研究丛书》（共四种）的装帧设计均出自中西书局美编黄骏先生之手；浙江大学人文学院院长、形式逻辑金牌课程讲授者黄华新教授每年都在博士生毕业之际，将拙著《智者的思辨花园——趣味逻辑纵横谈》作为礼品送出；我的忘年交，年轻有为功力深厚的黄永飞是我几十年气功健身方面的良师益友。……

我母亲姓黄。真说不清是巧合，还是母亲大人在天之灵的加持护佑。谨以此书献给我那不识一个大字，以德为本、以善为乐、清白做人，一生勤俭清贫，未享过一天清福的母亲大人黄义姑女士。

郑伟宏

2023 年 12 月